企业新型学徒制焊工中级理论教程

主　编　朱游兵　魏健东
副主编　徐跃进　蔺朝莉
　　　　黄忠露　周　峰

重庆大学出版社

内容提要

本书详细地从焊前准备、各种焊接方法运用、焊接质量及焊接新技术等方面介绍了中级焊工需要掌握的相关理论知识，采用模块化教学，内容上力求体现“以职业活动为导向，以职业技能为核心”的指导思想，突出新型学徒制职业培训特色。本书定位为中级焊工职业技能培训理论教材，同时有实训教程与该书配套，适用于企业参加技能鉴定培训的人员自学使用，也可供焊接专业技校师生、从事焊接工作的技术人员阅读，是焊工职业技能培训与鉴定的辅导用书。

图书在版编目(CIP)数据

企业新型学徒制焊工中级理论教程 / 朱游兵，魏健东主编. -- 重庆 : 重庆大学出版社，2021.1
ISBN 978-7-5689-2356-9

Ⅰ.①企… Ⅱ.①朱… ②魏… Ⅲ.①焊接—职业培训—教材 Ⅳ.①TG4

中国版本图书馆 CIP 数据核字(2020)第 175064 号

企业新型学徒制焊工中级理论教程

主　编　朱游兵　魏健东
副主编　徐跃进　蔺朝莉
　　　　黄忠露　周　峰
策划编辑：周　立
责任编辑：周　立　付　勇　　版式设计：周　立
责任校对：万清菊　　　　　　责任印制：张　策

*

重庆大学出版社出版发行
出版人：饶帮华
社址：重庆市沙坪坝区大学城西路 21 号
邮编：401331
电话：(023) 88617190　88617185(中小学)
传真：(023) 88617186　88617166
网址：http://www.cqup.com.cn
邮箱：fxk@cqup.com.cn (营销中心)
全国新华书店经销
重庆魏承印务有限公司印刷

*

开本：787mm×1092mm　1/16　印张：14　字数：352 千
2021 年 4 月第 1 版　2021 年 4 月第 1 次印刷
印数：1—2 000
ISBN 978-7-5689-2356-9　定价：49.00 元

前　言

企业技能人才是企业一线的重要力量,他们对提高产品的质量和市场竞争力起着非常重要的作用。近年来,国家大力提倡发展职业技能教育,弘扬工匠精神,为技工开展职业培训鉴定工作,对提高劳动者素质、增强劳动就业能力、推动企业生产技术进步有着积极的促进作用。

为推动企业新型学徒制职工培训和焊工职业技能鉴定工作的开展、在焊工从业人员中推行国家职业资格证书制度、在《国家职业标准》焊工中级的基础上,参照标准编写《企业新型学徒制焊工中级理论教程》和《企业新型学徒制焊工中级实训教程》,两部教程将焊工中级理论与技能知识两者紧密结合,建议配套使用。

本书为焊工中级理论部分,紧贴国家职业技能鉴定焊工中级标准,内容上力求体现“以职业活动为导向,以职业技能为核心”的指导思想,突出新型学徒制职业培训特色。结构上,本书是针对本职业的职业活动领域,按照《国家职业标准》的“职业功能”模块化的方式进行编写的,其中的“工作任务”对应于《国家职业标准》的“技能要求”和“相关知识”的内容。

本书作为中级焊工的职业技能培训理论教材,适用于企业参加技能鉴定培训的人员自学使用,也可供焊接专业技校师生、从事焊接工作的技术人员阅读,是焊工职业技能培训与鉴定的辅导用书。

本书由重庆电子工程职业学院的朱游兵、魏健东担任主编,徐跃进、蔺朝莉、黄忠露、周峰担任副主编。朱游兵负责职业功能 1 和职业功能 2 的撰写,魏健东负责职业功能 3 和职业功能 4 的撰写,蔺朝莉、徐跃进负责职业功能 5 的撰写,重庆长安汽车股份有限公司的黄忠露、周峰为本书并提供了大量企业技能实训素材和参考数据,并提供了焊接技能操作指导。

由于编者水平有限,书中错误和疏漏在所难免,欢迎读者提出宝贵意见和建议。

编　者

2020 年 6 月

目　录

职业功能 1

焊前准备

本部分为焊工(中级)国家职业技能标准中的职业功能 1,主要涉及劳保及安全检查、焊接材料准备、工件准备、设备准备,共包括 3 个工作任务、8 个技能点。

工作内容

任务 1.1 焊工安全知识

任务 1.2 焊接材料

任务 1.3 焊前基本准备

焊接的主要职业危害与有害因素有电焊烟尘、电弧光辐射会引起呼吸系统疾病,如焊工尘肺、急性肺水肿、气管炎等;HF、NO_2、O_3、CO 等有毒气体会引起眼睛疾病,如红外线白内障、电光性眼炎、电焊晃眼;α、β、γ 射线焊接放射性会引起身体皮肤疾病,如皮炎、红斑、小水泡;高频电磁辐射会引起慢性中毒,主要有锰中毒、CO 中毒、焊工金属烟热;噪声会引起血液疾病和热辐射强迫体位会引起腰肌劳损。

任务 1.1 焊工安全知识

相关知识

1.1.1 用电的安全知识

当人体与带电导体、漏电设备的外壳或其他带电物体接触时,因人体是电的导体之一,所以会对人体造成伤害。

电击对人体的危害程度主要取决于通过人体的电流和通电时间的长短。当电流强度超过 0.05 A 时,就会有生命危险;0.1 A 电流通过人体 1 小时,足以使人致命。其次,电流频率、电流流经身体途经以及人体精神健康状况等都有不同程度的影响。

人体电阻一般在 800~50 000 Ω 之间变化,例如皮肤潮湿出汗,人身上的衣服、鞋、袜的潮湿油污等情况,都会使人体电阻降低,40 V 电压可导致人的生命危险,所以安全电压为 36 V。然而,焊接设备的网络电压为 380 V 或 220 V。焊机的空载电压一般也都在 60 V 以上,因此,焊工施焊作业时,必须注意防止触电事故发生。

为防止触电事故的发生应采取如下措施:

①焊接设备的机壳必须良好接地,防止漏电。

②焊接设备的安装,检查和维修必须由电工进行,焊工不得自行处理。

③防止电焊钳与焊件之间发生短路而烧坏电焊机,在金属结构上或容器内焊接完成时,应将焊钳悬挂起来或放在安全地点,然后再切断电源。

④电缆线应有良好的绝缘,破皮、漏电处应及时修好。

⑤使用闸刀开关时,在戴好干燥手套的同时面部应躲开,以防产生电弧引起烧伤。

⑥在贮罐及管道内施焊时,必须戴皮手套、穿上绝缘鞋、脚下垫绝缘垫,以保持人体与焊件间的良好绝缘,同时应由两人轮换工作,以便相互照应。

⑦使用工作灯时,其电压不得超过 36 V 交流电压。

⑧遇到有人触电时,不允许赤手去接触触电者,应迅速切断电源进行抢救。

1.1.2 电弧光的伤害及其防护

焊接电弧是一种强烈的辐射源,其弧光组成如下:

焊接弧光
- 可见光
- 不可见光
  - 红外线
  - 紫外线

①可见光:使人感到耀眼、炫目,长期作用会导致视力减退。

②红外线:长期照射会引起“水晶体内障”眼病,严重者可失明。

③紫外线:可引起“电光性眼炎”,使患者感到剧痛和流泪的同时还会灼伤皮肤。

焊接施工时弧光防护具体措施:

①焊接作业时必须穿戴好工作服、帽、手套、鞋、眼镜等防护用品(不允许卷起衣袖、敞开衣领、将上衣扎在裤内)。

②焊接操作时必须选用适当、可靠且镶有特制滤光镜片的防护面罩(滤光镜片对强可见光、红外线、紫外线应有良好的吸收或反射能力)。

③为防止焊接弧光伤人,操作时要注意避闪周围人员。

④如果因电弧光引起电光性眼炎,应及时去医院就医,也可采用凉物敷盖法、冰水浸敷法等。

1.1.3 焊工劳动保护

1.焊工劳动保护的必要性

焊接过程中会产生一些有害气体,如烟尘、金属蒸气等物质,对人极为不利,易造成以下情况:①呼吸、神经系统损伤;②尘肺;③氟中毒;④锰中毒;⑤不锈钢烟尘中的铬、镍等元素有致癌倾向等。

2.焊接危害及防护

1)焊接危害

金属焊接的种类很多,产生的危害也不相同。熔焊是我国工业领域中使用最广的焊接方法。本书只对电弧焊的危害作具体介绍。

①手工电弧焊危害最大的是焊接时产生的烟尘。

电弧焊烟尘是由金属及非金属物质在过热条件下产生的蒸气经氧化、冷凝而形成的,它对人体危害极大。

一般直径小于 5 μm 的尘粒对人体危害最大,其中直径 1 μm 左右的尘粒直接侵入呼吸道内部,并在肺泡内沉积,是患尘肺病的主要原因。低氢型焊条对人体的有害性大于非低氢型(酸性焊条的烟尘料子,在凝聚、自然沉降后,一般凝集为絮状形态,粒径从数 μm 到二十多 μm,碱性低氢型焊条的烟尘粒子,在同样条件下一般呈碎片形态,粒径大都在 1 μm 左右。并且,焊条药皮中一般含 10%~20%氟,氟化物对人体具有很大危害)。

②CO_2 气体保护焊,其危害主要来自 CO_2,由于它无色无味,有窒息性,可使人因组织缺氧而引起中毒,产生的有害气体有 CO、NO_2 等。

③氩弧焊,臭氧是氩弧焊主要有害气体,其浓度可达每立方米几十毫克,对人体的呼吸系统和神经系统有刺激危害。产生的另一种有害气体是 NO_2,毒性为 NO 的 4~5 倍,可引起哮喘、肺水肿。

焊工尘肺是一种职业病,发病工龄一般在 10 年以上,平均 15~20 年,工龄越长,发病率越高。另外,焊工接触臭氧、氮氧化物或氯烃氟塑料均可引起急、慢性呼吸道疾病,比如肺水肿、急性支气管炎、肺炎、咽炎、咳嗽和胸闷等。氟中毒会导致骨骼的变质硬化。

2)焊接防护

为有效防止有害物质对人身体的伤害,通常可采用焊接通风和个人防护等措施加以解决。

(1)焊接通风措施

焊接通风是通过通风系统,向作业场所送入新鲜空气以及将作业区域内的有害气体排出,从而降低工作区域烟尘及有害气体浓度,使其符合国家卫生标准,以达到改善作业环境、保护工人健康的目的。

一般焊接通风可分类如下:

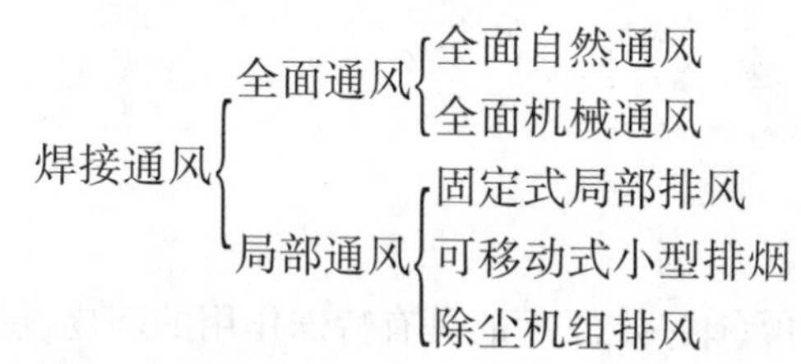

(2)个人防护措施

焊接通风措施中,对车间或大的工作场地进行的通风措施一般单位考虑比较周全,不用特意介绍。一般在安装厂房进行焊接,焊工在施焊中应尽量站或蹲在烟尘上方,这样能尽量少呼吸带有烟尘的有害气体。焊工在窄小而密闭的容器中工作时除穿戴好工作服、手套、口罩、面罩、鞋、帽、眼镜等防护用品外，焊工在焊接施工中还应注意通风措施。可以考虑可移动式小型排烟除尘机组、送风盔式面罩和防护口罩等。如果不具备上述条件，焊工在施焊中应尽量站在或蹲在烟尘上方，尽量少呼吸带有烟尘的毒气，尽量使周围环境良好。

1.1.4 防止烫伤及防止火灾

焊接时金属飞溅极易引起烫伤，飞溅金属以及乱扔焊条头等容易引起火灾。

为防止烫伤和火灾发生，必须采取如下措施：

①焊工在工作时应按劳保规定，穿戴好工作服、工作帽、皮手套，如有破洞应及时补好或更换。

②仰焊位置，最好选穿插披肩工作服，不要将工作服束在裤腰内，裤脚管不应卷边，防止飞溅金属造成烧伤。

③禁止在堆放易燃物资的场地或在可燃物品附近焊接。

④高空作业时应仔细观察焊接处下面是否有人和易燃物，防止金属飞溅造成相关人员烫伤或发生火灾。

1.1.5 注意事项

1.高空作业

①高空作业系好安全带、戴好安全帽。

②防止物品下落伤人。

③应使用牢固扶梯或脚手架并要防滑、防坠落。

2.磨削钨丝

①在使用砂轮机磨削钨丝时，操作人员应站在砂轮机的侧方在砂轮机正面磨削。

②钍钨、铈钨丝磨尖时要正确操作，如果钨丝磨尖产生微量放射性粉尘，必须在操作时戴口罩、手套，在通风良好的场所，工作后需要洗手。

任务 1.2 焊接材料

相关知识

1.2.1 焊条

电焊条是指在一定长度的金属丝外表层均匀涂有一定厚度的具有特殊作用的药皮，供手工电弧焊使用的熔化电极，简称焊条。它由焊芯和药皮两部分组成。电焊条被广泛应用于机械制造、汽车、桥梁、矿山机械、石油化工、造船、锅炉及压力容器等行业中。它是一种消耗量大、品种繁多的工业产品。如何正确地选择和使用及保管焊条是电焊工需具备的基本知识。

电焊条的选择和使用直接影响焊接接头的质量，同时还影响焊接效率及生产成本等。因此要学好焊条电弧焊的技术就必须要学习电焊条的基本知识。

以下主要介绍电焊条的分类、型号、选择使用及保管。

1.焊条的分类

焊条型号按国家标准可分为8类，焊条牌号按用途可分为10类，见表1.1。

表1.1　电焊条大类的划分

焊条型号				焊条牌号		
序号	焊条分类	代号	国家标准	序号	焊条分类	代号
1	非合金钢及细晶粒钢焊条	E	GB/T 5117—2012	1	结构钢焊条	结(J)
2	热强钢焊条	E	GB /T 5118—2012	2	钼及铬钼耐热钢焊条	热(R)
				3	低温钢焊条	温(R)
3	不锈钢焊条	E	GB/T 983—2012	4	不锈钢焊条 1)铬不锈钢焊条 2)铬镍不锈钢焊条	铬(G) 奥(A)
4	堆焊焊条	ED	GB 984—2001	5	堆焊焊条	堆(D)
5	铸铁焊条	EZ	GB/T 10044—2006	6	铸铁焊条	铸(Z)
6	镍及镍合金焊条	ENi	GB/T 13814—2008	7	镍及镍合金焊条	镍(Ni)
7	铜及铜合金焊条	TCo	GB/T 3670—1995	8	铜及铜合金焊条	铜(T)
8	铝及铝合金焊条	TAJ	GB/T 3669—2001	9	铝及铝合金焊条	铝(L)
				10	特殊用途焊条	特(TS)

以上各类焊条按其重要性能和化学成分的不同，还可分为很多小类，即具体的各种牌号。有些焊条同时还具有多种用途。

1）按药皮的类型分类

根据焊条在使用时的不同要求，药皮的组成配方也不同，它由多种材料按一定配比组成。药皮中的原材料包括造气剂、脱氧剂、造渣剂、稳弧剂、黏结剂和合金剂等。即使同一类型药皮，不同牌号的焊条由于药皮成分和配比不同，焊条的工艺性能也存在较大的差异。焊条药皮的分类和特点分别见表1.2和表1.3。

表1.2　焊条药皮类型分类

药皮类型	药皮主要成分	焊接电源
钛型	氧化钛≥35%	DC或AC
钛钙型	氧化钛≥35%以上，碳酸盐20%以下	DC或AC

续表

药皮类型	药皮主要成分	焊接电源
钛铁矿型	钛铁矿≥30%	DC 或 AC
氧化铁型	多量氧化铁及较多的锰铁脱氧剂	DC 或 AC
高纤维素钠型	有机物≥15%以上,氧化钛 30%左右	DC
高纤维素钾型	有机物≥15%以上,氧化钛 30%左右	DC 或 AC
低氢钠型	钙、镁的碳酸盐和萤石	DC
低氢钾型	钙、镁的碳酸盐和萤石	DC 或 AC
铁粉低氢型	钙、镁的碳酸盐、萤石和铁粉	DC 或 AC
石墨型	多置石墨	DC 或 AC
盐基型	氯化物和氟化物	DC

注:DC 表示直流,AC 表示交流。

表 1.3　焊条药皮类型的主要特点

序号	药皮类型	电源种类	主要特点
1	氧化钛型	DC 或 AC	含多量氧化钛,焊条工艺性能良好,电弧稳定,飞溅较小,熔深浅,容易脱渣,焊缝波纹美观,可全位置焊接,尤宜于薄板焊接,但焊缝塑性和抗裂性稍差
2	钛钙型	DC 或 AC	焊条工艺性能良好,熔渣流动性好,熔深一般,电弧稳定,焊缝美观,易脱渣,适用于全位置焊接,如 J422 即属此类型,是目前碳钢焊条中应用最广泛的一种焊条
3	钛铁矿型	DC 或 AC	焊条熔化速度快,熔渣流动性好,熔深较深,脱渣容易,焊波整齐,电弧稳定,平焊、平角焊工艺性能较好,立焊稍次,焊缝有较好的抗裂性
4	氧化铁型	DC 或 AC	药皮中含多量氧化铁和较多锰铁脱氧剂,熔深大,熔化速度快,焊接生产率较高,电弧稳定,立焊,仰焊较困难,飞溅稍大,焊缝抗热裂性能较好,适用于中厚板焊接,由于电弧吹力大,适用于野外操作
5	纤维素型	DC 或 AC	焊接工艺性能良好,电弧稳定,电弧吹力大,熔深大,熔渣少,脱渣容易,可作立向下焊或单面焊双面成形焊接,立、仰焊工艺性好,适用于薄板结构、油箱管道、车辆壳体等焊接
6	低氢钾型	DC 或 AC	药皮成分以碳酸盐和萤石为主,焊条使用前需经 300~400 ℃烘焙。短弧操作,焊接工艺性能一般,可全位置焊接,焊缝有良好的抗热裂性和综合力学性能,适用于焊接重要的焊接结构
7	低氢钠型	DC	
8	石墨型	DC 或 AC	药皮中含有多量石墨,通常用于铸铁或堆焊焊条,采用低碳钢焊芯时,焊接工艺性能较差,飞溅较多,烟雾较大,熔渣少,适用于平焊
9	盐基型	DC	药皮中含有多量氯化物和氟化物,主要用于铝及铝合金焊条。吸潮性强,焊前要烘干,药皮熔点低,熔化速度快。采用直流电源,焊接工艺性较差,短弧操作,熔渣有腐蚀性,焊后需用水清洗

2)按焊条药皮熔化后熔渣的酸碱性分类

焊条药皮熔化后根据熔渣中酸性氧化物与碱性氧化物的比例来进行划分。由于焊条药皮的类型不同,熔化后所形成的熔渣中所含的碱性氧化物(如CaO)比酸性氧化物(Fe,O,HO,SiO等)少,这种焊条就称为酸性焊条,如E4303、E4301、E5003等;反之就是碱性焊条,如E5015、E4315等。

①酸性焊条:这类焊条的特点是焊接工艺性能好,焊接电源可交直流两用,抗气孔性能好,对铁锈水分、油质不敏感焊接时产生的有害气体少,容易引弧并且电弧稳定飞溅较小,熔渣流动性好,易脱渣,焊缝成型美观,适用于各种位置的焊接。由于其熔渣含有大量的氧化物,因此具有较强的氧化作用,合金元素烧损较多,抗热裂纹性能不好,由此力学性能较差。由于以上特点,酸性焊条仅适用于一般低碳钢结构的焊接。

②碱性焊条:这类焊条的特点是焊接工艺性能差,引弧困难,由于药皮中有萤石的存在,造成电弧稳定性较差,这种焊条对铁锈水分油质较敏感,容易产生气孔。由此焊前必须对焊条进行烘干,而且要仔细清理焊缝及坡口两侧。由于药皮脱氧完全,焊接时释放出的氧少,合金元素极少被氧化,易于合金过渡,并且药皮中锰硅含量较多,所以焊缝金属的塑性、韧性和抗裂性能都比酸性焊条强。酸性焊条和碱性焊条的比较见表1.4。

表1.4 酸碱性焊条的比较

	酸性焊条	碱性焊条
工艺性能特点	引弧容易,电弧稳定,可使用交直流电源焊接;对铁锈、油污及水分的敏感性不大,抗气孔能力强。飞溅小,易脱渣,焊接时烟尘较少	由于药皮中大量氟化物的存在,故电弧稳定性较差,只能采用直流电源焊接,对铁锈、油污及水分的敏感性大,使用前焊条需经350~400 ℃烘焙1 h,焊接时飞溅较大,脱渣性较差,烟尘较多
焊缝金属性能	焊缝抗冲击性能一般,合金元素烧损较多,脱硫、磷效果差,抗热裂纹能力差	焊缝抗冲击性能好,合金元素过渡效果好,塑性和韧性好,脱硫、氧效果好,抗裂纹能力强

3)按焊条的性能分类

此类焊条的分类主要是根据其特殊使用性能而制造的专用焊条,比如立向下焊专用焊条、水下焊条、高效铁粉焊条、打底层专用焊条、重力焊条等。

2.焊条的型号

焊条的型号是指按国家规定的各类标准焊条。它以国家标准为依据,是主要反映焊条特征的一种表示方法。焊条的型号包括焊条的类别、焊条的特点、药皮的类型和焊接电源。

1)合金钢和碳钢焊条型号的编制方法

合金钢和碳钢焊条型号编制方法是(E××××),如图1.1和表1.5所示。

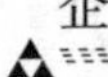

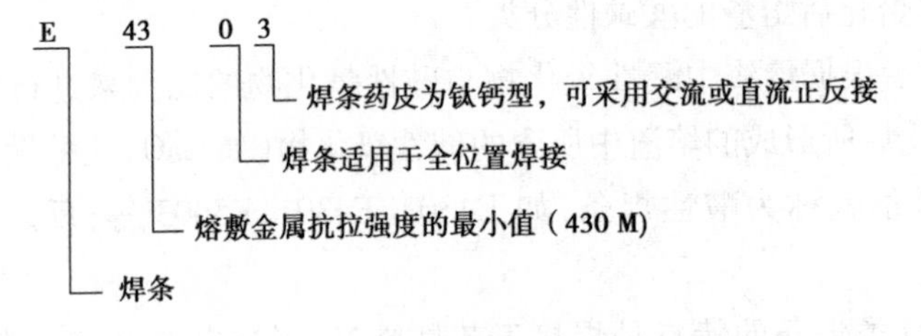

图 1.1 合金钢和碳钢焊条型号编制

第三位数字表示焊条的焊接位置。其中“0”“1”:适用于全位置焊接。“2”:适用于平焊及平角焊。“4”:适用于向下立焊。

表 1.5 合金钢与碳钢焊条型号中第三、第四位数字组合的含义

焊条型号	药皮类型	焊接位置	电流种类
E××00 E××01 E××03	特殊型 钛铁矿型 钛钙型	平、立、横、仰	交流或直流正、反接
E××10	高纤维素钠型		直流反接
E××11	高纤维素钾型		交流或直流反接
E××12	高钛钠型		交流或直流正接
E××13	高钛钾型		交流或直流正、反接
E××14	铁粉钛型		
E××15	低氢钠型		直流反接
E××16	低氢钾型		交流或直流反接
E××18	铁粉低氢型		
E××20	氧化铁型	平焊、平角焊	交流或直流正接
E××22			交流或直流正反接
E××23	铁粉钛钙型		
E××24	铁粉钛型		
E××27	铁粉氧化铁型		交流或直流正接
E××28	铁粉低氢型		交流或直流反接
E××48		平、立、横、仰立向下	

2）不锈钢焊条型号的编制方法

不锈钢焊条各数字和字母的含义如图 1.2 所示，编制方法见表 1.6。

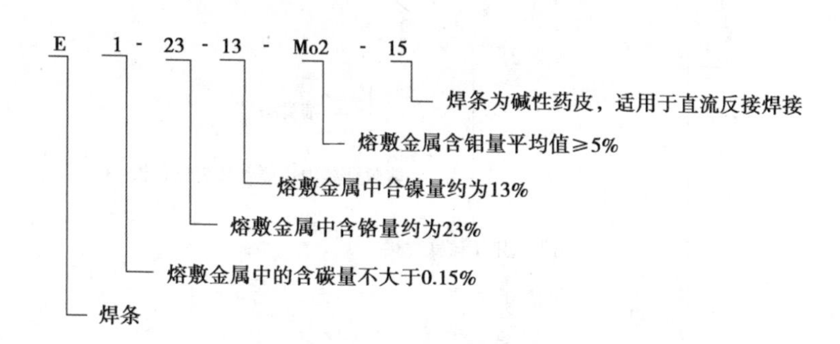

图1.2　不锈钢焊条型号编制

表1.6　不锈钢焊条型号的编制方法

E-×-××-××-××-××					
焊条	熔敷金属的含碳量 “00”:含碳量≤0.04% “0”:含碳量≤0.10% “1”:含碳量≤0.15% “2”:含碳量≤0.20% “3”:含碳量≤0.45%	熔敷金属的含铬量以近似值的百分之几表示	熔敷金属的含镍量以近似值的百分之几表示	熔敷金属中其他重要合金元素,不标数字则:含量低于1.5% “2”:含量≥1.5% “3”:含量≥2.5% “4”:含量≥3.5%	焊条药皮及焊接电流种类 “15”:焊条为碱性药皮,直流反接 “16”:焊条为碱性,或其他类型药皮,交流或直流反接

3)铸铁焊条的类别及型号(见图1.3举例及表1.7)

铸铁焊条的类别及型号见表1.7,铸铁焊条型号说明如图1.3所示。

表1.7　铸铁焊条的类别及型号

类别	名称	型号
铁基焊条	灰铸铁焊条 球墨铸铁焊条	EZC EZCQ
镍基焊条	纯镍铸铁焊条 镍铁铸铁焊条 镍铜铸铁焊条 镍铁铜铸铁焊条	EZNi EZNiFe EZNiCu EZNiFeCu
其他焊条	纯铁及碳钢焊条 高钒焊条	EZFe FZV

首位字母“E”表示焊条,字母“Z”表示用于铸铁焊接;在“EZ”后面的字母表示熔敷金属主要的化学元素符号或金属类型代号表示,再细分时用数字表示。铸铁焊条型号举例如下:

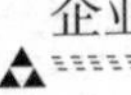

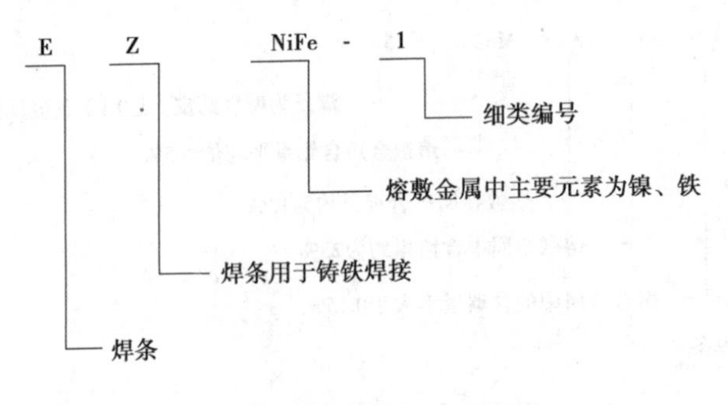

图 1.3 铸铁焊条型号编制

3.焊条的选择和使用

焊条的选择与使用是否合理直接影响焊缝的机械性能和焊接结构的安全,是焊接工作准备中非常关键的一步。在选择使用时要综合考虑,有针对性地选择焊条,必要时还需要进行焊接试验,最后才能确定。

1)根据焊缝使用性能要求选择

要正确选用焊条,首先要了解焊件的材质、使用条件及性能要求。一般普通结构钢,通常要求焊缝金属与母材等强度,应选用熔敷金属抗拉强度等于或高于母材的焊条。在接头应力高,焊缝易产生裂纹、焊接结构刚性大的情况下,应考虑选用比母材强度低的焊条。对于要求承受动载荷的焊件除满足强度外,还要保证焊缝金属具有较高的冲击韧性和塑性,还可考虑依次选用塑性韧性指标较高的低氢型、钛钙型或氧化铁型药皮类型的焊条。对于接触腐蚀介质的焊件,应根据介质的性质浓度及腐蚀特性来选择相应的不锈钢焊条或其他耐腐蚀焊条。在低温、高温耐磨或其他特殊工作条件下,焊件应选用低温钢、高温钢堆焊或其他特殊用途的焊条。

2)根据焊接结构的特点与受力条件进行选择

结构复杂、刚性大的焊件在焊接过程中会产生较大的内应力,应选用抗裂性好的碱性低氢型焊条,防止产生裂纹。而受力不大,某些焊接部位较难清理的焊件,可以考虑选用氧化性强对铁锈水分油污不敏感的酸性焊条。

3)根据施工条件和经济效益的合理性进行选择

在满足焊缝性能的条件下,应尽量选用成本较低的酸性焊条。在容器或狭小通风条件较差的工作场合,应选用酸性焊条或低尘焊条。工作量较大的焊接结构,条件允许时尽量选用高效率焊条,例如铁粉焊条、立向下焊焊条、高效率重力焊条等专用焊条,最大限度地提高生产率。综上所述介绍了焊条选用的原则,接着对各类常用碳钢焊条的牌号、型号、特征、力学性能、用途等列表介绍,仅供参考,见表 1.8。

表 1.8 各类常用碳钢焊条的牌号、型号、特征及用途

序号	牌号	型号	特征和用途
1	J420G	E4300	管道用全位置焊条,交直流两用,抗气孔性好,用于工作温度低于 450 ℃,工作压力 3.9~18 MPa 的高温、高压碳钢管道的焊接

续表

序号	牌号	型号	特征和用途
2	J421	E4313	交直流两用,可全位置焊接,工艺性能好,再引弧容易,用于焊接低碳钢结构,尤适于薄板小件及短焊缝的间断焊和要求表面光洁的盖面焊
3	J422	E4303	钛钙型药皮的焊条,焊接工艺性能好,电弧稳定,焊道美观,飞溅小,交直流两用,可全位置焊于较重要的低碳钢结构和强度等级低的低合金钢
4	J423	E4301	钛铁矿型药皮的焊条,交直流两用,成本低廉,平焊、平角焊工艺性能较好,可焊接较重要的低碳钢结构
5	J424	E4320	氧化铁型药皮的焊条,交直流两用,熔深大,熔化速度快,由于焊条中含锰量较高,抗热裂性能好,适用于平焊、平角焊、可焊接较重要的碳钢结构
6	J427	E4315	低氢钠型碱性药皮的碳钢焊条,采用直流反接,可全位置焊接,具有优良的塑性、韧性及抗裂性能,可焊接较重要的低碳钢和低合金钢,如 09Mn2 等
7	J503	E5001	钛铁矿型药皮的碳钢焊条,交直流两用,平焊、平角焊工艺性能较好,适用于低合金钢结构的焊接,如 16Mn 等
8	J505	E5011	高纤维素钾型药皮立向下焊专用焊条,交直流两用,向下立焊时,铁水及熔渣不下淌,电弧吹力大,熔深大,底层焊可双面成型,焊接效率高,用于碳钢和低合金钢管道的焊接
9	J506	E5016	低氢钾型碱性药皮的碳钢焊条,具有良好的力学性能和抗裂性能,交直流两用,可全位置焊接。交流施焊时,在工艺性能方面次于直流焊接,用于中碳钢和低合金钢的焊接

4.焊条的保管

焊条的管理与使用必须严格遵循《焊接材料质量管理规程》(JB/T 3223—2017)的规定。

1)焊条的储存与保管

①焊条必须储存在通风良好、干燥的室内仓库里,与地面墙壁保持一定的距离,严防受潮。

②特种焊条的保管应高于普通焊条的保管标准。

③焊条应按型号、种类、规格分类存放,应有明确标注,避免混乱。

2)焊条使用前的烘干与保管

由于焊条的药皮容易因吸潮而影响其工艺性能,造成药皮脱落、电弧不稳、飞溅增大、气孔增多等缺陷。因此,焊条在使用前应根据工艺技术要求必须烘干。

①酸性焊条要根据受潮情况,在温度 75~150 ℃中烘干 1~2 h 后使用。

②碱性焊条焊前应在温度 350~400 ℃中烘干 1~2 h,烘干的焊条应放在 100~150 ℃的保温桶内,随时使用。

③烘干焊条时,取放焊条应防止焊条的药皮因骤冷骤热而产生脱落与开裂。

④现场操作时，焊条必须妥善保管，禁止露天存放，必要时在烘箱内恒温保存，不然次日使用前还应重新烘干。

1.2.2 焊剂

在焊接时能够熔化形成熔渣和气体，并对熔化金属起保护作用同时进行复杂的冶金反应的具有一定颗粒度的物质叫作焊剂。它是电渣焊和埋弧焊不可缺少的焊接材料。在焊接过程中，焊剂的作用相当于焊条的药皮，在电弧高温作用下熔化后形成熔渣，对焊接熔池起改善焊接工艺性能和保护冶金处理等作用。本节主要介绍焊剂的分类、型号、选择与使用。

1.焊剂的分类

1）按用途分类

按照焊剂的使用可分为电渣焊焊剂、堆焊焊剂以及埋弧焊焊剂；按焊接材料的种类，可分为镍及镍合金焊剂、低碳钢焊剂、铜及铜合金焊剂、不锈钢焊剂、铝及铝合金焊剂等。

2）按制造方法分类

依据制造时的工艺，可以把焊剂分为熔炼焊剂和非熔炼焊剂（黏结焊剂、烧结焊剂）两大类。

①熔炼焊剂：把各种矿物性原料按一定的比例配成炉料在炉内加热至 1 300 ℃以上熔化，然后经水冷粒化、烘干、筛选而制成的焊剂。优点是：化学成分均匀；颗粒度高；防潮性好；便于重复使用。其缺点是：生产过程要经过高温熔炼，合金元素易被烧损，因此不能依靠焊剂向熔池大量添加合金元素。

②非熔炼焊剂：把各种矿物质粉料按一定比例混合后加入黏结剂，制成一定粒度的颗粒，经烘焙或烧结后得到的焊剂。根据烘干的温度不同，非熔炼焊剂又分为烧结焊剂和黏结焊剂两种。其中烧结焊剂由于其制造简单，实用性强，可根据施焊钢种的需要通过焊剂向熔池过渡合金元素，故其应用较广。

3）按熔渣的碱度分类

由于碱度是熔渣的最重要的冶金特征之一，它对熔渣—金属相界面处的冶金反应、焊接工艺性能和焊缝金属力学性能有很大影响。

根据下列公式计算结果进行如下分类：

$$B=\frac{CaO+MgO+BaO+Na_2O+K_2O+CaF_2+0.5(MnO+FeO)}{SiO_2+0.5(Al_2O_3+TiO_2+ZrO_2)}$$

①酸性焊剂（$B<1.0$）焊缝成型美观，焊接工艺性能好。

②碱性焊剂（$B>1.5$）焊缝熔敷金属含氧量低，具有较高的冲击韧性，抗裂性好，但焊接工艺性较差。

③中性焊剂（$B=1.0\sim1.5$）适用于多道焊接。

2.焊剂的型号与牌号

1）焊剂型号的编制

焊剂型号是依据国家标准的规定进行划分的。

碳素钢埋弧焊焊剂的型号根据《埋弧焊用非合金钢及细晶粒钢实心焊丝、药芯焊丝和焊丝-焊剂组合分类要求》(GB/T 5293—2018)中焊剂型号的编制进行划分。完整的焊丝-焊剂型号示例如图 1.4 所示。

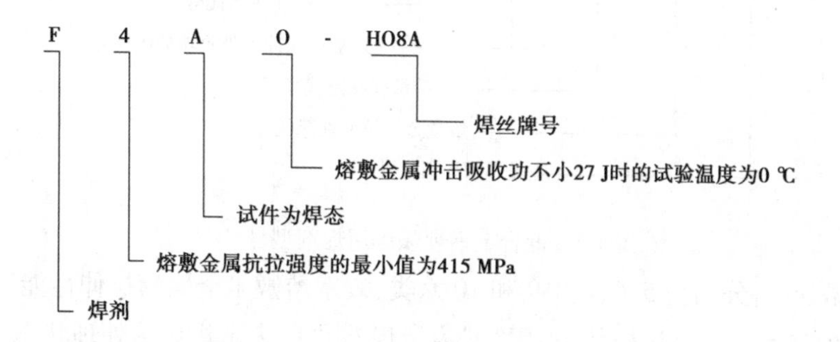

图 1.4　碳素钢埋弧焊焊剂型号

焊丝-焊剂组合的型号编制方法规定如下：

①字母“F”表示焊剂。

②第一位数字表示焊丝-剂组合的熔敷金属抗拉强度最小值见表 1.9。

表 1.9　熔敷金属拉伸试验结果的规定

焊剂型号	抗拉强度/MPa	屈服强度/MPa	伸长率/%
F4××-H×××	415~550	≥330	≥22
F4××-H×××	480~650	≥400	≥22

③第二位字母表示试件的热处理状态。“A”表示焊态，“P”表示焊后热处理状态。

④第三位数字表示熔敷金属冲击吸收功不小于 27 J 时的最低试验温度，见表 1.10。

⑤“-”后面表示焊丝的牌号。

表 1.10　熔敷金属拉伸试验结果的规定

焊剂型号	冲击吸收功/J	试验温度/℃	焊剂型号	冲击吸收功/J	试验温度/℃
F××0-H×××	≥27	0	F××4-H×××	≥27	40
F××2-H×××		20	F××5-H×××		50
F××3-H×××		30	F××6-H×××		60

2)低合金钢埋弧焊用焊剂型号

根据《埋弧焊用热强钢实心焊丝、药芯焊丝和焊丝-焊剂组合分类要求》(GB/T 12470—2018)的规定具体划分如图 1.5 所示。

①字母“F” 表示低合金钢埋弧焊用焊剂。

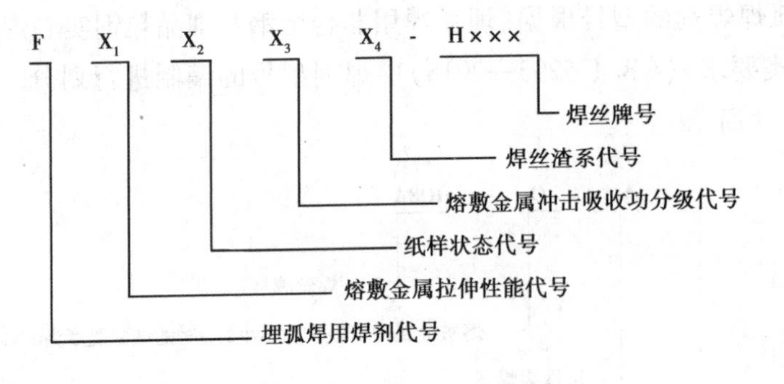

图 1.5　低合金钢埋弧焊用焊剂型号

②第一位数字 X_1分别为 5、6、7、8、9 和 10 六类，表示熔敷于金属的拉伸性能。

③第二位数字 X_2，表示试样状态，用“0”表示焊态，“1”表示焊后热处理状态。

④第三位数字 X_3，表示熔敷金属冲击吸收功。

⑤第四位数字 X_4，表示焊剂渣系。

⑥尾部“H XXX”，表示焊丝牌号。

3）不锈钢埋弧焊焊剂型号

根据《埋弧焊用不锈钢焊丝和焊剂组合分类要求》（GB/T 17854—2018）的规定，焊丝与焊剂型号是依据焊丝-焊剂组合的熔敷金属化学成分、力学性能进行划分，完整的焊丝-焊剂型号举例如图 1.6 所示。

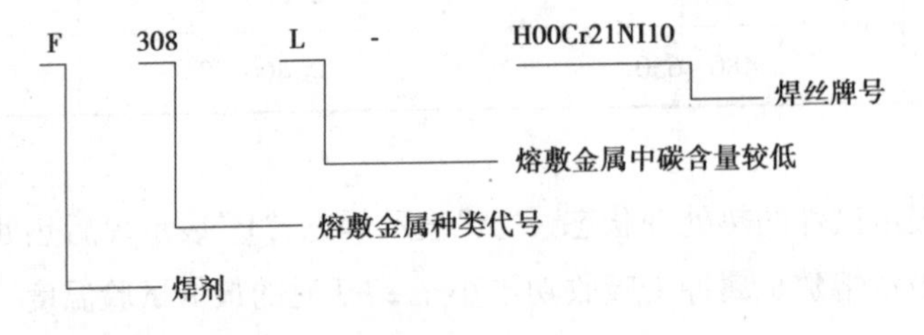

图 1.6　不锈钢埋弧焊焊剂型号

其焊丝-焊剂组合的型号编制方法如下：

①字母“F”表示焊剂。

②字母“F”后面的数字表示熔敷金属的代号。

③“-”后面的表示焊丝牌号。

3.焊剂牌号的编制

焊剂牌号是由生产企业依据一定的规则来编排的，同一型号中可以包括多种牌号。它是根据焊剂中 SiO_2、MnO、CaF_2的平均含量分数来划分的。

具体表示为：

1）熔炼焊剂牌号编制要求

①“HJ” 表示埋弧焊及电渣焊用熔炼焊剂。

②第一位数字表示 MnO 平均含量。

③第二位数字表示 SiO_2、CaF_2平均含量。

④第三位数字表示同一类型熔炼焊剂的不同牌号，按 0~9 顺序排列。

⑤对同一牌号熔炼焊剂生产两种颗粒时，再细颗粒焊剂后面加“X”加以区分。例如熔炼焊剂牌号编制如图 1.7 所示。

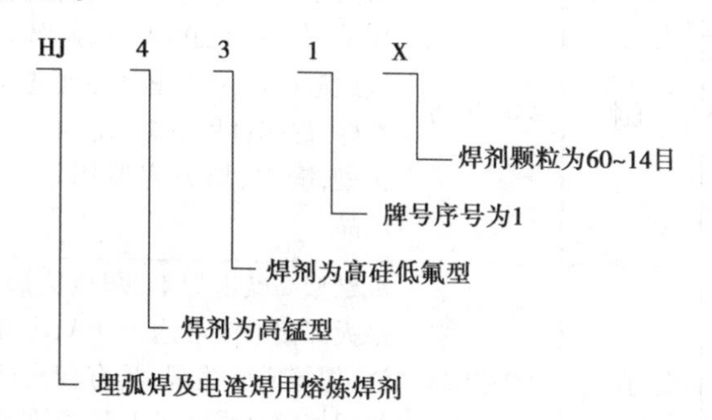

图 1.7 熔炼焊剂牌号编制

2）烧结焊剂牌号编制要求

①“SJ”表示埋弧焊用烧结焊剂。

②第一位数字表示焊剂熔渣的渣系类型。

③第二、三位数字表示同一渣系类型的烧结焊剂不同牌号，按 01~09 顺序排列。例如烧结焊剂牌号编制如图 1.8 所示。

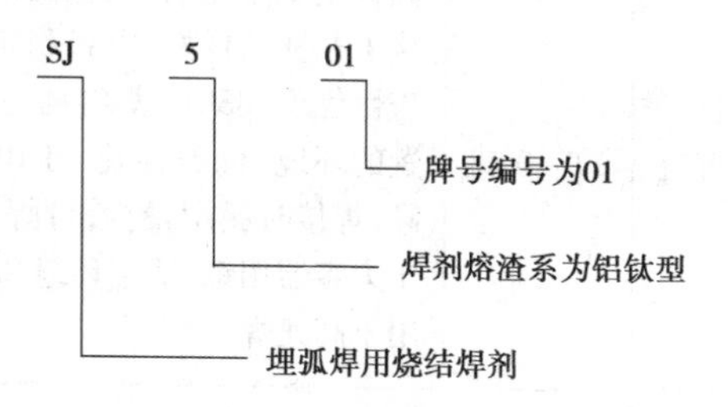

图 1.8 烧结焊剂牌号编制

4.焊剂的选择与使用

对焊剂的一般要求：

①焊剂应具有良好的冶金性能，焊接时选择适当的焊丝与合理的焊接工艺，保证焊缝金属得到良好的力学性能以及较强的抗冷裂纹和热裂纹的能力。

②焊剂应具有良好的工艺性、电弧燃烧稳定、烧焊缝成型好、易脱渣，焊接过程中产生的有害气体少。

③焊剂要有一定的颗粒度，并且还应有一定的颗粒强度，以利于多次回收利用。

④焊剂应有较低含水量和抗潮性。

⑤焊剂应具有较低的含 S、P 含量，一般为 $S \leqslant 0.06\%$，$P \leqslant 0.08\%$。

要获得高质量的焊接接头，焊剂除符合以上要求外，还必须针对不同的材料选择合适牌号的焊剂及焊丝，见表 1.11。

表 1.11 常用国产烧结焊剂的特点及应用

序号	焊剂牌号	配用焊丝	适用电源	焊剂粒度/mm	特点及用途	烘干条件
1	SJ101	H08Mn2A H10Mn2 H08MnMoA H08Mn2MoA	直流	2.0~0.28	氟碱型焊剂，灰色圆形颗粒，直流正接，最大焊接电流可达 1 200 A，电弧燃烧稳定，易脱渣，焊缝成型美观，具有较高的低温冲击韧性，抗吸潮性好，焊接过程中焊剂消耗量少，可焊接普通结构钢，锅炉、压力容器用钢，用于重要的焊接产品	300~350 ℃ 2 h
2	SJ107	H10Mn2 H08Mn2A 等	交、直流	2.0~0.28	氟碱型高碱度焊剂，灰色圆形颗粒，直流正接，最大焊接电流可达 800 A，电弧燃烧稳定，易脱渣，焊缝成型美观，具有较高的低温冲击韧性，可焊接较高强度船用钢、多种低合金结构钢，常用于多道焊	—
3	SJ301	H08A H08MnA H08MnMoA	交、直流	2.0~0.28	硅钙型中性焊剂，黑色圆形颗粒，直流正接，最大焊接电流可达 1 200 A，电弧燃烧稳定，易脱渣，焊缝成型美观，可焊接普通结构钢、锅炉用钢等，多用于多丝快速焊，特别适合环焊缝	—
4	SJ302	H08A H08MnA H08MnMoA	交、直流	2.0~0.28	硅钙型中性焊剂，黑色圆形颗粒，直流正接，焊接工艺性能良好，电弧稳定，焊缝成型美观，脱渣性优于 SJ301，焊缝韧性良好，可焊接各种位置的环缝，抗裂性比 SJ301 更好；焊剂颗粒度高，焊接时耗用量少，可焊接普通结构钢锅炉、压力容器用钢，适于环缝和角焊缝的焊接，也可用于高速焊	300~350 ℃ 2 h
5	SJ401	H08A	交、直流	2.0~0.28	硅锰型酸性焊剂，灰褐色到黑色圆形颗粒，直流正接，焊接工艺性能良好，具有较强的抗气孔能力，可焊接低碳钢及低合金钢，多用于机车车辆、矿山机械等金属结构的焊接	—
6	SJ503	H08MnA H08A 等	交、直流	2.0~0.28	铝钛型酸性焊剂，黑色圆形颗粒，直流正接，最大焊接电流可达 1 200 A，电弧燃烧稳定，脱渣性优良，焊缝成型美观，抗气孔能力强，对少量铁锈、氧化皮等不敏感，抗裂性能优于 SJ501；焊缝金属具有良好的低温韧性，可焊接碳素结构钢、船用钢等，用于船舶、桥梁、压力容器等产品，尤其适于中、厚板焊接	— —
7	SJ604	H08A H08MnA 等	交、直流	根据用户要求	快速烧结焊剂，呈浅褐色颗粒，焊接工艺性能良好，易脱渣，成型美观；低碳钢薄板焊接，焊速可达 70 m/h 左右，适用于受压钢瓶及薄壁管道焊接	—

1.2.3　保护气体

气体保护焊在生产中已经应用得非常广泛。焊接用保护气体主要是指 CO_2 气体保护焊和氩弧焊气体保护焊中所用的保护气体（如 CO_2、Ar、CO_2+ Ar 等）。

1.焊接用保护气体的特性

1）二氧化碳气体（CO_2）

①CO_2 气体在常温下是一种无色无味的气体，比空气重，非常稳定，在 5 000 K 左右的高温下几乎能全部分解，因而使电弧气氛具有很强的氧化性。

②CO_2 有三种状态：气态、液态和固态。气态的 CO_2 受到压缩后能变成液态，不施加压力冷却时，CO_2 气体直接变成固态（干冰）；反之，固态 CO_2 温度在升高时，可不经过液态而直接转变成气态。

③焊接用的 CO_2 气体均经过压缩后形成液态储存在钢瓶中备用。CO_2 钢瓶按规定漆成黑色，上写黄色“液化二氧化碳”字样，焊接常用气体的气瓶颜色及标记见表 1.12。

表 1.12　焊接常用气体的气瓶颜色及标记

气体名称	化学式	瓶体颜色	字样	字体颜色	色环⊗
氢	H_2	淡绿	氢	大红	淡黄
氧	O_2	淡蓝	氧	黑	白
空气	—	黑	空气	白	白
氮	N_2	黑	氮	淡黄	白
乙炔	C_2H_2	白	乙炔不可近火	大红	—
二氧化碳	CO_2	黑	液化二氧化碳	黄	黑
甲烷	CH_4	棕	甲烷	白	淡黄
丙烷	C_3H_8	棕	液化丙烷	白	—
丙烯	C_3H_6	棕	液化丙烯	淡黄	—
氩	Ar	银灰	氩	深绿	白
氦	He	银灰	氦	深绿	白
液化石油气	—	银灰	液化石油气	大红	—

注⊗：工作压力为 19.6 MPa 加色环一道，工作压力为 29.4 MPa 加色环二道。

④液态 CO_2 是无色液体，通常容量为 40 L 的标准钢瓶，可灌装 25 kg 液态 CO_2，25 kg 液态 CO_2 约占钢瓶容积的 80%，其余 20%左右的空间则充满了气体的 CO_2，经过汽化后可生成

12 725 L CO_2 气体，若焊接时气体流量为 10 L/min，则一瓶液态 CO_2 可连续使用 24 h。

焊接时 CO_2 气体流量的选择见表 1.13。

表 1.13　焊接时 CO_2 气体流量的选择

焊接方法	细丝 CO_2 焊	粗丝 CO_2 焊	粗丝大电流 CO_2 焊
CO_2 气体流量/(L · min)	5~15	15~25	25~50

⑤CO_2 气体的纯度对焊缝金属的致密性和塑形有较大的影响，因此焊接用的 CO_2 气体必须具有较高的纯度，一般要求 CO_2>99%，O_2<0.1%，H_2O<0.05%。

⑥CO_2 气体的来源广、价格低，造成其含水量较高而且不稳定。为获得优质焊缝，应对其作一定的处理，以减少其中的水分和空气。

a.将新灌 CO_2 气瓶倒立静置 1~2 h，使水分沉淀在底部，然后打开气阀，将水分排出，一般放水 2~3 次，每次间隔时间 30 min，放水结束后将气瓶放正。

b.在 CO_2 供气管路中安装使用加热装置，对气体进行烘干，进一步减少 CO_2 气体中的水分。

c.经放水处理后的气瓶在使用前先放气 2~3 min，因为上部的气体在灌装时混入瓶内，它含有较多的水分和空气。

d.当瓶内气压降至 980 MPa 时，不再使用。

2）氩气（Ar）

① Ar 是一种惰性气体，焊接时它既不与金属起化学反应，也不溶解于液态金属中。它比空气重 37%，使用时不宜漂浮失散，有利于起到保护作用，所以是一种理想的保护气体。

② Ar 是无色无味的气体，是空气中除氧、氮之外，含量最多的一种稀有气体。

③Ar 的缺点是电离电势较高。当电弧空间充满 Ar 时，电弧的引燃比较困难，但电弧一旦引燃就非常稳定。

2.焊接保护气体的选择和使用

焊接用气体的选择主要取决于焊接、切割方法，除此之外，还与被焊金属的性质、焊件厚度、焊接位置以及焊接接头质量有关。

1）焊接方法与气体的选用

根据在焊接过程中所采用的焊接方法不同，焊接切割或气体保护焊用的气体也不相同，其选择见表 1.14。

表 1.14　焊接方法与焊接气体选用

焊接方法	焊接气体				
气焊	$C_2H_2+O_2$		H_2		
气割	$C_2H_2+O_2$	液化石油气+O_2	煤气+O_2	天然气+O_2	

续表

<table>
<tr><td>焊接方法</td><td colspan="7">焊接气体</td></tr>
<tr><td>等离子弧切割</td><td colspan="2">空气</td><td colspan="2">N_2</td><td>$Ar+N_2$</td><td>$Ar+H_2$</td><td>N_2+H_2</td></tr>
<tr><td>TIG 焊</td><td colspan="2">Ar</td><td>He</td><td colspan="4">Ar+He</td></tr>
<tr><td rowspan="4">GMAW 焊</td><td rowspan="3">实芯焊丝</td><td>MIG 焊</td><td>Ar</td><td>He</td><td colspan="3">Ar+He</td></tr>
<tr><td>MAG 焊</td><td>$Ar+O_2$</td><td>$Ar+O_2$</td><td colspan="3">$Ar+O_2+CO_2$</td></tr>
<tr><td>CO_2 焊</td><td>CO_2</td><td colspan="4">O_2+CO_2</td></tr>
<tr><td colspan="2">药芯焊丝</td><td>CO_2</td><td>$Ar+O_2$</td><td colspan="3">$Ar+CO_2$</td></tr>
</table>

2)被焊材料与保护气体的选用

气体保护焊的保护气体有活性气体和惰性气体两类。而活性气体保护焊时,由于 CO_2 气氛的强氧化作用,合金过渡系数较低;惰性气体（Ar）保护焊时,焊丝成分与熔敷金属成分相近,合金元素基本无损失;因此,采用 CO_2 作为保护气体时,焊丝中必须含有足够的脱氧合金元素,以保证焊缝金属中合适的含氧量,改善焊缝的组织和性能。焊接用保护气体及适用范围见表 1.15。

表 1.15　焊接用保护气体及适用范围

被焊材料	保护气体	混合比	化学性质	焊接方法	简要说明
铝及铝合金	Ar		惰性	TIG MIG	TIG 采用交流;MIG 采用直流反接,有阴极破碎作用,焊缝表面光洁
	Ar+He	He 通常加热到 10%	惰性	TIG MIG	He 传热系数大,在相同电弧长度下,电弧电压比用上时高。电弧温度高,熔化速度较高。适于焊接厚铝板,可增大熔深,减少气孔,提高生产率,如加入 He 比例过大则飞溅较多
铜及铜合金	Ar		惰性	TIG MIG	产生稳定的射流电弧,板厚大于 5~6 mm 时需预热
	Ar+He	50/50 或 30/70		TIG MIG	可改善焊缝金属的湿润性,提高焊接质量,输入热量比纯 Ar 大,可降低预热温度
	N_2			熔化极气保焊	输入热量增大,不用预热,但有飞溅及烟雾,一般仅在脱氧铜焊接时使用氮弧焊,氮气来源方便,价格便宜
	$Ar+N_2$	80/20	惰性	熔化极气保焊	输入热量比纯 Ar 大,但有一定的飞溅及烟雾,焊缝成型较差

续表

被焊材料	保护气体	混合比	化学性质	焊接方法	简要说明
不锈钢	Ar		惰性	TIG	适用于薄板焊接
	$Ar+O_2$	加 $O_2$1%~2%	氧化性	MAG	焊接不锈钢时加入 O_2 的体积分数不宜超过2%，否则焊缝表面氧化性严重，降低焊接接头的质量，适用于射流电弧及脉冲电弧
	$Ar+N_2$	加 $N_2$1%~4%	惰性	TIG	可提高电弧的刚度，改善焊缝成型
	$Ar+O_2+CO_2$	加 $O_2$2% 加 $CO_2$5%	氧化性	MAG	适用于射流电弧、脉冲电弧及短路电弧
	$Ar+CO_2$	加 $CO_2$2.5%	氧化性	MAG	适用于短路电弧，焊接不锈钢时加入 CO_2 的体积分数最大量应小于5%，否则渗碳严重
碳钢及低合金钢	$Ar+O_2$	加 $O_2$1%~20%	氧化性	MAG	生产效率较高，抗气孔性能优。适用于射流电弧及对焊缝要求较高的场合
	$Ar+CO_2$	7080/3020	氧化性	MAG	有良好的熔深，可用于短路过渡及射流过渡电弧
	$Ar+O_2+CO_2$	80/15/5	氧化性	MAG	有较佳的熔深，可用于射流、脉冲及短路电弧
	CO_2		氧化性	MAG	适用于短路电弧，有一定的飞溅

1.2.4 焊丝的选择和使用

随着自动焊接技术和气体保护焊工艺的广泛应用，焊丝的数量、品种增长很快，特别是药芯焊丝的发展最快，使用量逐年增大，使焊丝在消耗焊材中所占的比例越来越多，成为一种重要的焊接材料。

1.焊丝的分类

①按其使用的焊接方法焊丝可分为埋弧自动焊焊丝、CO_2气保焊焊丝、电渣焊焊丝、气焊焊丝等。

②按其制造方法及结构焊丝可分为实芯焊丝和药芯焊丝。其中药芯焊丝又可分为气体保护和自动保护焊丝两种。

③按被焊材料的不同焊丝可分为低碳钢焊丝、低合金钢焊丝、不锈钢焊丝、铸铁焊丝、有色金属焊丝等。

2.焊丝的型号与牌号

1）实芯焊丝

①焊丝型号的表示方法为ER××-×，字母ER表示焊丝，ER后面的两位数字表示熔敷金属最低抗拉值，短划“-”后面的数字或字母表示焊丝化学成分分类代号。如附加其他化学成分时，直接用元素符号表示，并以短划“-”与前面数字分开。焊丝型号举例如图1.9所示。

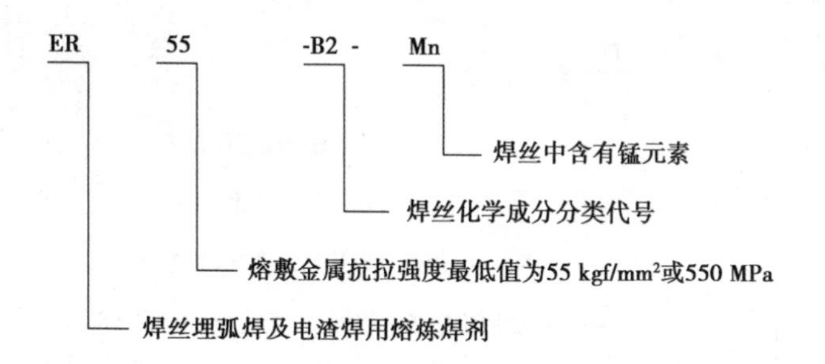

图1.9　焊丝型号

②焊丝牌号的首位字母“H”表示焊接用实芯焊丝,后面的两位数字表示含碳量,其他合金元素含量的表示方法与钢材表示方法基本相同。尾部标有“A”或“E”时,表示硫磷含量较低的优质钢焊丝。焊丝牌号举例如图1.10所示。

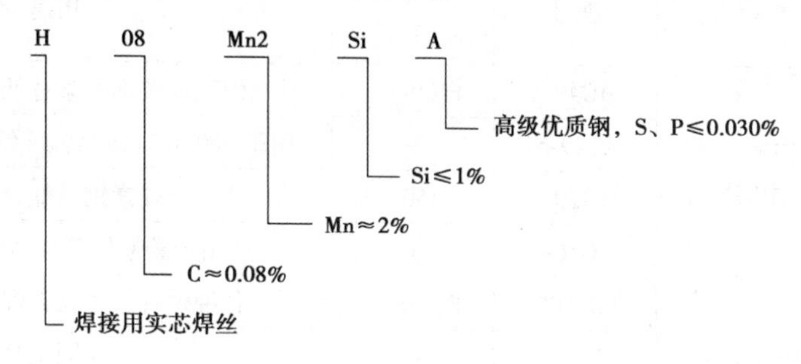

图1.10　焊丝牌号

2)药芯焊丝

①药芯焊丝的型号:由焊丝类型代号和焊缝金属的力学性能字母组成,“EF”表示药芯焊丝的代号;代号后面第一位数字表示适用的焊接位置,“0”表示平焊和横焊,“1”表示全位置焊;代号后面第二位数字表示分类代号。在短线“-”后面的四位数字表示焊缝金属的力学性能。药芯焊丝型号举例如图1.11所示。

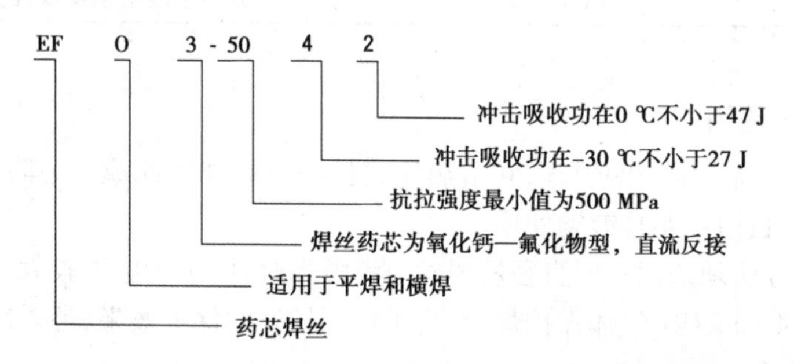

图1.11　药芯焊丝的型号

②药芯焊丝的牌号:第一个字母“ Y” 表示药芯焊丝,第二个字母及第一、二、三位数字与焊条编制相同;短划“-”后面的数字表示焊接时的保护方法。药芯焊丝的牌号举例如图1.12所示。

常用气体保护焊焊丝的型号、牌号对照以及其用途见表1.16。

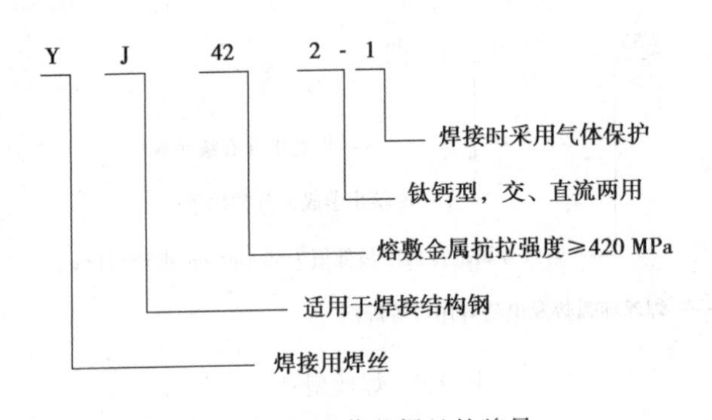

图 1.12　药芯焊丝的牌号

表 1.16　气体保护焊焊丝的型号、牌号对照及用途

国家标准		牌号	符合国家标准型号	用途
GB/T 8110—2020	用于熔化极气体保护焊	MG49-1	ER49—1	焊接低碳钢及某些低合金钢结构
		MG49-Ni	—	用于 500 MPa 级高强度钢、耐热钢的焊接
		MG50-3	ER50—3	适用于碳素钢及低合金钢的焊接
		MG50-4	ER50—4	适用于碳素钢薄板、管的高速焊接
GB/T 8110—2020	用于钨极气体保护焊	TGSORe	ER50—4	各种位置管于氩弧焊打底及弧焊
		TG50	—	（同上）
		TGR55CM	ER55—B2	适用于锅炉、压力容器受热面的焊接
		TGR55V	ERS5B2MnV	适用于石油裂化设备、高温化工机械的打底焊
GB/T 14957—1994		H08Mn2Si	—	用于 400 MPa 级构件的焊接，主要用于单道焊
		H08Mn2Si H08Mn2SiA	—	适用于碳素钢及低合金钢的焊接
		H11Mn2SiA	—	适用于碳素钢及低合金钢的焊接

3.焊丝的选择与使用

①实芯焊丝是目前最常用的焊丝，它由热轧线材经拉拔加工而成。为防止生锈，必须对焊丝表面进行处理，目前主要是镀铜处理。

②不同的焊接方法须采用不同直径的焊丝。埋弧焊时，由于其电流较大，可采用粗焊丝，焊丝直径在 2.4~6.4 mm；CO_2气体保护焊时，为了得到较好的保护效果，可采用直径相对较细的焊丝，直径一般为 0.8~1.6 mm。

③对于同一型号的焊丝，当使用 $Ar+O_2$，为保护气体时，熔敷金属的化学成分与焊丝的化学成分差别不大，但当使用 CO_2 为保护气体时，熔敷金属中的 Mn、Si 和其他脱氧元素的含量会大大减少，在选择焊丝和保护气体时应特别注意。

④实芯焊丝和药芯焊丝对水分的影响不敏感，不需作烘干处理。

⑤药芯焊丝与实芯焊丝相比，由于其焊接工艺性能好、飞溅小、焊缝成型好、对钢材适应性好，可用于焊接各种类型的钢结构。药芯焊丝适用于自动或半自动焊接，电源交直流均可。

任务1.3　焊前基本准备

相关知识

1.3.1　坡口的准备

根据设计和工艺需要，在焊件的待焊部位加工并装配成的一定几何形状的沟槽称为坡口，坡口的作用是保证焊缝根部焊透、焊接质量和连接强度，同时调整基本金属与填充金属的比例。

1.坡口形式

坡口基本形状见表1.17。

表1.17　常用焊缝坡口的基本形状

坡口名称	对接接头	T形接头	角接接头
I形		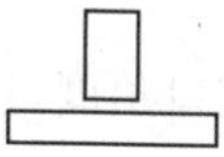	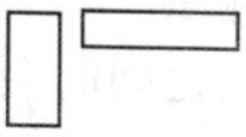
带钝边单边V形	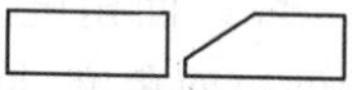	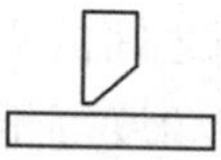	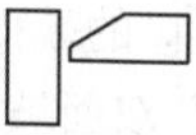
Y形		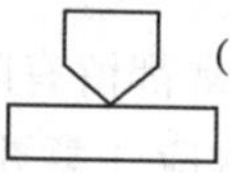 （K形）	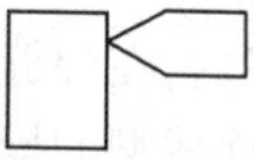 （K形）
双V形（X形）		—	—
带钝边单边J形	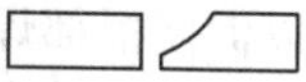	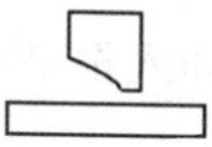	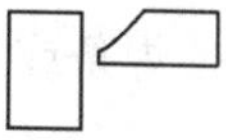
带钝边双J形（双面J形）	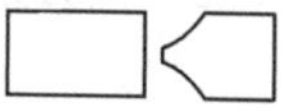	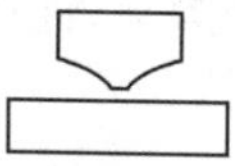	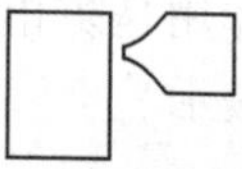
带钝边单U形	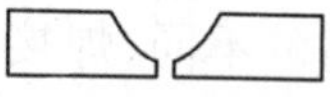	—	—
带钝边双U形（双面U形）	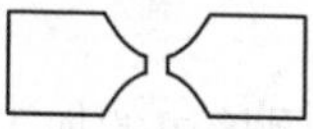	—	—

1)I 形坡口

I 形坡口用于较薄钢板的焊件对接,采用焊条电弧焊或气体保护焊,且焊接厚度在 6 mm 以下的钢板可以开 I 形坡口;如果采用埋弧焊,这个厚度一般可以放到 12~14 mm。这种坡口的焊缝填充金属很少。

2)V 形坡口

V 形坡口形状简单,加工方便,是最常用的坡口形式,焊接时为单面焊,不用翻转焊件,但由于是单面焊,焊后容易往一个方向变形,因此在必要时,应采取反变形措施。

3)X 形坡口

钢板厚度为 12~60 mm 时可采用 X 形坡口,X 形坡口与 V 形坡口相比,在相同厚度下,能减少焊缝金属量约 1/2,而且由于双面焊,焊后的残余变形较少。

4)U 形坡口

U 形坡口应用于厚板焊接。对大厚度钢板,当焊件厚度相同时,U 形坡口的焊缝填充金属比 V 形、X 形坡口少很多,而且焊件产生的变形也小,但这种坡口加工较困难,一般用于重要的焊接结构。

当工艺有特殊要求时,常用一些组合坡口。

2.坡口的几何尺寸

1)坡口角度

两坡口面之间的夹角称为坡口角度,用符号 α 表示。

2)坡口面角度

待加工坡口的端面与坡口面之间的夹角,称为坡口面角度。开单面坡口时,坡口角度等于坡口面角度,双面坡口时,坡口角度等于两倍的坡口面角度,坡口面角度用 β 表示。

3)根部间隙

焊件装配好后,在焊缝根部通常都留有间隙,这个间隙有时是装配的原因,有时是故意留的。在单面、双面成型的操作中,就应注意要留有一定的间隙,以保证在焊接打底焊道时,能把根部焊透。根部间隙用符号 b 表示。

4)根部半径

在 T 形、U 形坡口底部的半径称为根部半径,用符号 R 表示,根部半径的作用是增大坡口根部的空间,使焊条或焊丝能够伸入根部的空间,以促使根部焊透。

5)钝边

钝边的作用是防止焊缝根部焊穿,钝边留多少,视焊接方法及采取的工艺而不同,钝边尺寸用符号 p 表示。

3.坡口的加工方法

根据焊件的结构形式,板厚,焊接方法和材料的不同,焊接坡口的加工方法也不同,常用的坡口加工方法有剪切、铣边、刨削、车削、热切割和气刨等。

1)剪切

剪切一般用于 I 形坡口(即不开坡口)的薄板焊接边的加工。另外,目前公路钢箱梁大桥的 U 形加强肋角焊缝的坡口也采用专用机床滚剪加工。

2）铣边

对于薄板I形坡口的加工，可以将多层钢板叠在一起，一次铣削完成，以提高坡口的加工效率。

3）刨削

对于中厚钢板的直边焊接坡口，可以采用刨床加工，加工后的坡口平直、精度高，能够加工V形、U形或更为复杂的坡口。

4）车削

对于圆柱体如圆管、圆棒、圆盘的圆形焊接坡口，可以在车床上采用车削方法加工。

5）热切割

对于普通钢板的焊接坡口加工，可以采用火焰切割方法加工，不锈钢板的焊接坡口可以采用等离子弧切割方法加工。热切割方法加工坡口可以提高加工效率，尤其是曲线焊缝坡口，采用热切割加工的焊缝坡口表面有一层氧化皮，热切割坡口在焊接前应将坡口表面的氧化皮打磨干净，如管子相贯焊接坡口等。

6）气刨

气刨坡口一般用于局部坡口修整和焊缝背面清根，气刨坡口应防止渗碳，焊接前必须将坡口表面打磨干净。

1.3.2 焊前预热

1.焊前预热的目的

焊前预热就是焊前将焊件局部和整体进行适当加热的工艺措施，其目的是减小焊接接头的冷却速度，避免产生淬硬组织和减小焊接应力与变形，它是防止产生焊接裂纹的有效方法。

是否需要预热和预热温度的高低，应根据母材的焊接性、所用的焊接材料和焊接接头的拘束度的大小来综合考虑确定。焊接性好的碳素结构钢和低合金结构钢，如果板厚较小，拘束度不大，并且采用低氢型焊接材料，一般不需要预热。但是，钢板的焊接性差，钢板厚度大，结构拘束度大，并采用普通的非低氢型焊接材料焊接，应进行焊前预热。

焊接热导率高的材料，如铜、铝及其合金时，有时需要焊前预热，这样可以减小焊接电流，增加熔深，也有利于焊缝金属与母材的熔合。

应当指出，焊前预热焊接增加了能源消耗，恶化了焊接条件，只要可能，都应该采用不预热或低温预热焊接。

2.焊前预热的方法

焊前预热的方法一般采用火焰加热，加热炉加热和远红外加热，因为火焰加热方法方便灵巧，一般最为常用。

预热时，应采用表面接触式温度计在待焊区域两侧30~50 mm范围内测量温度。

1.3.3 焊前组装及定位焊

1.焊件焊前组装的检查

结构件在组装后和焊接前应进行严格检查，检查内容包括检测结构件的外形尺寸、检查组装钢板的板厚和材质、检查待焊接区的清理状况、检查焊缝加工坡口的尺寸、检查待使用的焊接材料等。

1）检测结构件的外形尺寸

对装配件的测量包括测量构件的线性尺寸、形状和位置尺寸。一般情况下，测检前应选择测量基准，多以定位基准作为测量基准，有时根据焊件的几何特点，选择合适的点、线、面作为间接的测检基准。线性尺寸的测量在生产中应用最广，线性尺寸的测检工具有钢卷尺、钢直尺、90°角尺等，在批量生产中可采用样杆测量。形状和位置尺寸的测量范围包括构件的平行度、倾斜度和垂直度等。

2）检查组装钢板的板厚和材质

焊接前应检查板厚尺寸是否符合图样要求，确认钢板材质正确，防止混料和板厚尺寸发生错误。

3）检查待焊接区的清理状况

检查待焊接区的清理状况，将影响焊接质量的铁锈、油污、水分等清理干净。使其表面显露出金属光泽，清除范围应符合规定。

4）检查焊缝加工坡口的尺寸

检查加工坡口的尺寸是否符合技术要求，T形角焊缝应在图样上查明焊脚尺寸的大小。

结构上受力重要的焊缝，应在焊缝的端部连接引弧板、引出板，如图1.13所示。引弧板的材质、厚度、坡口应与所焊件相同，对于T形角焊缝，如果盖板厚度较大，盖板侧的引弧板厚度可以适当减小。

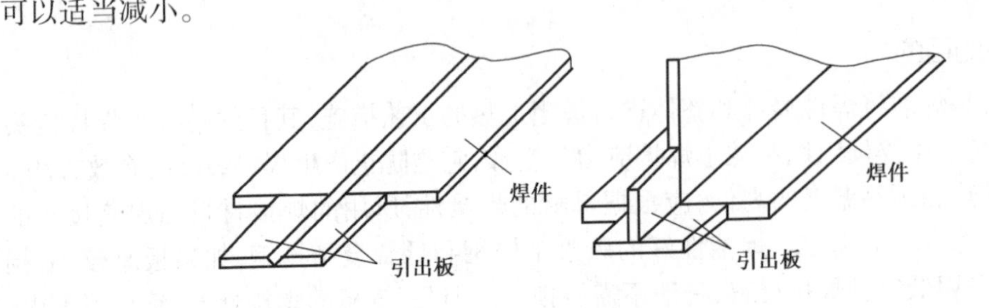

图1.13　焊缝端部连接引出板

5）检查待使用的焊接材料

检查待使用的焊接材料是否符合技术要求，焊条、焊剂是否烘干。

2.板材焊件的组装

1）板材焊件的组装

为了保证焊件外形尺寸和焊缝坡口间隙，通常用焊条电弧焊进行定位焊缝的焊接。接头采用一定的坡口角度和根部间隙，这是为了保证焊缝的熔合良好和根部熔透。当坡口角度减小时，必须增加根部间隙，保证焊条或焊丝能够接近坡口根部引弧，否则容易出现未焊透、夹渣等缺陷。但是，如果坡口角度和根部间隙过大，会增加焊接时间，增大焊接变形，根部容易烧穿。另外沿焊缝根部的错边可能在某些区域引起未焊透或焊缝根部成形不良。所以焊件坡口的加工质量及组装质量，直接影响焊接质量、制造成本和焊接效率，应当加强控制。

对于根部间隙较大的焊缝，当间隙大于4 mm时，一般采用马板组装定位（图1.14），在马板与焊件间进行定位焊接，待焊缝根部焊道焊接后，将马板去除，再焊接其余焊道。

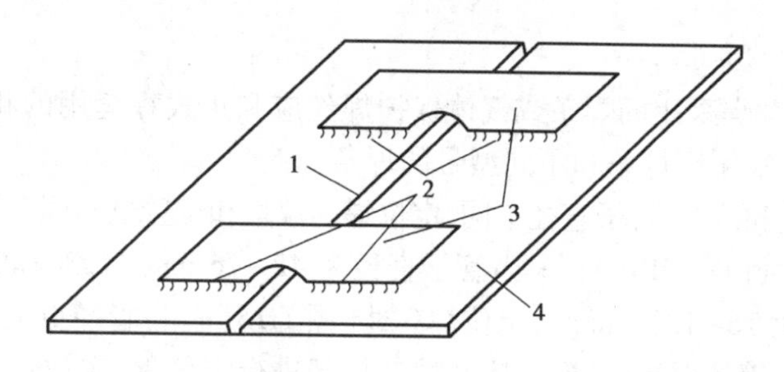

图 1.14　马板组装定位

1—焊缝;2—定位焊缝;3—马板;4—焊件

2)定位焊

定位焊是正式焊缝的组成部分,它的质量会直接影响正式焊缝的质量,定位焊缝不得有裂纹、夹渣、焊瘤等缺陷。对于开裂的定位焊缝,必须先查明原因,然后在保证焊件尺寸正确的条件下补充定位焊,最后清除开裂的定位焊缝。又因为定位焊的焊道短、冷却快,比较容易产生焊接缺陷,若缺陷被正式焊缝覆盖而未被发现,将会带来隐患,所以,对定位焊缝的质量应当严格控制。

对于定位焊缝的焊道短、冷却速度快,焊接电流应比正常的焊接电流大 15%~20%, 焊前预热温度应按照规定上限执行,收弧时应填满弧坑,防止产生弧坑裂纹。

①焊接材料:定位焊采用的焊条或气体保护焊丝应和正式焊缝用的相同,焊前要对焊条进行烘干,绝对不允许采用废焊条和不同型号的焊条进行定位焊的焊接。

②定位焊的位置:双面焊且背面需要清根的焊缝,定位焊最好在背面,以便在背面焊缝焊接前清除定位焊缝;对于形状对称的构件,定位焊缝也应对称布置;在有交叉焊缝的位置,不得定位焊,定位焊缝距离交叉点至少 50 mm;定位焊缝应距设计焊缝端部 30 mm 以上,其长度为 50~100 mm;定位焊缝间距应为 400~600 mm; 角焊缝定位焊缝的焊脚尺寸不得大于设计焊脚尺寸的 1/2。

3.管材焊件的组装及定位焊

1)管材焊件的组装

管材焊件的组装是为了保证管材焊件的外形尺寸和焊缝坡口间隙,通常采用焊条电弧焊进行定位焊缝的焊接。除了满足板材焊件的组装要求外,定位焊缝的焊接还必须满足以下要求:

①管子轴线必须对正,以免焊接后中心线偏斜。由于焊接是从轴线的一侧开始,所以整个管口的焊接收缩量不同,为了补偿这个收缩量的差值,管子组对时应设置反变形,管子对接焊缝后焊侧的组装间隙应比始焊侧加大 0.5~2.0 mm,管子直径小者取下限值,管子直径大者取上限值。

②为了保证根部第一层焊缝背面成形良好,对于开 I 形坡口的薄壁管子间隙可为壁厚的一半。开坡口的管子对接间隙,当采用酸性焊条时,根部间隙以等于焊芯直径为宜;当采用碱性焊条时,根部间隙以等于焊芯直径的一半为宜。如果间隙过小,则容易造成根部未焊透缺陷;如果间隙过大,则容易造成烧穿缺陷,形成焊瘤。

③为了保证焊缝质量,管子定位焊缝要进行认真检查,如发现裂纹、未焊透、夹渣,气孔等缺陷,必须将其去除重焊。定位焊的焊渣、飞溅必须打磨,并将定位焊两端修磨成斜坡。

2)定位焊

①焊接材料:定位焊采用的焊条或气体保护焊丝应和正式焊缝用的相同，焊前要对焊条进行烘干，绝不允许采用废焊条和不同型号的焊条。

②定位焊的数量和位置:管子直径不同,定位焊的数量和位置也不同。当管子直径≤42 mm时,只需要定位焊 1 处[图 1.15(a)]；当管子直径为 42~76 mm 时,对称定位焊 2 处[图 1.15(b)]；当管子直径为 76~133 mm 时,定位焊 3 处[图 1.15(c)]；管径更大时,定位焊的数量适当增加。带钢衬垫的管子对接焊缝时,应在坡口根部进行定位焊,定位焊缝要交错分布,如图 1.16 所示。

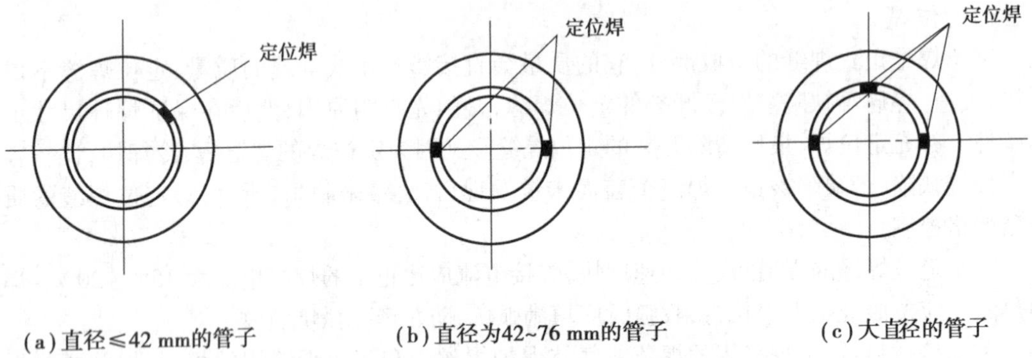

定位焊　定位焊　定位焊

(a)直径≤42 mm的管子　(b)直径为42~76 mm的管子　(c)大直径的管子

图 1.15　管子定位焊的数量和位置

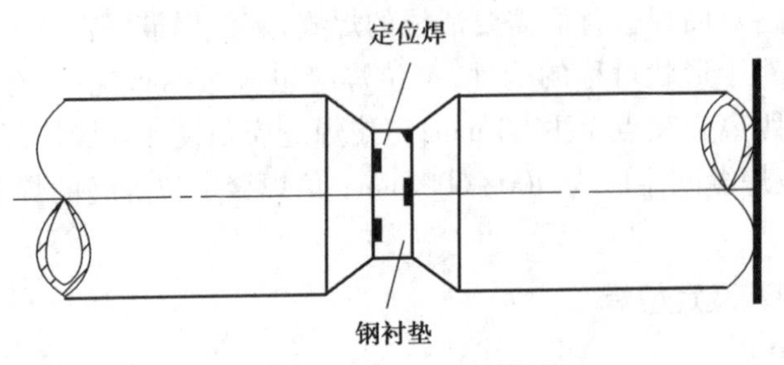

图 1.16　带钢衬垫的管子对接定位焊

由于定位焊极易产生缺陷,因此,对于直径较大的管子最好不在坡口根部进行定位焊,而采用马板定位。

4.管板焊件的组装及定位焊

1)管板焊件的组装

管板焊件的组装是为了保证管子相对钢板的位置,通常用焊条电弧焊进行定位焊缝的焊接。管板定位焊焊缝两端应尽可能焊出斜坡,以方便焊缝的接头。

2)定位焊

①焊接材料:定位焊所用的焊条或气体保护焊丝应和正式焊缝用的相同,焊前要对焊条进行烘干,绝不允许采用废焊条和不同型号的焊条。

②定位焊的数量和位置:定位焊缝应沿圆周均匀分布,当管子直径较小时,需要定位焊 3 处[图 1.17(a)]；当管子直径较大时,定位焊的数量应适当增加[图 1.17(b)]。

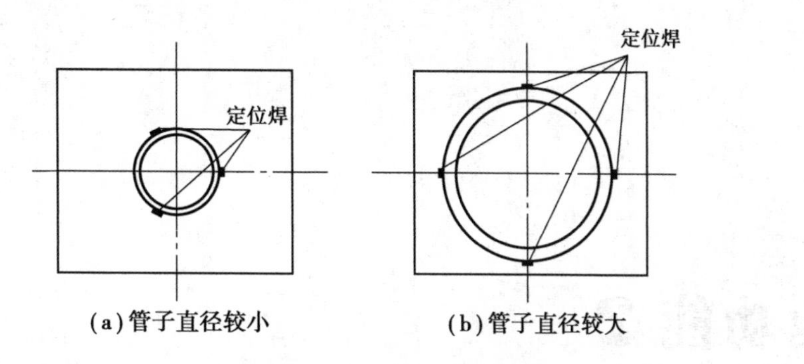

图 1.17　管板定位焊的数量和位置

职业功能 2

常用焊接方法运用

本部分为焊工(中级)国家职业技能标准中的职业功能 2,主要涉及几种常用的焊接方法(如焊条电弧焊、手工钨极氩弧焊、CO_2 气体保护焊、电阻焊、等离子弧焊与切割、埋弧焊)和常用材料(如低合金结构钢、珠光体耐热钢、低温钢、奥氏体不锈钢)的焊接。至于在培训和考核过程中涉及的其他焊接方法(如钎焊、电渣焊等)和材料(如铸铁、有色金属等)的焊接,可以参考本书其他有关章节,共包括 7 个工作内容,32 个技能点。

工作内容

任务 2.1　焊条电弧焊
任务 2.2　手工钨极氩弧焊
任务 2.3　CO_2 气体保护焊
任务 2.4　电阻焊
任务 2.5　等离子弧焊与切割
任务 2.6　其他焊接方法运用
任务 2.7　焊接应力与变形

任务 2.1　焊条电弧焊

相关知识

2.1.1　单面焊双面成型

1.钢板对接立焊

1)焊前准备

(1)试件尺寸及要求

①试件材料:20 g。

②试件及坡口尺寸:300 mm×200 mm×12 mm,如图 2.1 所示。

③焊接位置:立焊。

④焊接要求:单面焊双面成型。

⑤焊接材料:E4303。

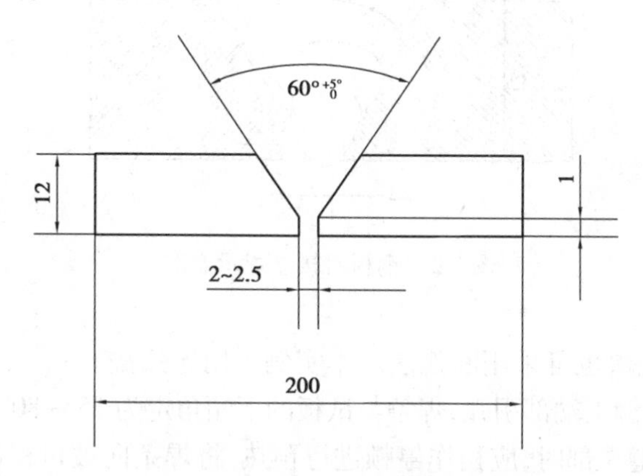

图 2.1　平板对接立焊试件及坡口尺寸

(2)准备工作

①选用 BX3—300 型弧焊变压器。使用前应检查焊机各处的接线是否正确、牢固、可靠,按要求调试好焊接工艺参数。同时应检查焊条质量,不合格的焊条不能使用。焊接前焊条应严格按照规定的温度和时间进行烘干,然后放在保温筒内随用随取。

②清理坡口及其正、反两面两侧 20 mm 范围内的油、污、锈,直至露出金属光泽。

③准备好工作服、焊工手套、护脚、面罩、钢丝刷、锉刀和角向磨光机等。

(3)试件装配

①装配间隙:始端为 2.0 mm,终端为 2.5 mm。

②定位焊:采用与焊接试件相应型号焊条进行定位焊,并在试件坡口内两端点焊,焊点长度为 10~15 mm,将焊点接头端打磨成斜坡。

③预置反变形量为 3°~4°。

④错边量≤1.2 mm。

2)焊接工艺参数

平板对接立焊焊接工艺参数见表 2.1。

表 2.1　平板对接立焊工艺参数

焊接层次	焊条直径/mm	焊接电流/A
打底焊(第 1 层)	3.2	100~110
填充焊(第 2、3 层)	3.2	110~120
盖面焊(第 4 层)	3.2	100~110

3)操作要点

分 4 层、4 道施焊,如图 2.2 所示。

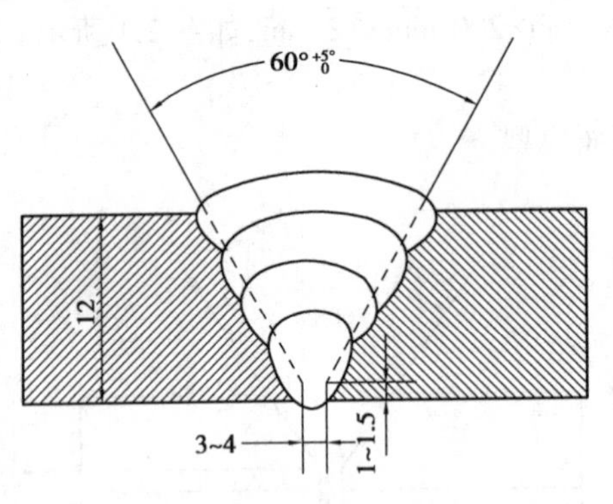

图 2.2　钢板对接立焊示意图

（1）打底焊

打底焊可采用连弧法也可采用断弧法。本实例采用连弧法。

①引弧。在定位焊缝上端部引弧，焊条与试板的下倾角定为 75°~80°，与焊缝左右两边夹角为 90°。当焊至定位焊缝尾部时，应稍作停顿进行预热，将焊条向坡口根部压一下，在熔池前方打开一个小孔（称熔孔）。此时听见电弧穿过间隙发出清脆的“哗、哗”声，表示根部已熔透。这时，应立即灭弧，以防止熔池温度过高使熔化的铁水下坠，使焊缝正面、背面形成焊瘤。

②焊接。运条方法采用月牙形或锯齿形横向短弧操作方法。弧长应小于焊条直径，电弧过长易产生气孔。在灭弧后稍等一会儿，此时熔池温度迅速下降，通过护目玻璃可看见原有白亮的金属熔池迅速凝固，液体金属越来越小直到消失。这个过程中可明显地看到液体金属与固体金属之间有一道细白发亮的交接线。这道交接线轮廓迅速变小直到一点而消失。重新引弧时间应选择在交接线长度大约缩小到焊条直径的 1~1.5 倍时，重新引弧的位置应为交接线前部边缘的下方 1~2 mm 处（图 2.3）。这样，电弧的一半将前方坡口完全熔化，另一半将已凝固的熔池的一部分重新熔化，形成新的熔池。这新熔池一部分压在原先的熔敷金属上，与母材及原先的熔池形成良好的熔合。在熔池温度适当的情况下，焊条可继续送进和向上运动，不断形成根部焊透程度良好的焊缝，直到再次发现熔池温度过高，再一次灭弧等待熔池冷却。如此反复焊接便可得到整条焊缝。这就是打底层的“半击穿焊法”。

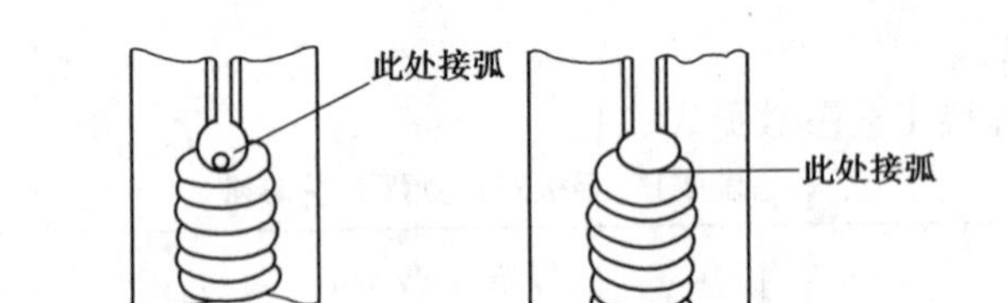

（a）“半击穿法”接弧处　（b）“不击穿法”接弧处

图 2.3　重新引弧的位置

③收弧。打底层焊接在更换焊条前收弧时，先在熔池上方作一个熔孔，然后回焊约 10 mm 再灭弧，并使其形成斜坡形状。

④接头。分热接头和冷接头两种。

a.热接头：当熔池还处在红热状态时，在熔池下方约 15 mm 坡口引弧，并做横向摆动焊至收弧处，使熔池温度逐步升高，然后将焊条沿着预先做好的熔孔向坡口根部压一下，同时使焊条与试板的下倾角度增加到约 90°。此时听到“哗、哗”的声音，然后，稍作停顿，再恢复正常焊接。停顿时间要合适,若时间过长,根部背面容易形成焊瘤;若时间过短,则不易接上接头或背面容易形成内凹。要特别注意:这种接头方法要求换焊条动作越快越好。

b.冷接头:当熔池已经冷却,最好是用角向砂轮或錾子将焊道收弧处打磨成长约 10 mm 的斜坡,在斜坡处引弧并预热。当焊至斜坡最低处时,将焊条沿预作的熔孔向坡口根部压一下,听到"哔、哔"的声音后,稍作停顿后恢复焊条正常角度继续焊接。

⑤打底层焊缝厚度。坡口背面为 1~1.5 mm,正面厚度约为 3 mm。

(2)填充焊

在距焊缝始焊端上方约 10 mm 处引弧后,将电弧迅速移至始焊端施焊。每层始焊及每次接头都应按照这样的方法操作,避免产生缺陷。运条采用横向锯齿形或月牙形,焊条与板件的下倾角为 70°~80°。焊条摆动到两侧坡口边缘时,要稍作停顿,以利于熔合和排渣,防止焊缝两边未熔合或夹渣。填充焊层高度应距离母材表面低 1~1.5 mm,并应成凹形,不得熔化坡口棱边线,以利盖面层保持平直。

(3)盖面焊

引弧操作方法与填充层相同。焊条与板件下倾角为 70°~80°,采用锯齿形或月牙形运条。焊条左右摆动时,在坡口边缘稍作停顿,熔化坡口棱边线为 1~2 mm。当焊条从一侧到另一侧时,中间电弧稍抬高一点,观察熔池形状。焊条摆动的速度较平焊稍快一些,前进速度要均匀,每个新熔池覆盖前一个熔池 2/3~3/4 为佳。换焊条后再焊接时,引弧位置应在坑上方约 15 mm 填充层焊缝金属处引弧,然后迅速将电弧拉回至原熔池处,填满弧坑后继续施焊。

4)注意事项

①焊接过程中,要分清铁水和熔渣,避免产生夹渣。

②在立焊时密切注意熔池形状。发现椭圆形熔池下部边缘由比较平直轮廓逐步变成鼓肚变圆时,表示熔池温度已稍高或过高,应立即灭弧,降低熔池温度,可避免产生焊瘤,如图 2.4 所示。

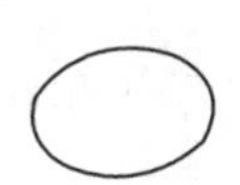

(a)熔池,正常温度

(b)下部边缘变圆表示熔池温度稍高

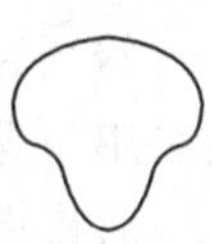

(c)下部边缘变长表示熔池温度过高

图 2.4 熔池形状和温度的关系

③严格控制熔池尺寸。打底焊在正常焊接时,熔孔直径大约为所用焊条直径 1.5 倍,将坡口钝边熔化为 0.8~1.0 mm,可保证焊缝背面焊透,同时不出现焊瘤。当熔孔直径过小或没有熔孔时,就有可能产生未焊透。

④与定位焊缝接头时,应特别注意焊接透度。

⑤对每层焊道的熔渣要彻底清理干净,特别是边缘死角的熔渣。

⑥盖面时要保证焊缝边缘和下层熔合良好。如发现咬边,焊条稍微动一下或多停留一会儿,焊缝边缘要和母材表面圆滑过渡。

2.钢板对接横焊

1)焊前准备

(1)试件尺寸及要求

①试件材料:16 Mn。

②试件及坡口尺寸:300 mm×200 mm×12 mm,如图 2.5 所示。

③焊接位置:横焊。

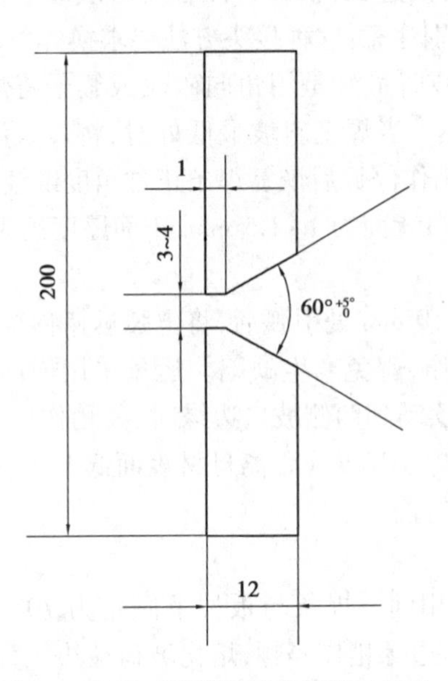

图 2.5　平板对接横焊试件及坡口尺寸

④焊接要求:单面焊双面成型。

⑤焊接材料:E5015。

(2)准备工作

选用 ZX3—400 型或 ZX7—400 型弧焊整流器,采用直流反接,基本要求与“对接立焊”相关内容相同。

(3)试件装配

①装配间隙:始端为 3.0 mm,终端为 4.0 mm。

②定位焊:采用与焊接试件相应型号焊条进行定位焊,并点焊于试件坡口内两端,焊点长度不得超过 20 mm,将焊点接头端打磨成斜坡。

③预置反变形量为 6°。

④错边量≤1.2 mm。

2)焊接工艺参数

平板对接横焊焊接工艺参数见表 2.2。

表 2.2　平板对接横焊工艺参数

焊接层次	焊条直径/mm	焊接电流/A
打底焊(第 1 层 1 道)	2.5	70~80
填充焊(第 2 层 2、3 道　第 3 层 4、5 道)	3.2	120~140
盖面焊(第 4 层 6、7、8 道)	3.2	120~130

3)操作要点

可采用连弧或断弧焊。采用 4 层 8 道焊接,如图 2.6 所示。

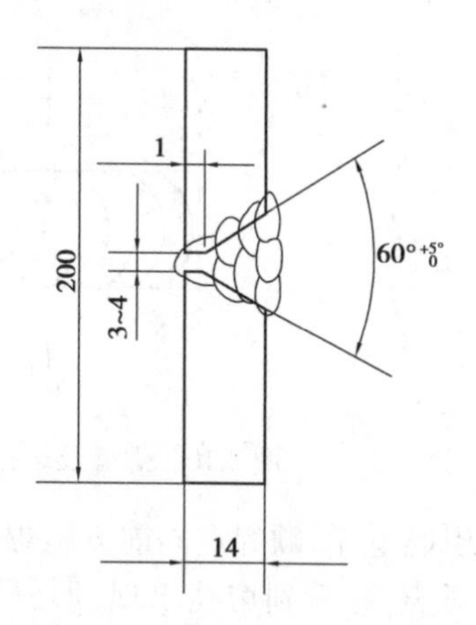

图 2.6　平板对接横焊示意图

(1)打底焊

①连弧焊接:在试件左端定位焊缝上引弧,并稍停进行预热。将电弧上下摆动,移至定位焊缝与坡口连接处,压低电弧待坡口熔化并击穿,形成熔孔,转入正常焊接。运条过程中要采用短弧,运条要均匀,在坡口上侧停留时间应稍长些。对接横焊连弧打底运条方法及焊条角度如图 2.7 所示。

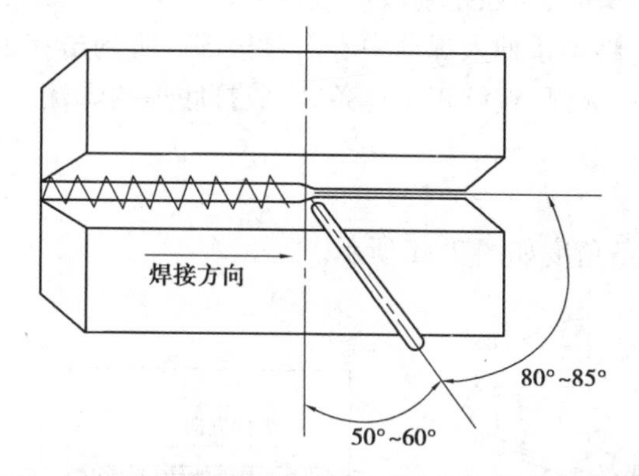

图 2.7　平板对接横焊连弧打底运条方法与焊条角度示意图

②断弧焊接:横焊打底层焊接时采用灭弧法,对接横焊断弧打底运条方法与焊条角度如图 2.8 所示。焊条角度如图 2.9 所示,焊缝及熔孔方法与焊条角度示意图如图 2.10 所示。

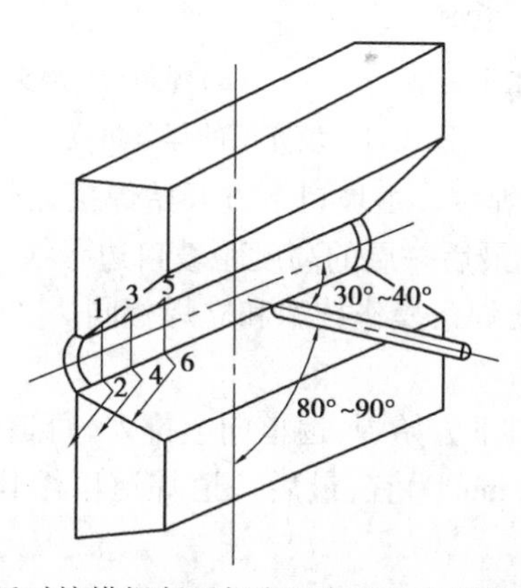

图 2.8　平板对接横焊断弧打底运条方法与焊条角度示意图

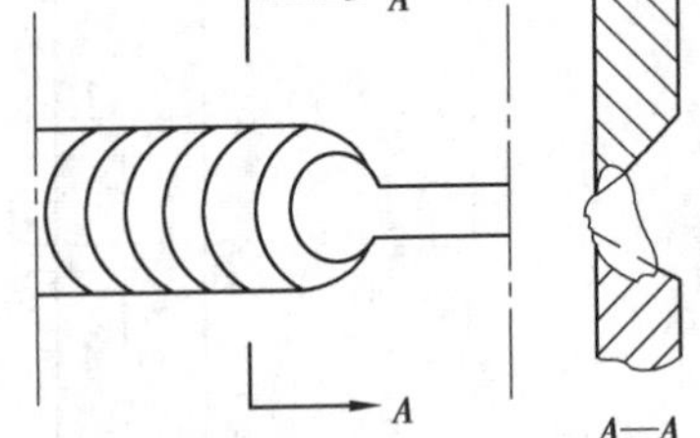
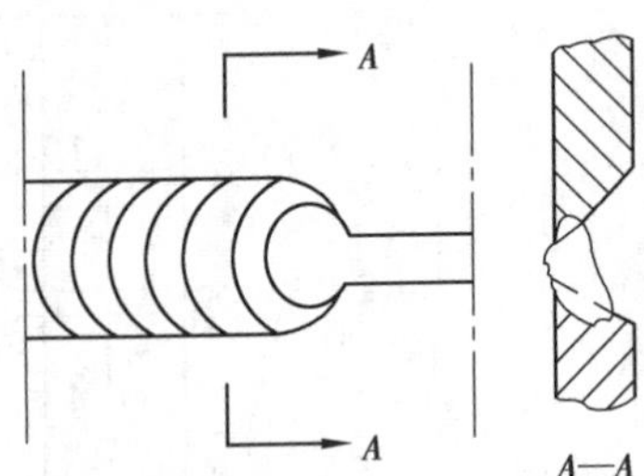

图 2.9　焊条角度　　图 2.10　焊缝及熔孔方法与焊条角度示意图

采用两点击穿法，在坡口内引燃电弧，顺焊点向前方施焊并预热和熔化坡口最低处，击穿根部。这时，听到击穿根部的电弧声，并看到熔孔出现，形成熔池，立即灭弧。下一次引弧在熔池上沿处引弧，迅速移动到上侧坡口根部，将其击穿后，马上再移动到下侧坡口，击穿根部，然后再灭弧。每次灭弧、击穿应压着熔池的 2/3 向前移动。上下根部都不能停留时间过长。如果停留时间过长，上侧根部背面容易产生咬边，下侧根部背面容易产生下坠。一般情况下，每侧根部停留约 1 s，保持被熔化的熔孔均匀，熔孔单侧约为 0.8 mm。更换焊条而灭弧时，必须填满弧坑，使熔池缓慢降温，以防止产生气孔、裂纹。

打底焊需要换焊条接头时，应在距前段焊道收尾处约 10 mm 处的坡口内引燃电弧。持续预热升温，焊至坡口根部，将焊条伸入焊缝中心击穿根部。听到击穿根部的电弧声后，看到熔化的熔孔并稍作停顿，立即灭弧，继续正常运条，完成打底焊的焊接。接头操作技术和立焊基本相同。

（2）填充焊

焊两层，填充层的焊条角度如图 2.11 所示。

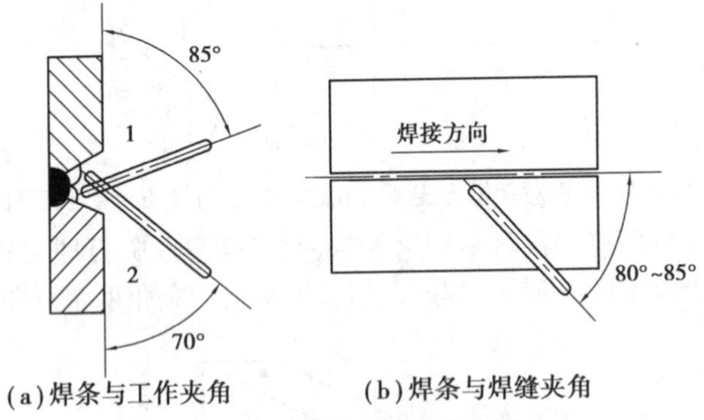

（a）焊条与工作夹角　　（b）焊条与焊缝夹角

图 2.11　填充层的焊条角度

各填充层均采用连弧多道焊接。由坡口下方开始焊接，逐道向上排列。每道焊缝压上道焊缝 1/2，从左至右焊接。填充最后一层的高度距坡口边缘线 1~2 mm，不能破坏上下坡口边缘线，以它为盖面的基准线。换焊条操作技术和立焊相同。

（3）盖面焊

采用连弧多道焊接，由坡口下方始焊，逐道向上排列，每道焊缝之间压 1/2 左右。第一道焊道以熔化下侧坡口边缘 1~2 mm 为宜，最后一道焊道以熔化上侧坡口边缘 1~2 mm为宜。焊条角度如图 2.12 所示。

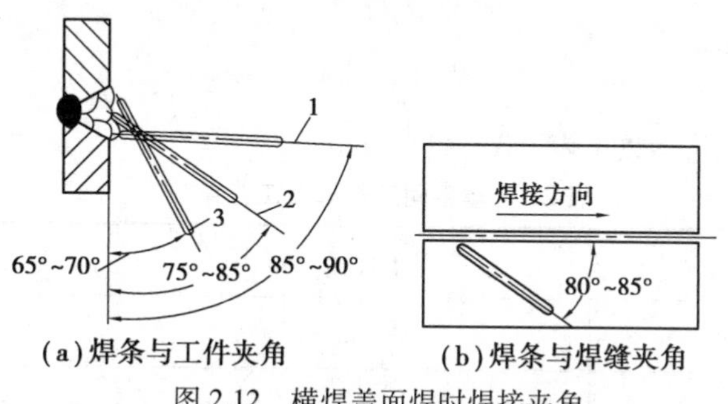

图 2.12　横焊盖面焊时焊接夹角

1—下焊道;2—中间焊道;3—上焊道

4)注意事项

①保证根部熔透均匀,背面成型饱满。

②打底焊接时,要求运条动作迅速、位置准确。

③焊接各层时,必须注意观察上、下坡口熔化情况。熔池要清晰,无熔渣浮在熔池表面时,焊条才能向前移动。尤其是要注意避免上坡口处出现很深的夹沟,克服方法是电弧指向上侧坡口使其充分熔化。

3.垂直固定管焊接

1)焊前准备

(1)试件尺寸及要求

①试件材料:20 号钢。

②试件及坡口尺寸:300 mm×200 mm×12 mm,如图 2.13 所示。

③焊接位置:垂直固定。

④焊接要求:单面焊。

⑤焊接材料:E4303。

(2)准备工作

选用 BX3—300 型弧焊变压器,基本要求与“对接立焊”的相关内容相同。

(3)试件装配

①装配间隙为 3.0 mm。

②定位焊:其相对位置如图 2.14 所示。采用与焊接试件相应型号焊条进行定位焊,并在试件坡口内进行定位焊,焊点长度为 10~15 mm,厚度为 3~4 mm,必须焊透且无缺陷。其两端应预先打磨成斜坡,以便接头。

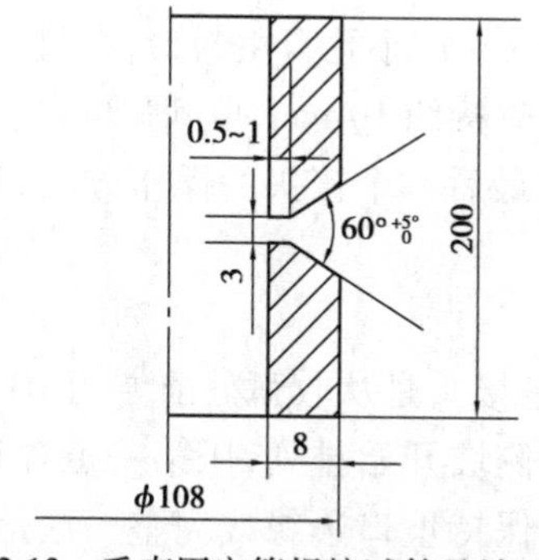

图 2.13　垂直固定管焊接试件及坡口尺寸

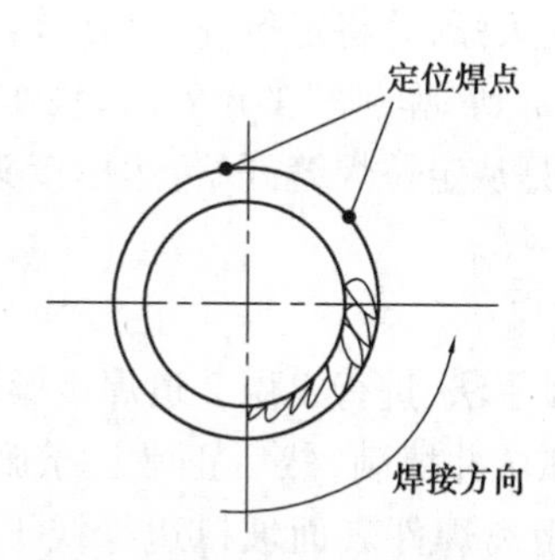

图 2.14　管子垂直固定焊位置

③错边量≤0.8 mm。

2)焊接工艺参数

垂直固定管焊接工艺参数见表2.3。

表2.3 垂直固定管焊接工艺参数

焊接层次	焊条直径/mm	焊接电流/A
打底焊(第1层)	2.5	80~85
填充焊(第2层)	3.2	110~120
盖面焊(第3层)	3.2	110~120

3)操作要点

采用3层6道焊接。垂直固定管焊接操作技术基本和板状对接横焊相同。不同之处是管子有弧度,焊条要随时变换角度。

(1)打底焊

可采用连弧或断弧焊接。本实例为断弧焊接,采用逆时针方向焊接。焊条与试件下侧夹角为75°~80°,与管子切线的焊接方向夹角为70°~75°,如图2.15所示。

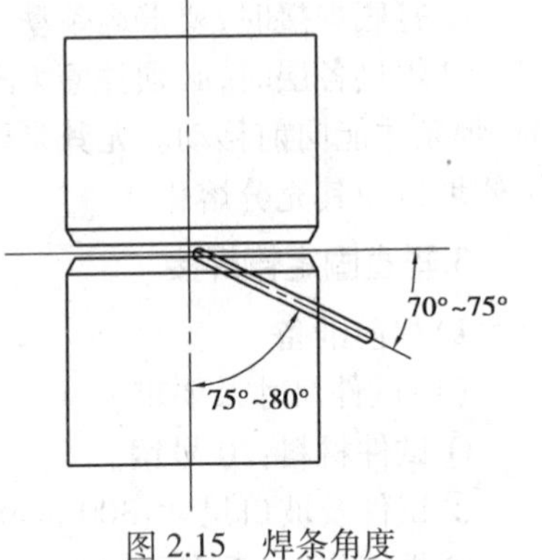

图2.15 焊条角度

在定位焊接点对称的坡口内引弧,采用两点击穿法进行焊接。待坡口两侧熔化时,焊条向根部压送,熔化并击穿坡口根部,听到“哗、哗”的声音,并形成第一个熔池和熔孔,使两侧钝边熔化0.5~1.0 mm,立即灭弧。待熔池收缩到原熔池的1/3时,马上重新引弧进行焊接。电弧始终从坡口上侧引燃,并在上侧根部停留约1 s,然后向下侧运条。在下侧根部停留1~2 s后,迅速移动焊条,使电弧沿坡口下侧后方灭弧。灭弧与接弧时间间隔要短,灭弧动作要果断,不得拉长电弧,灭弧频率为70~80次/min。接弧位置要准确。焊接时应保持熔池形状大小一致,熔池铁水清晰明亮。

打底焊换焊条时,在距离前段焊缝收尾处后约10 mm处引弧,连弧焊接至收弧弧坑中心坡口根部时,焊条向下压一下,听到“哗、哗”的声音,表示接头熔透并形成熔孔,立即灭弧,然后正常运条施焊。

与定位焊缝接头时,当运条到定位焊缝根部时,要留一个小孔,小孔直径与所用焊条直相当。此时不能灭弧,并将定位焊缝端预热,继续补充铁水让小孔自由封口,在封口的同时焊条向下压一下,听到“哗、哗”的声音后,稍作停顿,继续焊接约10 mm,填满弧坑再收弧。后半圈焊接时,引弧是从定位焊缝开始,然后接头。打底焊最后一个接头的操作方法和前一个接头的操作方法一样。

(2)填充焊

采用连弧手法,进行1层2道焊接操作。换焊条接头是从收弧处前方约10 mm处引弧,将电弧拉回弧坑并填满,然后正常运条施焊。从下侧坡开始排列,压第一道焊道1/3~1/2。填充层高度距离焊件表面坡口边缘线1~1.5 mm,保持坡口边缘线完整。这是盖面时的基准线。

(3)盖面焊

盖面层分 3 道焊接,从下侧坡口开始向上排列。焊前应将填充层的熔渣和飞溅等物清理干净,并修平局部上凸的部分。采用直线不摆动运条。第 1 道焊道焊条与试件下侧夹角约为 80°,使下坡口边缘熔化 1~2 mm。第 2 道焊条与试件下侧夹角为 85°~90°,并有 1/2 压在上一道焊道上。最后一道焊道焊条与焊件下侧夹角为 70°~80°,并使上坡口边缘熔化 1~2 mm,达到焊缝与试件表面圆滑过渡。

4)注意事项

①每层焊缝完成后,将熔渣和凸出的部分清除。

②坡口上侧、下侧和熔敷金属之间不能形成死角,以免形成夹渣及未熔合。

③运条过程中,必须根据管道圆弧的变化而不断变换焊条角度。

④盖面层要求高低、宽窄一致,避免上侧咬边。

2.1.2　其他位置焊接

1.钢板对接仰焊

1)焊前准备

(1)试件尺寸及要求

①试件材料:20 g。

②试件及坡口尺寸:300 mm×200 mm×12 mm,如图 2.16 所示。

③焊接位置:仰焊。

④焊接要求:单面焊。

⑤焊接材料:E4303。

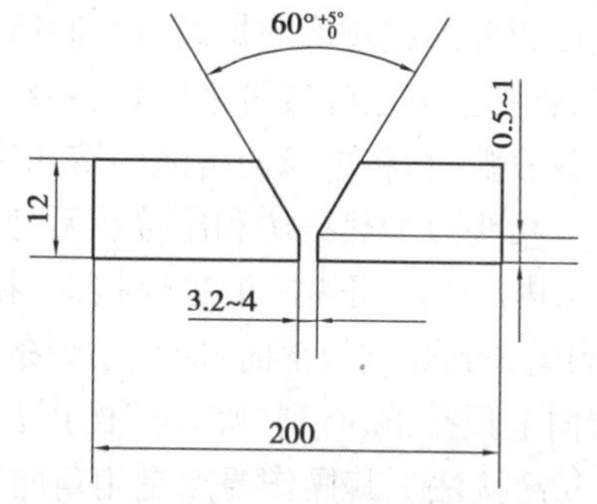

图 2.16　钢板对接仰焊焊件及坡口尺寸

(2)准备工作

选用 BX3—300 型弧焊变压器,基本要求与“对接立焊”的相关要求相同。

(3)试件装配

①装配间隙:始端为 3.2 mm,终端为 4.0 mm。

②定位焊:采用与焊接试件相应型号焊条进行定位焊,并在试件坡口内两端点焊,焊点长度为 10~15 mm,将焊点接头端打磨成斜坡。

③预置反变形量为 3°~4°。

④错边量≤1.2 mm。

2)焊接工艺参数

平板对接仰焊焊接工艺参数见表 2.4。

3)操作要点

表 2.4　平板对接仰焊工艺参数

焊接层次	焊条直径/mm	焊接电流/A
打底焊(第 1 层)	2.5	80~90
填充焊(第 2、3 层)	3.2	115~130
盖面焊(第 4 层)	3.2	110~120

平板对接仰焊是平板对接焊的 4 种位置中最困难的一个位置。如果操作不当容易造成焊缝正面产生焊瘤或高低差大，背面容易产生凹陷，因此，操作时必须采用短弧焊接。试件水平固定，坡口向下，间隙小的一端位于始焊端，采用 4 层 4 道焊接。

（1）连弧法

①引弧：在定位焊缝上引弧，并使焊条在坡口内做轻微横向快速摆动，当焊至定位焊缝尾部时，应稍作预热，将焊条向上顶一下。听到“哔、哔”的声音时，坡口根部已被熔透，形成第一个熔池，并使熔孔向坡口两侧各深入 0.5～1.0 mm。

②运条方法：采用月牙形或锯齿形运条。当焊条摆动到坡口两侧时，要稍作停顿，使填充金属与母材充分熔合，并防止与母材交界处形成死角，以免不易清渣，形成夹渣及未熔合缺陷。

③焊条角度：焊条与试件两侧夹角为 90°，与焊接方向夹角为 75°～85°。

④焊接技术要点：焊接时，尽量将电弧压至最短，利用电弧吹力把铁水托住，并使一部分铁水过渡到坡口根部背面。要使新熔池覆盖前一个熔池的 1/2，并适当加快焊接速度，以减少熔池面积并形成较薄的焊肉，达到减轻焊肉的自重，避免造成焊瘤。焊层表面要求平直，避免下凸，否则给下层焊接带来困难，并易产生夹渣及未熔合等缺陷。

⑤收弧时，将电弧向熔池的熔孔后移 8～10 mm 再灭弧，使焊缝形成斜坡。

⑥接头分为热接法和冷接法两种。

a.热接法。用热接头法焊接时，换焊条动作越快越好。在弧坑后面 10 mm 的坡口内引弧，当运条到弧坑根部时，应缩小焊条与焊接方向的夹角。同时，将焊条顺着原熔孔向的坡口根部向上顶一下，听到“哔、哔”的声音后，稍停并恢复正常手法焊接。

b.冷接法。其操作要点是用角向砂轮或錾子将收弧处打磨成 10～15 mm 的斜坡。在斜坡上引弧并预热，运条至收弧根部。将焊条顺着原先熔孔迅速向上顶，听到“哔、哔”的声音后稍作停顿，恢复正常手法焊接。

（2）断弧法

①打底焊：焊条与焊接方向夹角为 70°～85°，与试件两侧夹角为 90°，采用一点击穿的手法施焊。

在定位焊缝上引弧，焊条在始焊部位坡口内作横向快速摆动。当焊至定位焊缝尾部时，应稍作停顿进行预热，并将焊条向上顶一下。听到“哔、哔”的声音，表示坡口根部已被熔透，根部熔池已形成，并使熔池前方形成向坡口钝边两侧各深入 0.5～1mm 的熔孔，然后向斜下方立即灭弧。

当熔池未完全凝固还剩下约 1/3 熔池时，立即再送入第二滴铁水，对准焊缝根部中心送焊条。焊条不做横向摆动，焊条送到位后保持一定熔化时间。这时，电弧应完全在试件坡口根部的背面。两侧坡口钝边应完全熔化，并深入两侧母材 0.5～1.0 mm。操作时，灭弧动作要快速、干净利落，并使焊条每次都向上顶，利用电弧吹力顺利把熔滴过渡到坡口背面。保证坡口正反两面金属熔化充分和焊缝成型良好。

灭弧和再起弧时间要短，灭弧频率 30～35 次/min。每次再起弧的位置要准确，如图 2.17 和图 2.18 所示。

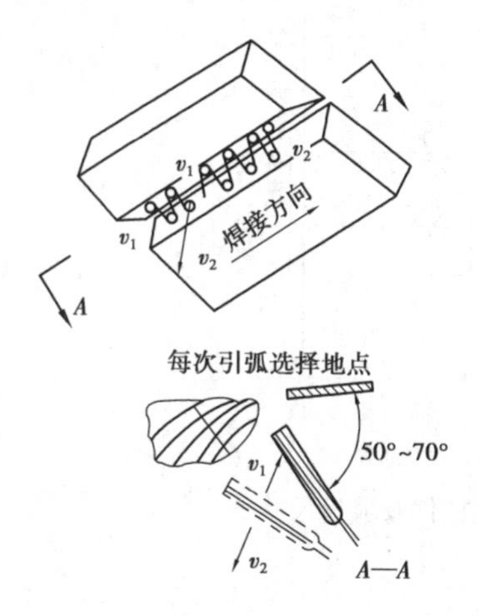

图 2.17　仰焊时的焊条角度及形象动作图
v_1—引弧方向；v_2—灭弧方向

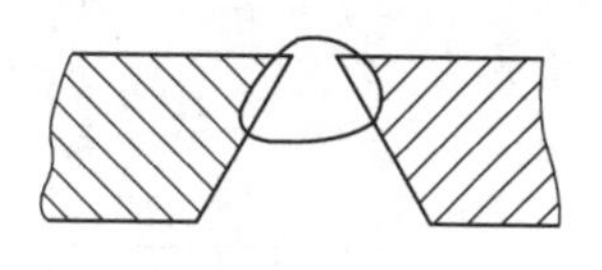
(a) 较好的焊缝成型

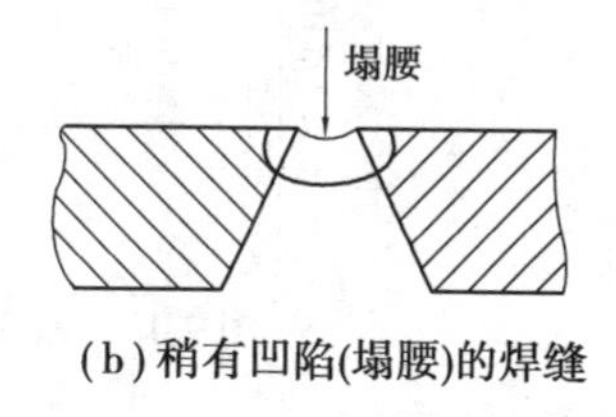

(b) 稍有凹陷(塌腰)的焊缝

图 2.18　仰焊时第一遍焊缝形状

更换焊条前，应在熔池前方形成熔孔，然后回移约 10 mm 灭弧。迅速更换焊条时，在弧坑后部 10~15 mm 坡口内引弧。用连弧法运条到弧坑根部时，将焊条沿着预先做好的熔孔向坡口根部向上顶一下，听到"哗、哗"的声音声后稍停顿，立即向已形成的焊缝方向灭弧。接头完成后，继续正常运条进行打底焊接。

②填充焊：分两层两道进行，采用连弧焊接。在离焊缝始端 10~15mm 处引弧，然后将电弧拉回始焊处进行施焊。焊条与焊接方向夹角约为 85°，采用短弧锯齿形或月牙形运条。焊条摆动到两侧坡口时稍作停顿，即两侧慢，中间快，以形成较薄的焊道。

施焊时，保持熔池成为椭圆形，并保证大小一致、焊道平整。焊接最后一道填充层时，要保证坡口边缘线完整，其高度距试件表面 1~2 mm 为宜。

③盖面焊：引弧操作方法与填充焊相同。采用连弧手法施焊。焊条与焊接方向夹角为 85°~90°，与两侧试件夹角为 90°。采用短弧焊接，并采用锯齿形或月牙形运条。焊条摆到坡口边缘时，要稍作停顿，以坡口边缘线为准熔化 1~2 mm，防止咬边。

接头采用热接法。换焊条前，应对熔池稍稍填铁水。更换焊条动作要迅速。换焊条后，在弧坑前 10~15 mm 处引燃电弧，迅速将电弧拉回到弧坑处。做横向摆动或画一个小圆圈，使弧坑重新熔化形成新的熔池，然后进行正常焊接。

4) 注意事项

①打底层焊道要细而均匀，外形平缓，避免焊缝中间过分下坠。否则，容易给第 2 层焊缝造成夹渣或未熔合等缺陷。

②应仔细清理每层焊缝的飞溅和熔渣。

③表面层焊接速度要均匀一致，控制好焊缝高度和宽度，并保持一致。

2.水平固定管焊接

1) 焊前准备

(1) 试件尺寸及要求

①试件材料：20 号钢。

②试件及坡口尺寸如图 2.19 所示。

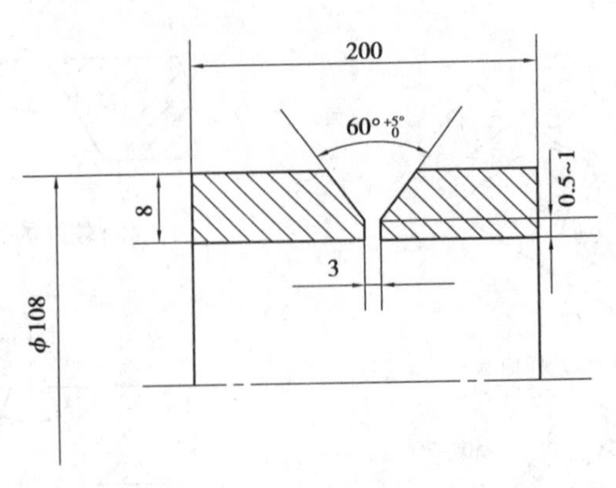

图 2.19　水平固定管焊接试件及坡口尺寸

③焊接位置:水平固定。

④焊接要求:单面焊。

⑤焊接材料:E4303。

(2)准备工作

选用 BX3—300 型弧焊变压器,基本要求与“对接立焊”的相关要求相同。

(3)试件装配

①装配间隙为 3.0 mm。

②定位焊:其相对位置如图 2.14 所示。采用与焊接试件相应型号焊条进行定位焊,并在试件坡口内点焊,焊点长度为 10~15 mm,厚度为 3~4 mm,并要求定位焊点焊透且无缺陷。其两端应预先打磨成斜坡,以便接头。

③错边量≤0.8 mm。

2)焊接工艺参数

水平固定管焊接工艺参数见表 2.5。

3)操作要点

采用 3 层 3 道焊接。

表 2.5　水平固定管焊接工艺参数

焊接层次	焊条直径/mm	焊接电流/A
打底焊(第 1 层)	2.5	85~95
填充焊(第 2 层)	3.2	100~110
盖面焊(第 3 层)	3.2	100~110

(1)打底焊

水平固定管根部焊缝常出现的缺陷分布状况如图 2.20 所示,图中 1、5、6 处产生缺陷可能性较大;2 处易出现凹坑及气孔;3、4 处铁水与熔渣易分离,透度良好;5 处易出现焊透程度过分及透度不均匀。

①打底焊时根部前半圈的焊接。焊条角度如图 2.21 所示。焊接水平固定管在起焊时,应从仰焊部位中心线提前 5 mm 处开始。操作是从仰焊缝的坡口面上引弧至始焊处,用长弧预

热，当坡口内有似汗珠状铁水时，迅速压短电弧，靠近坡口钝边做微摆动。当坡口钝边之间熔化形成熔池时，焊条往坡口中心向上顶一下，并听击穿坡口根部的电弧声，便形成熔池和熔孔，立即灭弧，然后方可继续向前施焊。以半击穿焊法运条，将坡口两侧钝边熔透造成反面成型，并按仰焊、仰立焊、立焊、斜平焊、平焊顺序完成第一半圆圈焊接。为了保证平焊接头质量，在焊接前半圈应在水平最高点过去约 5 mm 处灭弧。

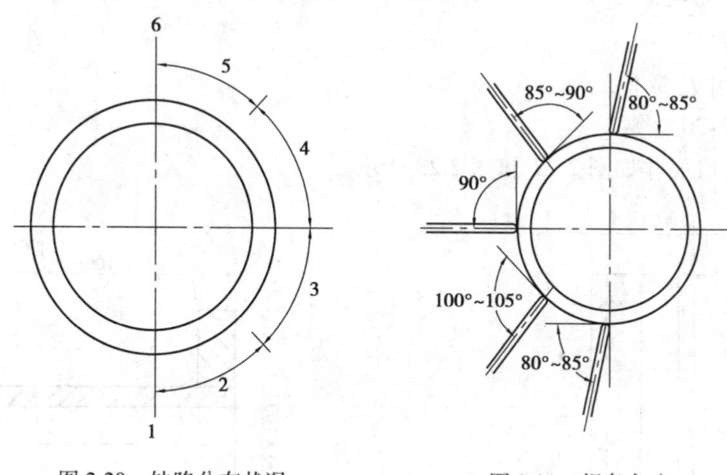

图 2.20　缺陷分布状况　　　　图 2.21　焊条角度

②打底焊时后半圈的焊接。由于起焊时最容易产生凹坑、未焊透、夹渣、气孔等多种缺陷，在焊接仰焊处的接头时，应把先焊的焊缝端头用角向砂轮或錾子去掉 5~8 mm 并形成斜坡，以保证接头处的焊接质量。在坡口内引弧，将电弧拉至斜坡后端开始焊接。这时切勿灭弧，当运条至中心线时必须将焊条用力向上一顶，熔化根部形成熔孔，立即灭弧，并进行正常焊接。

③定位焊缝接头。当运条至定位焊缝时，用电弧熔穿根部间隙，使其充分熔合；当运条到另一端时，焊条稍作停顿，击穿坡口顿边后立即灭弧，恢复正常焊接。

④平焊接头。运条至斜平焊位置时，将焊条前倾，当运条距接头 3~4 mm 时，连续焊接至接点，此时不能灭弧。当接头封闭时，将焊条向下压一下，此时可听到电弧击穿根部的“哗、哗”的声音，说明根部熔透，并在此处将焊条来回摆动一下，使其充分熔化，再继续向前焊接约 10 mm，填满弧坑收弧。

(2)填充焊

清理和修整打底层熔渣和局部凸起部分后，采用锯齿形或月牙形运条方法，焊条角度与打底焊相同。焊条摆动到坡口两侧时稍作停顿，中间速度稍快。焊缝与母材交界处不要产生夹角，焊接速度均匀一致，保持填充层平整。填充层表面距母材表面 1~1.5 mm 为宜，不得熔化坡口棱边。

中间接头更换焊条要迅速。应在弧坑上方 10 mm 处引弧，然后将电弧拉至弧坑处，填满弧坑，再按正常方法施焊。不能直接在弧坑处引弧焊接，以免产生气孔等缺陷。

填充焊在前半圈平焊收弧时，应对弧坑稍填入一些铁水，以便弧坑成斜坡形（也可采用打磨两端使接头位置成斜坡状），并将其起始端熔渣敲掉 10 mm。焊缝收弧时要填满弧坑。

（3）盖面焊

盖面层的焊接运条方法、焊条角度与填充层焊接相同，但焊条的摆动幅度应适当加大。在坡口两侧应稍作停顿，并使两侧坡口边缘线各熔化 1~2 mm，要防止咬边的产生。表面层的焊缝接头方法和填充焊相同。

3.管板插入式焊接

1）焊前准备

（1）试件尺寸及要求

①试件材料：20 号钢。

②试件及坡口尺寸如图 2.22 和图 2.23 所示。

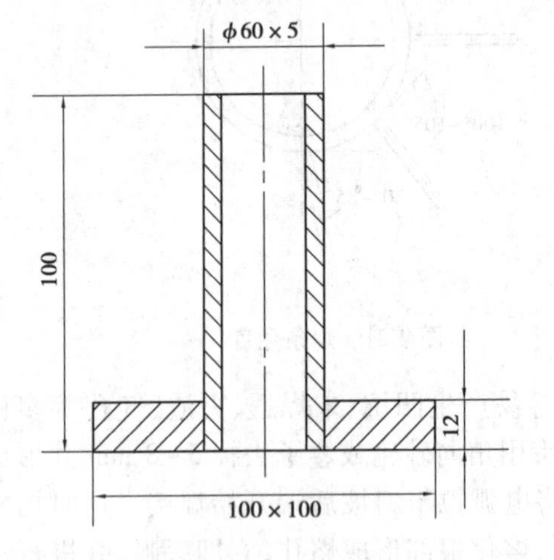

图 2.22　垂直固定试件及坡口尺寸

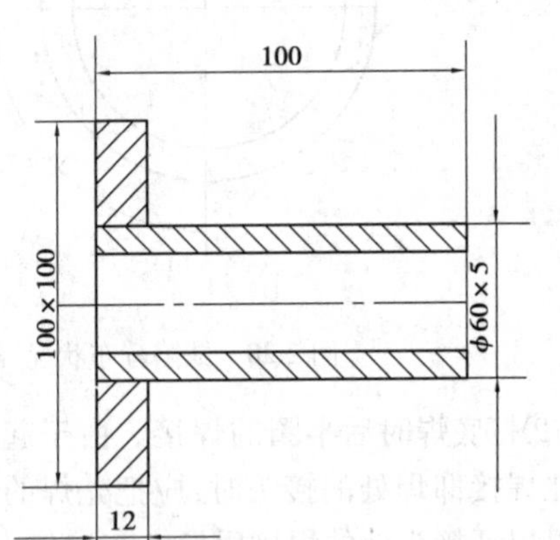

图 2.23　水平固定试件及坡口尺寸

③焊接位置：垂直固定和水平固定。

④焊接要求：单面施焊成型，根部焊透。

⑤焊接材料：E5015。

（2）准备工作

选用 ZX5—400 型弧焊整流器，采用直流反接，基本要求与“对接立焊”的相关要求相同。

（3）试件装配

一点定位。采用与焊接试件相应型号的焊条进行定位焊。焊点长度为 10~15 mm，焊脚不可过高，成型平整、无缺陷。

2）焊接工艺参数

管板插入式焊接垂直固定、水平固定位置工艺参数分别见表 2.6 和表 2.7。

表 2.6　管板插入式焊接垂直固定位置工艺参数

焊接层次	焊条直径/mm	焊接电流/A
打底焊	2.5	75~85
盖面焊	3.2	110~120

表 2.7 管板插入式焊接水平固定位置工艺参数

焊接层次	焊条直径/mm	焊接电流/A
打底焊	2.5	80~85
盖面焊	3.2	100~110

3)操作要点

(1)垂直固定位置焊接

由于管道与孔板厚度的差异,导致焊接温度场不均,使管与板熔化情况有异,因此应妥善掌握、控制运条。采用连弧焊接。

①打底焊:在定位焊点相对称的位置起焊,并在管道与板连接处的孔板上引弧,进行预热。当孔板和管形成熔池相连接后,采用小锯齿形或直线形运条方式进行正常焊接。焊条角度如图 2.24 所示。

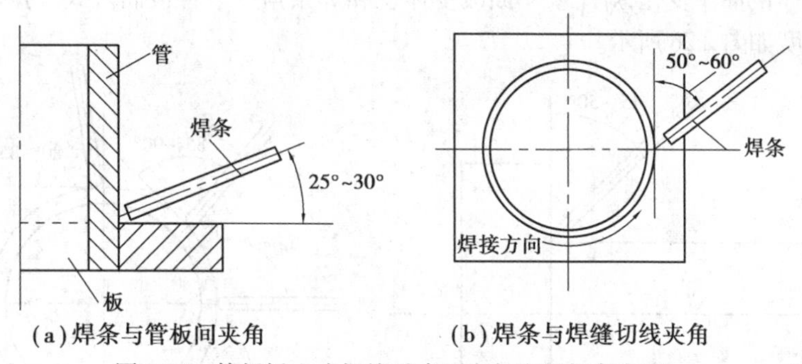

(a)焊条与管板间夹角　　(b)焊条与焊缝切线夹角

图 2.24 管板插入式焊接垂直固定打底焊焊条角度

焊接过程中焊条角度要求基本保持不变,运条速度要均匀平稳,保持熔池形状大小基本一致。焊缝根部要焊透。每根焊条即将焊完前,向焊接相反方向回焊约 10 mm,形成小斜坡,以利于在换焊条后接头。换焊条动作要迅速。接头应尽量采用热接头。

焊缝的最后接头,应先将焊缝始端修成斜坡状,焊至与始焊缝重叠约 10 mm 处,填满弧坑即可灭弧。

②盖面焊:盖面层必须使管道不咬边且焊脚对称。盖面层采用两道焊,后道覆盖前一道焊缝 1/3~2/3。应避免在两道间形成沟槽及焊缝上凸,盖面层焊条角度如图 2.25 所示。

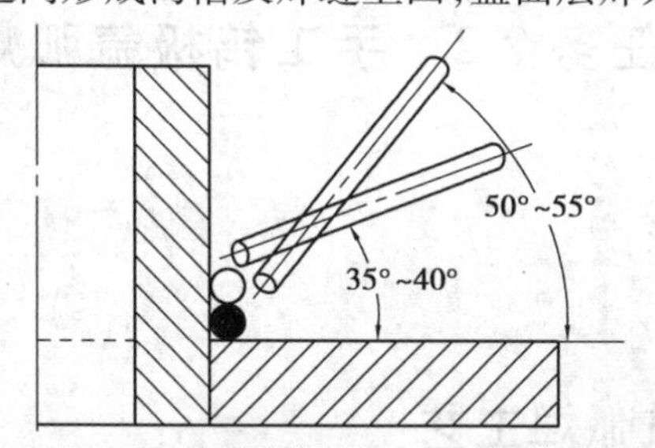

图 2.25 管板插入式焊接垂直固定盖面焊焊条角度

(2)水平固定位置焊接

这是插入式管板较难焊的位置,需要同时掌握 T 形接头平焊、立焊、仰焊的操作技能,并根据管道曲线调整焊条角度。焊接时分两个半圈进行施焊。本实例因管壁较薄,焊脚高度不大,故可采用 2 层 2 道焊接(1 层打底和 1 层盖面)。

①打底焊:将管板试件固定于焊接固定架上,保证管子轴线处于水平位置,并使定位焊缝不处在相当于“时钟6点”的位置(即仰焊位置)。采用连弧焊接。在相当于“时钟6点”处引弧,沿逆时针方向焊至相当于“时钟3点”处灭弧。采用直线运条方法施焊,保证根部焊透,迅速改变焊工体位,从相当于“时钟3点”位置的上端10 mm处引弧,将电弧拉至相当于“时钟3点”处接头,仍按逆时针方向由相当于“时钟3点”的位置焊至相当于“时钟0点”的位置。将相当于“时钟0点”处的焊缝打磨成斜坡状。

从相当于“时钟6点”处引弧,沿顺时针方向焊至相当于“时钟0点”处接头。注意接头应平整,并填满弧坑。

②盖面层:焊接次序与打底焊相同。焊条做横向摆动(锯齿形或月牙形均可)。熔池两侧稍作停顿,以保证焊缝两侧熔化良好,不要产生咬边。焊接速度均匀,保持熔池大小基本一致,焊脚要对称。

4)注意事项

应根据管子的曲率变化,焊工要不断改变体位和焊条角度。管板插入式焊接水平固定、打底、盖面焊焊条角度如图2.26所示。

45°~50°

45°~50°

(a)焊条与管板间夹角

85°~90°

80°~85°

90°

100°~105°

80°~85°

(b)焊条与焊缝切线夹角

图2.26　管板插入式焊接水平固定、打底、盖面焊焊条角度示意图

任务2.2　手工钨极氩弧焊

相关知识

2.2.1　手工钨极氩弧焊工艺

1.手工钨极氩弧焊工艺特点

1)工作原理

钨极氩弧焊是采用钨棒作为电极,利用氩气作为保护气体进行焊接的一种气体保护焊方

法，如图2.27所示。通过钨极与工件之间产生电弧，利用从焊枪喷嘴中喷出的氩气流在电弧区形成严密封闭的气层，使电极和金属熔池与空气隔离，以防止空气的侵入。同时利用电弧产生的热量来熔化基本金属丝和填充形成熔池。液态金属熔池凝固后形成熔缝。

由于氩气是一种惰性气体，不与金属起化学反应，所以能充分保护金属熔池不被氧化。同时氩气在高温时不溶于液态金属中，所以焊缝不易生成气孔。因此，氩气的保护作用是有效和可靠的，可以获得较高的焊缝质量。

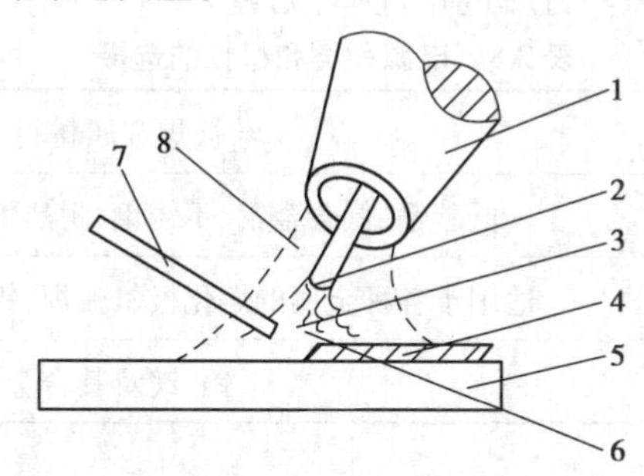

图2.27　钨极氩弧焊示意图

1—喷嘴；2—钨极；3—电弧；4—焊缝；5—工件；6—熔池；7—填充焊丝；8—氩气

焊接时钨极不熔化，所以钨极氩弧焊又称为非熔化极氩弧焊。根据所采用的电源种类，钨极氩弧焊又分为直流、交流和直流脉冲3种。

2）工艺特点

（1）氩弧焊与其他电弧焊相比具有的优点

①保护效果好，焊缝质量高。氩气不与金属发生反应，也不溶于金属，焊接过程基本上是金属熔化与结晶的简单过程，因此能获得较为纯净及质量高的焊缝。

②焊接变形和应力小。由于电弧受氩气流的压缩和冷却作用，电弧热量集中，热影响区很窄，焊接变形与应力均小，尤其适于薄板焊接。

③易观察、易操作。由于是明弧焊，所以观察方便，操作容易，尤其是适用于全位置焊接。

④稳定。电弧稳定，飞溅少，焊后不用清渣。

⑤易控制熔池尺寸。由于焊丝和电极是分开的，焊工能够很好地控制熔池尺寸和大小。

⑥可焊的材料范围广。几乎所有的金属材料都可以进行氩弧焊，特别适宜焊接化学性能活泼的金属和合金，如铝、镁、钛等。

（2）缺点

①设备成本较高。

②氩气电离势高，引弧困难，需要采用高频引弧及稳弧装置。

③氩弧焊产生的紫外线是手弧焊的5~30倍，生成的臭氧对焊工也有危害，所以要加强防护。

④焊接时需有防风措施。

3）应用范围

钨极氩弧焊是一种高质量的焊接方法，因此在工业行业中均广泛地被采用。特别是一些化学性能活泼的金属，用其他电弧焊焊接非常困难，而用氩弧焊则可容易地得到高质量的焊缝。另外，在碳钢和低合金钢的压力管道焊接中，现在也越来越多地采用氩弧焊打底，以提高焊接接头的质量。

2.手工钨极氩弧焊工艺参数

手工钨极氩弧焊的工艺参数有：焊接电源种类和极性、钨极直径、焊接电流、电弧电压、氩气流量、焊接速度、喷嘴直径及喷嘴至焊件的距离和钨极伸出的长度等。必须正确地选择并合理地配合，才能得到满意的焊接质量。

1）焊接电源种类和极性

电源种类和极性可根据焊件材质进行选择，见表2.8。

表2.8　电源种类和极性的选择

电源种类和极性	被焊金属材料
直流正接	低碳钢、低合金钢、不锈钢、耐热钢、铜、钛及其合金
直流反接	适用于各种金属的熔化极氩弧焊，钨极氩弧焊很少采用
交流电源	铝、镁及其合金

采用直流正接时，工件接正极，温度较高，适于焊厚件及散热快的金属，钨棒接负极，温度低，可提高许用电流，同时钨极烧损小。

直流反接时，钨极接正极烧损大，所以很少采用。

采用交流钨极氩弧焊时，在焊件为负，钨极为正极性的半波里，阴极有去除氧化膜的作用，即"阴极破碎"作用。在焊接铝、镁及其合金时，其表面有一层致密的高熔点氧化膜，若不能除去，会造成未熔合、夹渣、焊缝表面形成皱皮及内部气孔等缺陷。而利用反极性的半波里正离子向熔池表面高速运动，可将金属表面氧化膜撞碎，在正极性的半波里，钨极可以冷却，以减少钨极的烧损。所以，通常用交流钨极氩弧焊来焊接氧化性强的铝镁及其合金。

2）钨极直径

钨极直径主要按焊件厚度、焊接电流的大小和电源极性来选择。如果钨极直径选择不当，将造成电弧不稳，钨棒烧损严重和焊缝夹钨等现象。

3）焊接电流

焊接电流主要根据工件的厚度和空间位置选择、过大或过小的焊接电流都会使焊缝成型不良或产生焊接缺陷。所以，必须在不同钨极直径允许的焊接电流范围内，正确地选择焊接电流，见表2.9。

表2.9　不同直径钨极的许用电流范围

钨极直径/mm	直流正接/A	直流反接/A	交流/A
1	15~80	—	20~60
1.6	70~150	10~20	60~120
2.4	140~235	15~30	100~180
3.2	225~325	25~40	160~250
4.0	300~400	40~55	200~320
5.0	400~500	55~80	290~390

4)电弧电压

电弧电压由弧长决定,电压增大时,熔宽稍增大,熔深减小。通过焊接电流和电弧电压的配合,可以控制焊缝形状。当电弧电压过高时,易产生未焊透并使氩气保护效果变差。因此,应在电弧不短路的情况下,尽量减小电弧长度。钨极氩弧焊的电弧电压选用范围一般是10~24 V。

5)氩气流量

为了可靠地保护焊接区不受空气的污染,必须有足够流量的保护气体。氩气流量越大,保护层抵抗流动空气影响的能力越强。但流量过大时,不仅浪费氩气,还可能使保护气流形成紊流,将空气卷入保护区,反而降低保护效果。所以,氩气流量要选择恰当,一般气体流量可按下列经验公式确定:

$$Q = (0.8 \sim 1.2)D$$

式中　Q——氩气流量,L/min;

D——喷嘴直径,mm。

6)焊接速度

焊接速度加快时,氩气流量要相应加大。由于空气阻力对保护气流的影响,焊接速度过快,会使保护层可能偏离钨极和熔池,从而使保护效果变差。同时,焊接速度还显著地影响焊缝成型。因此,应选择合适的焊接速度。

7)喷嘴直径

增大喷嘴直径的同时,应增大气体流量,此时保护区大,保护效果好。但喷嘴过大时,不仅使氩气的消耗量增加,而且可能使焊炬伸不进去,或妨碍焊工视线,不便于观察操作。故一般钨极氩弧焊喷嘴直径以5~14 mm为佳。

另外,喷嘴直径也可按经验公式选择:

$$D = (2.5 \sim 3.5)d$$

式中　D——喷嘴直径(一般指内径),mm;

d——钨极直径,mm。

8)喷嘴至焊件的距离

这里指的是喷嘴端面和焊件间的距离,这个距离越小,保护效果越好。所以,喷嘴距焊件间的距离应尽可能小些,但过小将使操作、观察不便。因此,通常取喷嘴至焊件间的距离为5~15 mm。

9)钨极伸出长度

为了防止电弧热烧坏喷嘴,钨极端部突出喷嘴之外。而钨极端头至喷嘴端面的距离叫钨极伸出长度。钨极伸出长度越小,喷嘴与焊件之间距离越近,保护效果就好,但过近会妨碍观察熔池。

通常焊接对接焊缝时,钨极伸出长度为3~6 mm较好,焊角焊缝时,钨极伸出长度为7~8 mm较好。铝及铝合金、不锈钢的手工钨极氩弧焊,其焊接工艺参数的选择见表2.10和表2.11。

表 2.10　铝及铝合金(平对接焊)手工交流氩弧焊规范

工件厚度 /mm	钨极直径 /mm	焊接电流 /A	焊丝直径 /mm	喷嘴内径 /mm	氩气流量 /(L·min^{-1})	焊接速度 /(mm·min^{-1})
1.2	1.6~2.4	45~75	1~2	6~11	3~5	—
2	1.6~2.4	80~110	2~3	6~11	3~5	180~230
3	2.4~3.2	100~140	2~3	7~12	6~8	110~160
4	3.2~4	140~230	3~4	7~12	6~8	100~150
6	4~6	210~300	4~5	10~12	8~12	80~130
8	5~6	240~300	5~6	12~14	12~16	80~130

表 2.11　不锈钢(平对接焊)手工直流(正接)氩弧焊规范

接头形式	工件厚度 /mm	钨极直径 /mm	焊接电流 /A	焊丝直径 /mm	钨极伸出长度 /mm	氩气流量 /(L·min^{-1})
0.5	0.8	1	18~20	1.2	5~8	6
	1	2	20~25	1.6	5~8	6
	1.5	2	25~30	1.6	5~8	7
	2	3	35~45	1.6~2	5~8	7~8
50° 0.5 0.5	2.5	3	60~80	1.6~2	5~8	8~9
	3	3	75~85	1.6~2	5~8	8~9
	4	3	75~90	2	5~8	9~10

2.2.2　手工钨极氩弧焊操作技术

1.平板对接平焊

1)焊前准备

(1)试件尺寸及要求

①试件材料:Q235。

②试件及坡口尺寸:如图 2.28 所示。

③焊接位置:平焊。

④焊接要求:单面焊双面成型。

⑤焊接材料:焊丝为 H08Mn2SiA。电极为铈钨极,为使电弧稳定,将其尖角磨成如图2.29所示的形状。氩气纯度为 99.99%。

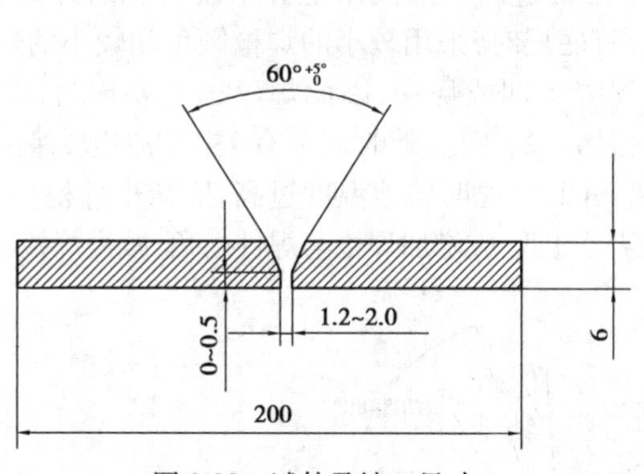

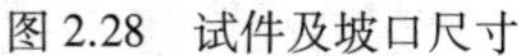
图 2.28　试件及坡口尺寸

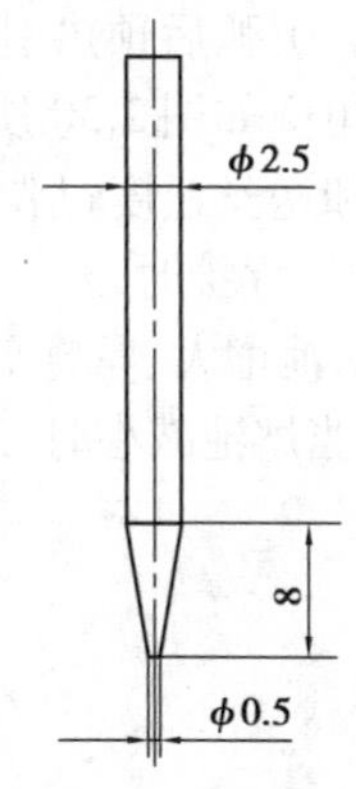

图 2.29　钨极尺寸

(2)准备工作

①选用钨极氩弧焊机,采用直流正接。使用前应检查焊机各处的接线是否正确、牢固、可靠,按要求调试好焊接工艺参数。同时应检查氩弧焊系统水冷却和气冷却有无堵塞、泄漏,如发现故障应及时解决。

②清理坡口及其正、反两面两侧 20 mm 范围内和焊丝表面的油污、锈蚀,直至露出金属光泽,然后用丙酮进行清洗。

③准备好工作服、焊工手套、护脚、面罩、钢丝刷、锉刀、角向磨光机和焊缝量尺等。

(3)试件装配

①装配间隙为 1.2~2.0 mm。

②定位焊:采用手工钨极氩弧焊一点定位,在试件正面坡口内两端进行定位焊,焊点长度为 10~15 mm,将焊点接头端预先打磨成斜坡。

③错边量≤0.6 mm。

2)焊接工艺参数

薄板 V 形坡口平焊位置手工钨极氩弧焊焊接工艺参数见表 2.12。

表 2.12　薄板 V 形坡口平焊位置手工钨极氩弧焊焊接工艺参数

焊接层次	焊接电流/A	电弧电压/V	氩气流量/($\text{L}\cdot\text{mm}^{-1}$)	钨极直径/mm	焊丝直径/mm	钨极伸出长度/mm	喷嘴直径/mm	喷嘴至工件距离/mm
打底焊	80~100	10~14	8~10	2.5	2.5	4~6	8~10	≤12
填充焊	90~100							
盖面焊	100~110							

3)操作要点

由于钨极氩弧焊对熔池的保护及可见性好,熔池温度又容易控制,所以不易产生焊接缺陷,适合于各种位置的焊接。本实例的焊接操作技能要求如下:

(1)打底焊

手工钨极氩弧焊通常采用左向焊法(焊接过程中焊接热源从接头右端向左端移动,并指向待焊部分的操作法),故将试件装配间隙大端放在左侧。

①引弧。在试件右端定位焊缝上引弧。引弧时采用较长的电弧(弧长为 4~7 mm),使坡口外预热 4~5 s。

②焊接。引弧后预热引弧处,当定位焊缝左端形成熔池并出现熔孔后开始送丝。焊丝、焊枪与焊件角度如图 2.30 所示。焊接打底层时,采用较小的焊枪倾角和较小的焊接电流。由于焊接速度和送丝速度过快,容易使焊缝下凹或烧穿,因此焊丝送入要均匀,焊枪移动要平稳、速度一致。焊接时,要密切注意焊接熔池的变化,随时调节有关工艺参数,保证背面焊缝成型良好。当熔池增大、焊缝变宽并出现下凹时,说明熔池温度过高,应减小焊枪与焊件夹角,加快焊接速度;当熔池减小时,说明熔池温度过低,应增加焊枪与焊件夹角,减慢焊接速度。

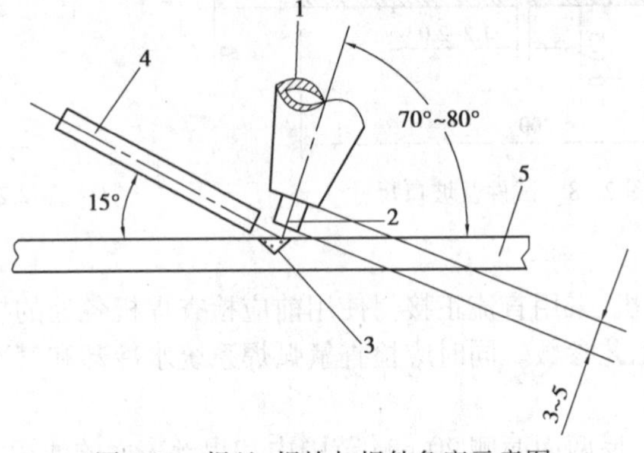

图 2.30　焊丝、焊枪与焊件角度示意图

1—喷嘴;2—钨极;3—熔池;4—焊丝;5—焊件

③接头。当更换焊丝或暂停焊接时,需要接头。这时松开焊枪上按钮开关(使用接触引弧焊枪时,立即将电弧移至坡口边缘上快速灭弧),停止送丝,借焊机电流衰减熄弧,但焊枪仍需对准熔池进行保护,待其完全冷却后方能移开焊枪。若焊机无电流衰减功能,应在松开按钮开关后稍抬高焊枪,待电弧熄灭、熔池完全冷却后移开焊枪。进行接头前,应先检查接头熄弧处弧坑质量。如果无氧化物等缺陷,则可直接进行接头焊接。如果有缺陷,则必须将缺陷修磨掉,并将其前端打磨成斜面,然后在弧坑右侧 15~20 mm 处引弧,缓慢向左移动,待弧坑处开始熔化形成熔池和熔孔后,继续填丝焊接。

④收弧。当焊至试件末端时,应减小焊枪与试件夹角,使热量集中在焊丝上,加大焊丝熔化量以填满弧坑。切断控制开关,焊接电流将逐渐减小,熔池也随着减小,将焊丝抽离电弧(但不离开氩气保护区)。停弧后,氩气延时约 10 s 关闭,从而防止熔池金属在高温下氧化。

(2)填充焊

按表 2.12 中填充层焊接工艺参数调节好设备,进行填充层焊接,其操作与打底层相同。焊接时焊枪可做圆弧"之"字形横向摆动,其幅度应稍大,并在坡口两侧停留,保证坡口两侧熔合好,焊道均匀。从试件右端开始焊接,注意熔池两侧熔合情况,保证焊缝表面平整且稍下凹。盖面层的焊道焊完后应比焊件表面低 1.0~1.5 mm,以免坡口边缘熔化导致盖面层产生咬边或焊偏现象,焊完后将焊道表面清理干净。

(3)盖面焊

按表 2.12 中盖面层焊接工艺参数调节好设备进行盖面层焊接,其操作与填充层基本相同,但要加大焊枪的摆动幅度,保证熔池两侧超过坡口边缘 0.5~1 mm,并按焊缝余高决定填丝速度与焊接速度,尽可能保持焊缝速度均匀,熄弧时必须填满弧坑。

4)焊后清理检查

焊接结束后,关闭焊机,用钢丝刷清理焊缝表面;用肉眼或低倍放大镜检查焊缝表面是否有气孔、裂纹、咬边等缺陷;用焊缝量尺测量焊缝外观成型尺寸。

2.管道的钨极氩弧焊打底焊和焊条电弧焊填充焊、盖面焊

1)小径管垂直固定对接焊

(1)焊前准备

①试件尺寸及要求。

a.试件材料:20。

b.试件及坡口尺寸如图2.31所示。

c.焊接位置:垂直固定。

d.焊接要求:单面焊双面成型。

e.焊接材料:焊丝为H08Mn2SiA;电极为铈钨极,填充、盖面电焊条为E5015(J507)。氩气纯度为99.99%。

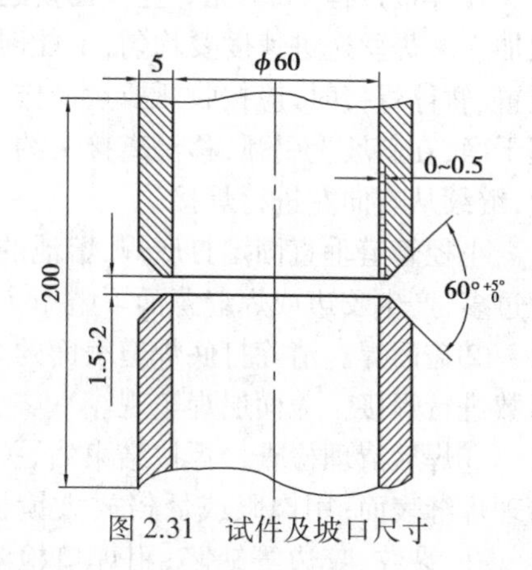

图2.31 试件及坡口尺寸

②准备工作。

a.选用WS7—400逆变式高频氩弧焊机或ZX7—400st逆变式直流手工焊/钨极氩弧焊两用焊机,采用直流正接。使用前,应检查焊机各处的接线是否正确、牢固、可靠,按要求调试好焊接参数。同时应检查氩弧焊系统水、气冷却有无堵塞、泄漏,如发现故障应及时解决。同时应检查焊条质量,不合格者不能使用,焊接前焊条应严格按照规定的温度和时间进行烘干,而后放在保温筒内,随用随取。

b.清理坡口及其正、反两面两侧20 mm范围内和焊丝表面的油污、锈蚀,直至露出金属光泽,然后用丙酮清洗。

c.准备好工作服、焊工手套、护脚、面罩、钢丝刷、锉刀、角向磨光机和焊缝量尺等。

③试件装配。

a.装配间隙为1.5~2.0 mm。

b.定位焊:采用手工钨极氩弧焊一点定位,并保证该处间隙为2 mm,与它对称处间隙为1.5 mm。沿管道轴线垂直并加固定,间隙小的一侧位于右边,定位焊长度为10~15 mm,将焊点接头端预先打磨成斜坡。采用与焊接试件相应型号焊接材料进行定位焊。

c.错边量≤0.5 mm。

(2)焊接工艺参数

小径管垂直固定对接焊焊接工艺参数见表2.13。

表2.13 小径管垂直固定对接焊焊接工艺参数

焊接方法与层次	焊接电流/A	电弧电压/V	氩气流量/(L·mm^{-1})	钨极直径/mm	焊丝直径/mm	钨极伸出长度/mm	喷嘴直径/mm	喷嘴至工件距离/mm
氩弧焊打底(1层1道)	90~105	10~12	8~10	2.5	2.5	4~6	8~10	≤8
手工焊盖面(1层2道)	75~85	22~28	—	—	2.5	—	—	—

(3)操作要点及注意事项

①打底焊。按表2.13的焊接工艺参数进行打底焊层的焊接。在右侧间隙最小处(1.5 mm)引弧。先不加焊丝,待坡口根部熔化形成熔滴后,将焊丝轻轻地向熔池里送一下,同时向管内摆动,将液态金属送到坡口根部,以保证背面焊缝的高度。填充焊丝的同时,焊枪小幅度做横

向摆动并向左均匀移动。

在焊接过程中,填充焊丝以往复运动方式间断地送入电弧内的熔池前方,在熔池前呈滴状加入。焊丝送进速度要均匀,不能时快时慢,这样才能保证焊缝成型美观。当焊工要移动位置、暂停焊接时,应按收弧要点操作。焊工再进行焊接时,焊前应将收弧处修磨成斜坡并清理干净,在斜坡上引弧,移至离接头约 10 mm 处焊枪不动,当获得清晰的熔池后,即可添加焊丝,继续从右向左进行焊接。

小径管道垂直固定打底焊,熔池的热量要集中在坡口下部,以防止上部坡口过热,母材熔化过多,产生咬边或焊缝背面下坠。

②盖面焊。清除打底焊道表面的焊渣,修平焊缝表面和接头局部,按照表 2.13 焊接工艺参数进行焊接。盖面层焊美观。

③焊后清理检查。焊接结束后,关闭焊机,用钢丝刷清理焊缝表面;用肉眼或低倍放大镜检查焊缝表面是否有气孔、裂纹、咬边等缺陷;用焊口检测尺测量焊缝外观成型尺寸。

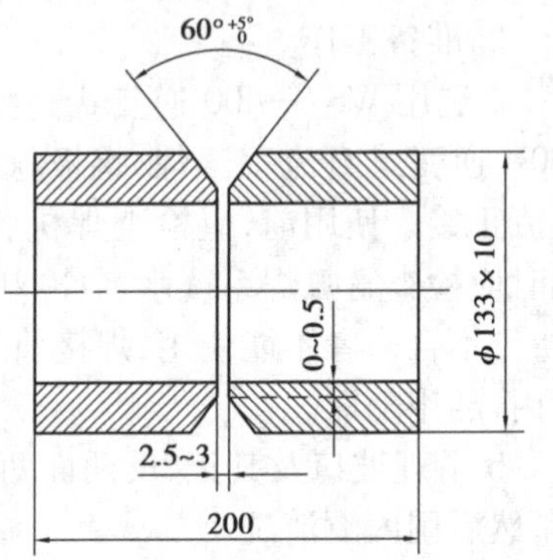

图 2.32　试件及坡口尺寸

2)大直径、中厚壁管道水平固定对接打底焊

(1)焊前准备

①试件尺寸及要求。

a.试件材料:20。

b.试件及坡口尺寸如图 2.32 所示。

c.焊接位置:水平固定。

d.焊接要求:单面焊双面成型。

e.焊接材料:焊丝为 H08Mn2SiA;电极为铈钨极;填充、盖面电焊条为 E5015(J507)。

②准备工作。

a.打底焊时,选用 WS7—400 逆变式高频氩弧焊机,采用直流正接,选用空冷式焊枪;盖面焊时,选用 ZX7—400st 逆变式直流手工焊/钨极氩弧焊两用焊机采用直流反接(若使用该焊机打底,引弧应采用接触引弧)。使用前,应检查焊机各处的接线是否正确、牢固、可靠,按要求调试好焊接工艺参数。同时应检查氩弧焊系统水、气冷却有无堵塞、泄漏,如发现故障应及时解决。同时应检查焊条质量,不合格者不能使用,焊接前焊条应严格按照规定的温度和时间烘干,而后放在保温筒内,随用随取。

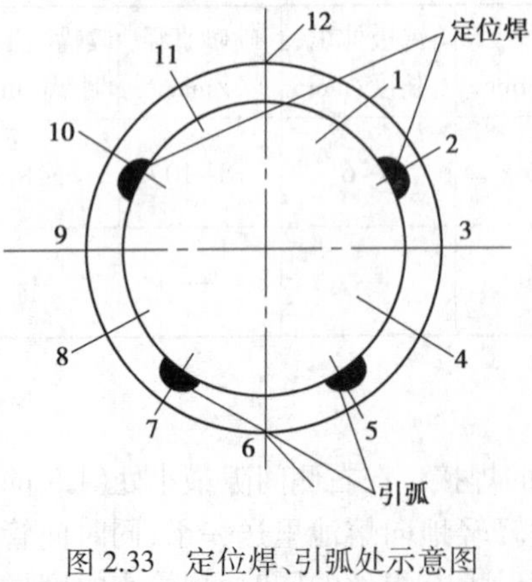

图 2.33　定位焊、引弧处示意图

b.清理坡口及其正、反两面两侧 20 mm 范围内和焊丝表面的油污、锈蚀,直至呈现金属光泽,然后用丙酮清洗。

c.准备好工作服、焊工手套、护脚、面罩、钢丝刷、锉刀、角向磨光机和焊口检测尺等。

③试件装配。

a.装配间隙为 2.5~3 mm。

b.定位焊:采用手工钨极氩弧焊两点定位,定位焊长度为 10~15 mm。定位焊位置分别位于管道横截面上相当于“时钟 2 点”和“时钟 10 点”位置,如图 2.33 所示。焊点接头端预先打磨成斜坡,试件装配最小间隙应位于截面上“时钟 6 点”位置，将试件固定于水平位置。

c.错边量≤1.0 mm。

(2)焊接工艺参数

大直径中厚壁管水平固定对接焊焊接工艺参数见表 2.14。

表 2.14　大直径中厚壁管水平固定对接焊焊接工艺参数

焊接方法与层次	焊接电流/A	电弧电压/V	氩气流量/(L·mm^{-1})	钨极直径/mm	焊丝直径/mm	钨极伸出长度/mm	喷嘴直径/mm	喷嘴至工件距离/mm
氩弧焊打底(1 层)	105~120	10~13	8~10	2.5	2.5	4~6	8~10	≤10
焊条电弧焊填充(2 层)	95~105	22~28	—	—	3.2	—	—	—
焊条电弧焊盖面(3 层)	105~120	22~28	—	—	3.2	—	—	—

(3)操作要点及注意事项

焊缝分左右两个半圈进行，在仰焊位置起焊，平焊位置收弧，每个半圈都存在仰、立、平 3 个不同位置。

①采用钨极氩弧焊进行打底。

a.引弧。在管道横截面上相当于“时钟 5 点”位置(焊右半圈)和“时钟 7 点”位置(焊左半圈)如图 2.33 所示。引弧时，钨极端部应离开坡口面为 1~2 mm。利用高频引弧装置引燃电弧；引弧后先不加焊丝，待根部钝边熔化形成熔池后，才可填丝焊接。为使背面成型良好，熔化金属应送至坡口根部。为防止始焊处产生裂纹，始焊速度应稍慢并多填焊丝，以使焊缝加厚。

b.送丝。在管道根部横截面上相当于“时钟 4 点”至“时钟 8 点”位置采用内填丝法[图 2.34(b)]，即焊丝处于坡口钝边内。在焊接横截面上相当于“时钟 4 点”至“时钟 12 点”或“时钟 8 点”至“时钟 12 点”位置时，则应采用外填丝法[图 2.34(a)]。若全部采用外填丝法，则坡口间隙应适当减小，一般为 1.5~2.5 mm。在整个施焊过程中，应保持等速送丝，焊丝端部始终要处于氩气保护区内。

c.焊枪、焊丝与管的相对位置。钨极与管子轴线成 90°，焊丝沿管子切线方向，与钨极成 100°~110°，如图 2.34(a)所示。当焊至横截面上相当于“时钟 10 点”至“时钟 2 点”的斜平焊位置时，焊枪略后倾。此时焊丝与钨极成 100°~120°。

d.焊接。引燃电弧、控制电弧长度为 2~3 mm。此时，焊枪暂留在引弧处，待两侧钝边开始熔化时立刻送丝，使填充金属与钝边完全熔化形成明亮清晰的熔池后，焊枪匀速上移。伴随连续送丝，焊枪同时做小幅度锯齿形横向摆动。仰焊部位送丝时，应有意识地将焊丝往根部“推”，使管壁内部的熔池成型饱满，以避免根部凹坑。当焊至平焊位置时，焊枪略向后倾，焊接速度加快，以避免熔池温度过高而下坠。若熔池过大，可利用电流衰减功能，适当降低熔池温度，以避免仰焊位置出现凹坑或其他位置出现凸出。

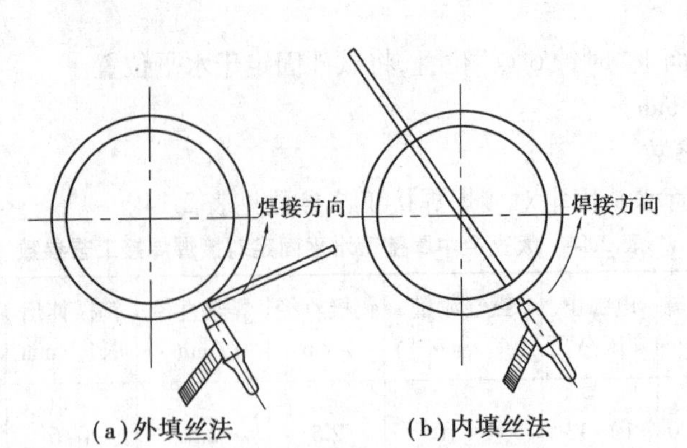

图 2.34　两种不同填丝方法

e.接头。若施焊过程中断或更换焊丝时，应先将收弧处焊缝打磨成斜坡状，在斜坡后约 10 mm 处重新引弧，电弧移至斜坡内时稍加焊丝，当焊至斜坡端部出现熔孔后，立即送丝并转入正常焊接。焊至定位焊缝斜坡处接头时，电弧稍作停留，暂缓送丝，待熔池与斜坡端部完全熔化后再送丝。同时，焊枪应做小幅度摆动，使接头部位充分熔合，形成平整的接头。

f.收弧。收弧时，应向熔池送入 2~3 滴填充金属使熔池饱满，同时将熔池逐步过渡到坡口侧，然后切断控制开关，电流衰减熔池温度逐渐降低，熔池由大变小，形成椭圆形。电弧熄灭后，应延长对收弧处氩气保护，以避免氧化，出现弧坑裂纹及缩孔。

前半圈焊完后，应将仰焊起弧处焊缝端部修磨成斜坡状。后半圈施焊时，仰焊部位的接头方法与上述接头焊相同，其余部位焊接方法与前半圈相同。当焊至横截面上相当于“时钟 12 点”位置收弧时，应与前半圈焊缝重叠 5~10 mm，如图 2.35 所示。

②焊条电弧焊填充和盖面见焊条电弧焊相关部分。

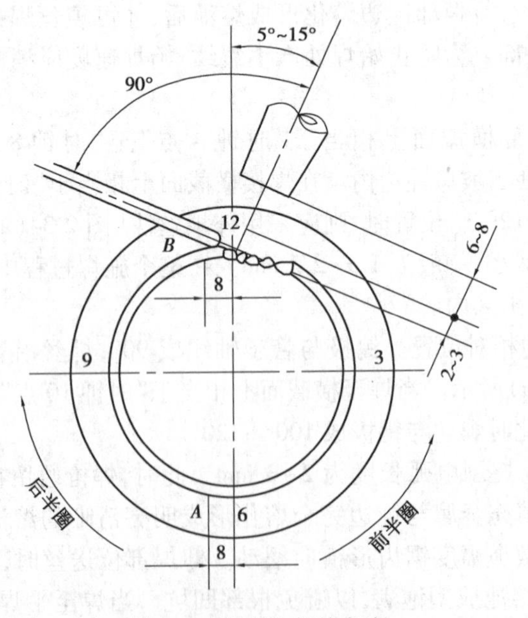

图 2.35　焊丝与焊枪角度

3.钨极氩弧焊安全规程

①焊接工作场所必须备有防火设备，如砂箱、灭火器、消防栓、水桶等。易燃物品距离焊

接场所不得小于 5 m。若无法满足规定距离时,可用石棉板、石棉布等妥善覆盖,防止火星落入易燃物品。易爆物品距离焊接场所不得小于 10 m。氩弧焊工作场地要有良好的自然通风和固定的机械通风装置,减少氩弧焊有害气体和金属烟尘的危害。

②手工钨极氩弧用焊机应放置在干燥通风处,严格按照焊机使用说明书操作。使用前应对焊机进行全面检查,确定焊机没有隐患,再接通电源。空载运行正常后方可施焊。保证焊机接线正确,必须良好、牢靠接地以保障安全。焊机电源的通、断由电源板上的开关控制,严禁负载扳动开关,以免开关触头烧损。

③应经常检查氩弧焊枪冷却水或供气系统的工作情况,发现堵塞或泄漏时应即刻解决,防止烧坏焊枪和影响焊接质量。

④焊接人员离开工作场所或焊机不使用时,必须切断电源。若焊机发生故障,应由专业人员进行维修,检修时应做好防电击等安全措施。焊机应每年除尘清洁一次。

⑤钨极氩弧焊机高频振荡器产生的高频电磁场会使人产生一定的头晕、疲乏。因此,焊接时应尽量减少高频电磁场作用时间,引燃电弧后立即切断高频电源。焊枪和焊接电缆外应用软金属编织线屏蔽(软管一端接在焊枪上,另一端接地,外面不包绝缘)。如有条件,应尽量采用晶体脉冲引弧取代高频引弧。

⑥氩弧焊时,紫外线强度很大,易引起电光性眼炎、电弧灼伤,同时产生臭氧和氮氧化物刺激呼吸道。因此,焊工操作时应穿白色帆布工作服,戴好口罩、面罩及防护手套、脚盖等。为了防止触电,应在工作台附近地面覆盖绝缘橡皮,工作人员应穿绝缘胶鞋。

任务 2.3　CO_2 气体保护焊

相关知识

2.3.1　CO_2 气体保护焊工艺

1.CO_2 气体保护焊工艺特点

1)工作原理

CO_2 气体保护焊是利用 CO_2 气体作为保护气体的一种熔化极气体保护焊的焊接方法,简称 CO_2 焊,如图 2.36 所示。由于 CO_2 气体比空气重,因此从喷嘴中喷出的 CO_2 气体可以在电弧区形成有效的保护层,防止空气进入熔池,特别是空气中氮的有害影响。熔化电极(焊丝)通过送丝滚轮不断地送进,与工件之间产生电弧,在电弧热的作用下,熔化焊丝和工件形成熔池,随着焊枪的移动,熔池凝固形成焊缝。

CO_2 焊接不同的焊丝直径可分为细丝 CO_2 焊(焊丝直径≤1.2 mm)及粗丝 CO_2 焊(焊丝直径≥1.6 mm)。由于细丝 CO_2 焊的工艺比较成熟,因此应用最为广泛。另外,按操作方法可分为 CO_2 半自动焊和 CO_2 自动焊两种。它们的区别在于 CO_2 半自动焊是手工操作完成热源的移动,而送丝、送气等与 CO_2 自动焊一样,是由相应的机械装置来完成。因为 CO_2 半自动焊机动灵活,适用于各种焊缝的焊接,所以这里主要介绍 CO_2 半自动焊。

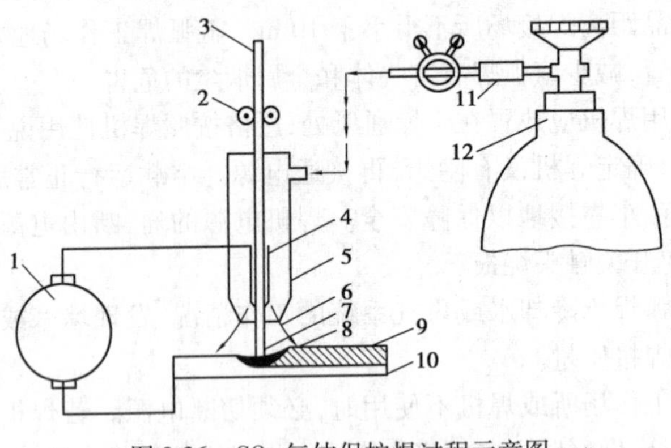

图 2.36　CO_2 气体保护焊过程示意图

1—焊接电源;2—送丝滚轮;3—焊丝;4—导电嘴;5—喷嘴;6—CO_2 气体;
7—电弧;8—熔池;9—焊缝;10—焊件;11—预热干燥器;12—CO_2 气瓶

2)工艺特点

(1)CO_2 焊主要优点

①生产率高。由于焊接电流密度较大,电弧热量利用率较高,焊丝又是连续送进,以及焊后不需清渣,因此提高了生产率。

②成本低。CO_2 气体价格便宜、电能消耗少,所以焊接成本低,仅为埋弧自动焊的 40%,为焊条电弧焊的 37%~42%。

③焊接变形和应力小。由于电弧加热集中,工件受热面积小,同时 CO_2 气流有较强的冷却作用,所以焊接变形和应力小,一般结构焊后即可使用,这特别适用于薄板焊接。

④焊缝质量高。由于焊缝含氢量少,抗裂性能好,焊接接头的力学性能良好,故焊接质量高。

⑤操作简便。焊接时可以观察到电弧和熔池的情况,故操作容易掌握,不易焊偏,有利于实现机械化和自动化焊接。

(2)不足之处

①飞溅较大,并且表面成型较差,这是主要缺点。

②弧光较强,特别是大电流焊接时,电弧的光热辐射均较强。

③很难用交流电源进行焊接,焊接设备比较复杂。

④不能在有风的地方施焊,不能焊接容易氧化的有色金属。

3)冶金特点

由于 CO_2 气体本身的特点,因此 CO_2 焊的冶金过程比氩弧焊要复杂得多。CO_2 在常温下呈中性,但高温时可分解,使电弧气氛中具有强烈的氧化性,它会使合金元素氧化烧损,降低焊缝金属的力学性能,同时是产生气孔及飞溅的主要原因。CO_2 气体在电弧高温作用下分解,化学反应式如下:

$$CO_2 = CO + O$$

温度越高,CO_2 的分解程度越大。

其中,CO_2 在焊接条件下不会溶于金属,也不与金属发生反应。但原子状态的氧使铁及其他合金元素迅速氧化,反应方程式如下:

$$Fe+O=FeO$$
$$Mn+O=MnO$$
$$Si+2O=SiO_2$$
$$C+O=CO\uparrow$$

以上氧化反应既发生在熔滴过渡过程中，也发生在熔池里。反应的结果使铁氧化生成FeO，大量溶于熔池中，导致焊缝产生大量气孔。锰和硅氧化生成MnO和SiO_2成为熔渣浮出，使焊缝有用的合金元素减少，力学性能降低。此外，因碳氧化生成大量的CO气体，还会增加焊接过程的飞溅。因此，CO_2焊要获得高质量的焊缝，必须采取有效的脱氧措施。

在CO_2焊接中，通常的脱氧方法是采用含有足够脱氧元素的焊丝。CO_2焊用于焊接低碳钢和低合金高强度钢时，主要采用硅锰联合脱氧的方法，即采用硅锰钢焊丝，如H08Mn2SiA。硅锰脱氧后生成SiO_2和MnO组成复合熔渣，很容易浮出熔池，形成一层微薄的渣壳覆盖在焊缝的表面。

4）应用范围

目前CO_2焊主要用于低碳钢、低合金钢的焊接。不仅能焊薄板，也能焊中、厚板，同时可进行全位置的焊接。除了用于焊接结构制造外，还用于修理，如堆焊磨损的零件以及焊补铸铁等。

因此，在汽车、机车车辆、机械、石油化工、冶金、造船、航空等行业中得到广泛的应用。

2.CO_2焊的熔滴过渡

1）熔滴过渡类型

熔化极气体保护焊时，焊丝除了作为电弧电极外，其端部还不断受热熔化，形成熔滴并陆续脱离焊丝过渡到熔池中去。熔化极气体保护焊的熔滴过渡形式大致有3种，即短路过渡、粗滴过渡和喷射过渡，如图2.37所示。

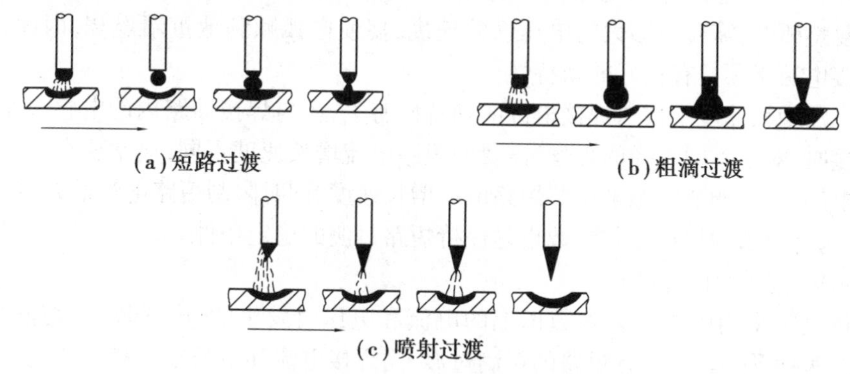

图2.37　熔滴过渡形式示意图

（1）短路过渡

短路过渡是在采用细焊丝、小电流、低电弧电压焊接时出现的。因为电弧很短，焊丝末端的熔滴还未形成大滴时，即与熔池接触而短路，使电弧熄灭。在短路电流产生的电磁收缩力及熔池表面张力的共同作用下，熔滴迅速脱离焊丝末端过渡到熔池中去。之后，电弧又重新引燃。这样周期性的短路——燃弧交替的过程，称为短路过渡。图2.38所示为短路过渡过程中焊接电流和电弧电压的变化波形以及相应的熔滴过渡情况。

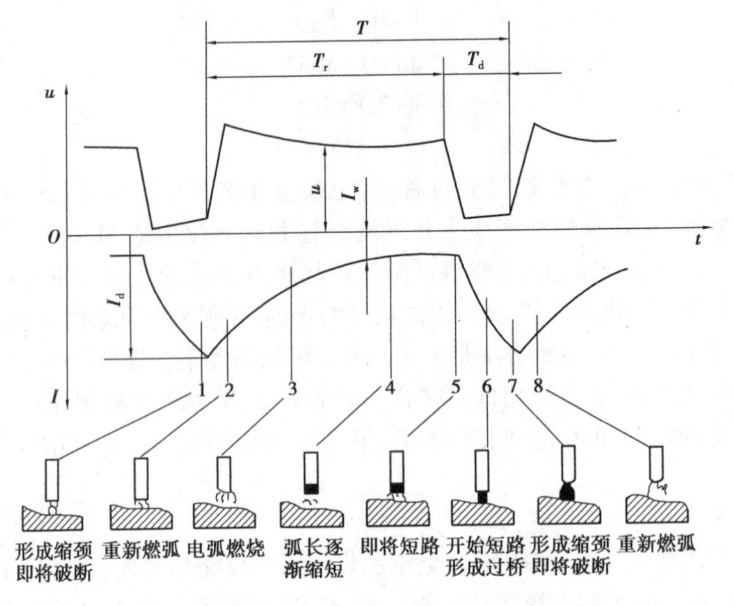

图 2.38　短路过渡过程及焊接电流、电弧电压波形图

T——一个短路过渡周期的时间；T_r—电弧燃烧时间；T_d—短路时间；

u—电弧电压；I_d—短路最大电流；I_w—稳定的焊接电流

要使短路过渡稳定地维持下去，主要取决于焊接电源的动特性和焊接工艺参数。对焊接电源动特性的要求是：所供给的电流和电压必须满足短路过程的变化，即应有合适的短路电流增长速度，短路最大电流值，以及足够大的空载电压恢复速度。

从图 2.38 可以看到，当熔滴与焊件短路时，焊接电源应能在很短的时间内提供合适的短路电流，即有一个合适的短路电流增长速度，以利于产生缩颈并断裂，使熔滴快速平稳地过渡。在恢复燃弧时，需要足够大的电压恢复速度，促使电弧顺利地重新燃烧，因此，用作短路过渡的焊接电源必须具有良好的动特性。

短路电流增长速度不仅与焊接电源的动特性有关，还与焊接回路内的电感大小有关。短路过渡焊接时，对于不同直径的焊丝，需要的短路电流增长速度不同，通常要在焊接回路中串入一定的电感，通过调节电感来调节短路电流增长速度，同时限制短路电流最大值。

此外，选择合适的焊接工艺参数也是保持短路过渡的稳定条件。

(2)粗滴过渡(颗粒过渡)

粗滴过渡是采用中等工艺参数以上的电流和电压时发生的，电弧较长，熔滴呈颗粒状。粗滴过渡有两种形式。一是有短路的粗滴过渡，当焊接电流和电弧电压稍高于短路过渡焊接时，由于电弧长度加大，焊丝熔化较快，而电磁收缩力不够大，以致熔滴体积不断增大，并在熔滴自身的重力作用下向熔池过渡，同时伴随着一定的短路过渡。此时，过渡频率低，每秒只有几滴到二十几滴。二是无短路的粗滴过渡，当进一步增大焊接电流和电弧电压时，由于电磁收缩力的加强，阻止了熔滴自由胀大，并促使熔滴加快过渡，同时不再发生短路过渡现象。因熔滴体积减小，故过渡频率略有增加。这两种粗滴过渡的形式，常用于中、厚板的焊接。

(3)喷射过渡

在粗滴过渡的基础上，当增大的焊接电流达到一定数值时，即会变为喷射过渡。其特点是：熔滴形成尺寸很小的微粒流，以很高的频率沿着电弧轴线射向熔池，电弧稳定，飞溅极小。

2) CO_2 焊熔滴过渡

CO_2 焊时，主要有两种熔滴过渡形式。一是短路过渡，另一种是粗滴过渡。而喷射过渡在 CO_2 焊中是很难出现的。

当 CO_2 焊采用细丝时，一般都是短路过渡，短路频率很高，每秒可达几十次到一百多次，每次短路完成一次熔滴过渡，所以焊接过程稳定，飞溅小，焊缝成型好。

而在粗丝 CO_2 焊中，则往往是以粗滴过渡的形式出现，因此飞溅较大，焊缝成型也差些。但由于电流比较大，所以电弧穿透力强，母材熔深大，这对中厚板的焊接是有利的。

3.CO_2 焊的气孔和飞溅

1) 气孔问题

焊缝中产生气孔的根本原因是熔池金属中存有多量的气体。在熔池凝固过程中没有完全逸出而造成的。CO_2 焊时，熔池表面没有熔渣覆盖，CO_2 气流又有冷却作用，因而熔池凝固比较快，容易在焊缝中产生气孔。

CO_2 焊可能产生的气孔主要有：

(1) CO 气孔

在熔池开始结晶或结晶过程中，熔池中的碳与 FeO 反应生成的 CO 气体来不及逸出，而形成气孔。但如果焊丝中含有足够的脱氧元素 Si 和 Mn，并限制焊丝中的含碳量，就可以有效地防止 CO 气孔的产生。所以，只要焊丝选择恰当，产生 CO 气孔的可能性很小。

(2) 氢气孔

电弧区的氢主要来自焊丝、工件表面的油污和铁锈，以及 CO_2 气体中的水分。所以焊前要适当清理工件和焊丝表面的油污和铁锈。

实践表明，由于 CO_2 气体具有氧化性，可以抑制氢气孔的产生。除非在钢板上已锈蚀有一层黄锈外，焊前一般可不必除锈。但焊丝表面的油污，必须用汽油等溶剂擦掉，这不仅是为了防止气孔产生，也可避免油污在送丝软管内造成堵塞，减少焊接中的烟雾。另外，焊前应对 CO_2 气体进行干燥处理，去除水分。这样产生氢气孔的可能性也就更小。

(3) 氮气孔

氮气孔产生主要是因保护气层遭到破坏，使大量空气侵入焊接区。过小的 CO_2 气体流量、喷嘴被飞溅物堵塞、喷嘴与工件距离过大，以及焊接场地有侧向风等都可能使保护气层被破坏。因此，焊接过程中保证保护气层稳定可靠是防止焊缝中氮气孔的关键。

2) 飞溅问题

飞溅是 CO_2 焊的主要缺点。一般在粗滴过渡时，飞溅程度比短路过渡焊接时严重得多。大量飞溅不仅增加了焊丝的损耗，而且焊后工件表面需要清理。同时，飞溅金属容易堵塞喷嘴，使气流的保护效果受到影响。因此，为了提高焊接生产率和质量，必须把飞溅减少到最低的程度。

(1) 由冶金反应引起的飞溅

这种飞溅主要是 CO_2 气体造成的。由于 CO_2 气体具有强烈的氧化性，在熔滴和熔池中，碳被氧化生成 CO_2 气体。在电弧高温作用下，体积急剧膨胀，突破熔滴或熔池表面的约束形成爆破，从而形成飞溅。如果采用含有 Si、Mn 脱氧元素的焊丝，这种飞溅已不显著。如果进一步降低焊丝的含碳量，并适当增加 Al、Ti 等脱氧能力强的元素，飞溅还可进一步减少。

(2)由极点压力引起的飞溅

这种飞溅主要取决于电弧的极性。采用直流正接焊接时,正离子飞向焊丝末端的熔滴,机械冲击力大,而造成大颗粒飞溅。当采用反接时,主要是电子撞击熔滴,极点压力大大减小,故飞溅比较小。所以,CO_2 焊多采用直流反接进行焊接。

(3)熔滴短路时引起的飞溅

这是在短路过渡和有短路的粗滴过渡时产生的飞溅。电源动特性不好时显得更严重。当短路电流增长速度过快,或短路最大电流值过大时,熔滴刚与熔池接触,由于短路电流强烈加热及电磁收缩力的作用,结果缩颈处的液态金属发生爆破,产生较多细颗粒飞溅,如图 2.39(a)所示。如果短路电流增长速度过慢,则短路时电流不能及时增大到要求的数值,缩颈处就不能迅速断裂,使伸出导电嘴的焊丝在长时间的电阻加热下成段软化和断落,并伴随着较多的大颗粒飞溅,如图 2.39(b)所示。但是,通过改变焊接回路中的电感数值,能够减少这种短路飞溅。若串入回路的电感值较合适时,则飞溅较小,噪声较小,焊接过程比较稳定。

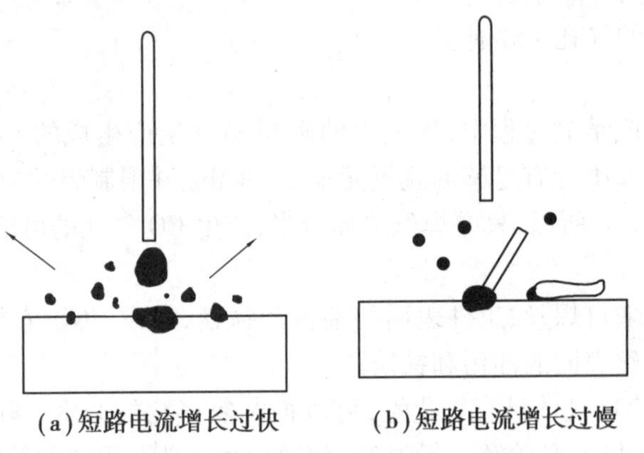

(a)短路电流增长过快　(b)短路电流增长过慢

图 2.39　短路电流增长速度对飞溅的影响

(4)非轴向熔滴过渡造成的飞溅

这种飞溅是在粗滴过渡焊接时由电弧的斥力所引起的。熔滴在极点压力和弧柱中气流的压力共同作用下,被推向焊丝末端的一边,并抛到熔池外面,使熔滴形成大颗粒的飞溅,如图 2.40 所示(自左向右为大滴过渡和金属飞溅的发展过程)。

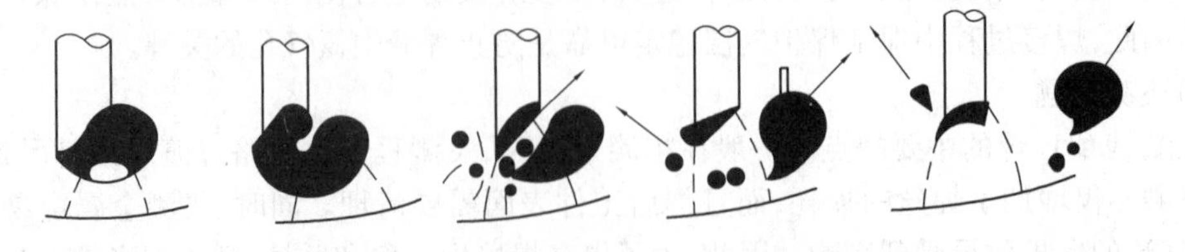

图 2.40　粗滴过渡时产生飞溅金属示意图

(5)焊接工艺参数选择不当引起的飞溅

这种飞溅是在焊接过程中,由于焊接电流、电弧电压、电感值等工艺参数选择不当而造成的。因此,必须正确地选择 CO_2 焊的焊接工艺参数,以减小这种飞溅的产生。

4.CO_2 **气体保护焊工艺参数**

CO_2 气体保护焊的焊接工艺参数包括焊丝直径、焊接电流、电弧电压、焊接速度、焊丝伸出长度、气体流量等。必须充分了解这些因素对焊接质量的影响,以便正确地进行选择。

1)焊丝直径

焊丝直径根据焊件厚度、焊缝空间位置及生产率的要求等条件来选择。焊接薄板或中、厚板的立焊、横焊、仰焊时,多采用直径 1.6 mm 以下的焊丝;在平焊位置焊接中、厚板时,可以采用直径大于 1.6 mm 焊丝,各种直径焊丝的适用范围见表 2.15。

表 2.15　各种直径焊丝的适用范围

焊丝直径/mm	焊件厚度/mm	施焊位置	熔滴过渡形式
0.5~0.8	1~2.5 2.5~4	各种位置平焊	短路过渡粗滴过渡
1.0~1.4	2~8 2~12	各种位置平焊	短路过渡粗滴过渡
≥1.6	3~12 >6	立、横、仰焊平焊	短路过渡粗滴过渡

2)焊接电流

焊接电流对熔深、焊丝熔化速度及工作效率影响最大。图 2.41 为焊接电流与熔深的关系。当焊接电流逐渐增大时,熔深、熔宽和余高都相应地增加。

由于熔深的大小不同,熔敷金属对母材的稀释率也不同,因而熔敷金属的性质也随之不同。在大电流单层焊的情况下,母材稀释率大,熔敷金属容易受到母材成分的影响。在小电流多层焊的情况下,熔深小,母材稀释率小,对熔敷金属性质的影响也就小。

焊接电流与工件的厚度、焊丝直径、施焊位置以及熔滴过渡形式有关。通常用直径为 0.8~1.6 mm 的焊丝,在短路过渡时,焊接电流在 50~230 A 范围内选择;粗滴过渡时,焊接电流可在 250~500 A 内选择。焊丝直径与焊接电流关系见表 2.16。

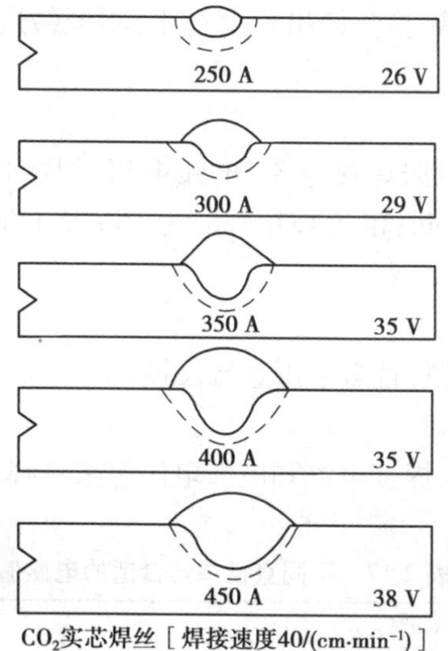

图 2.41　焊接电流与熔深的关系

表 2.16　焊丝直径与焊接电流的关系

焊丝直径/mm	适用的电流范围/A
0.8	50~120
0.9	60~150
1.0	70~180
1.2	80~350
1.6	300~500

3)电弧电压

CO_2 焊时,电弧电压与焊接电流一样,对焊接质量的影响相当大。电弧电压一般根据焊丝直径、焊接电流等来选择。随着焊接电流的增加,电弧电压也应相应加大。一般来说,短路过渡时,电压为 16~24V;粗滴过渡时,电压为 25~40 V。另外,电弧电压对焊道外观、熔深、电弧稳定性、飞溅程度、焊接缺陷及焊缝的力学性能都有很大的影响。

4)焊接速度

焊接速度也是焊接工艺参数中的一项重要因素。它和焊接电流、电弧电压一起是焊接热输入量的三大要素。它对熔深和焊道形状影响最大,对焊缝区的力学性能,以及是否产生裂纹、气孔等也有一定影响。

焊接高强度钢时,为了防止产生裂纹,确保焊缝区的塑性、韧性,要特别注意选择适当的热输入量。一般 CO_2 半自动焊时焊接速度在 15~40 m/h 范围内,自动焊时不超过 90 m/h。

5)焊丝伸出长度

通常焊丝伸出长度取决于焊丝直径,以焊丝直径的 10 倍为宜。伸出长度过大,焊丝会成段熔断,飞溅严重,气体保护效果差。伸出长度过小,不但易造成飞溅物堵塞喷嘴,影响保护效果,也影响焊工视线。

6)CO_2 气体流量

CO_2 气体流量的大小,应根据焊接电流、电弧电压、焊接速度等因素来选择。通常细丝 CO_2 焊时气体流量为 5~15 L/min;粗丝 CO_2 焊时为 15~25 L/min。

7)其他

(1)电源极性

CO_2 焊时必须使用直流电源,且多采用直流反接。

(2)回路电感

回路电感应根据焊丝直径、焊接电流和电弧电压等来选择。采用不同直径焊丝的合适电感值见表 2.17。

表 2.17　不同直径焊丝合适的电感值

焊丝直径/mm	0.8	1.2	1.6
电感值/mH	0.01~0.08	0.10~0.16	0.30~0.70

CO_2 焊中除上述参数外，焊枪角度、焊枪与母材的距离等也对焊接质量有影响。图2.42显示了焊接过程中各种因素对焊接质量的影响。

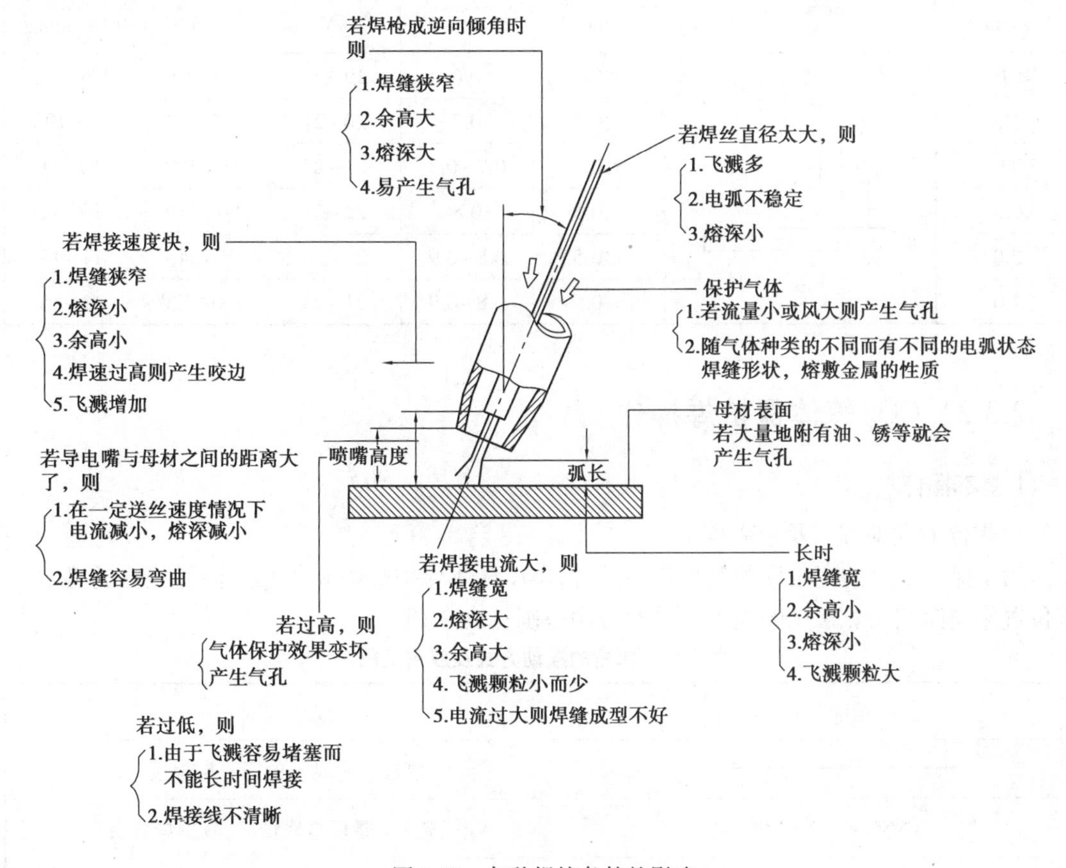

图2.42 各种焊接条件的影响

CO_2 焊薄板细丝半自动焊工艺参数见表2.18。

表2.18 CO_2 气体保护半自动焊规范

材料厚度/mm	接头形式	装配间隙 C/mm	焊丝直径/mm	电弧电压/V	焊接电流/A	气体流量/(L·min^{-1})
≤1.2,1.5	C	≤0.3	0.6 0.7	18~19 19~20	30~50 60~80	6~7 6~7
2.0 2.5	70° 0.5 C	≤0.5	0.8	20~21	80~100	7~8
3.0 4.0		≤0.5	0.8~0.9	21~23	90~115	8~10

续表

材料厚度 /mm	接头形式	装配间隙 C /mm	焊丝直径 /mm	电弧电压 /V	焊接电流 /A	气体流量 /(L · min^{-1})
≤1.2	C	≤0.3	0.6	19~20	35~55	6~7
1.5		≤0.3	0.7	20~21	65~85	8~10
2.0		≤0.5	0.7~0.8	21~22	80~100	10~11
2.5		≤0.5	0.8	22~23	90~110	10~11
3.0		≤0.5	0.8~0.9	21~23	95~115	11~13
4.0		≤0.5	0.8~0.9	21~23	100~120	13~15

2.3.2 CO_2 气体保护焊操作

1.基本操作

1)焊枪的摆动方式及应用范围

为了保证焊缝的宽度和两侧坡口的熔合,CO_2 气体保护焊时要根据不同的接头类型及焊接位置作横向摆动。常见的摆动方式及应用范围见表 2.19。

表 2.19 焊枪的摆动方式及应用范围

摆动方式	应用范围
	薄板及中厚板的第一层焊接
	小间隙及中厚板打底焊接,减少焊缝余高
	第二层为横向摆动送枪焊接的厚板等
	堆焊、多层焊接时的第一层
	大间隙
⑧ ⑥⑦④⑤②③ ①	薄板根部有间隙焊接、坡口有钢垫板或施工物时

为了减少输入线能量,减小热影响区,减少变形,通常不采用大的横向摆动来获得宽焊缝,推荐采用多层多道焊接方法来焊接厚板。当坡口小时,可采用锯齿形较小的横向摆动,而当坡口大时,可采用弯月形的横向摆动,如图 2.43 和图 2.44 所示。

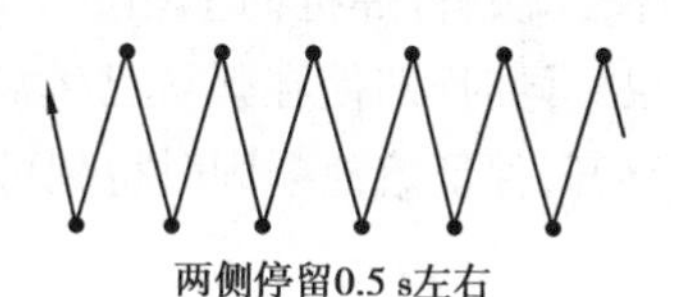

图 2.43　锯齿形的横向摆动

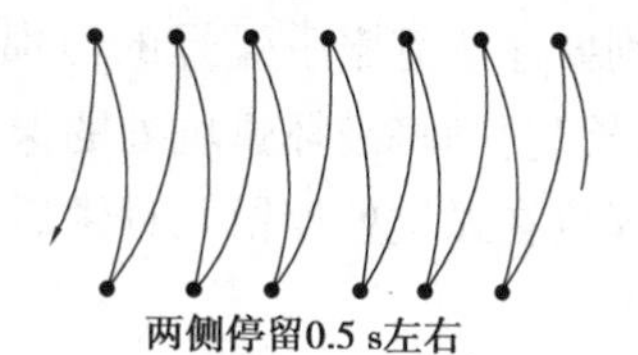

图 2.44　弯月形横向摆动

2)引弧及收弧操作

(1)引弧

引弧前,需将焊丝端头剪去,因为焊丝端头常常有很大的球形直径,容易产生飞溅,造成缺陷。经剪断的焊丝端头应为锐角。

引弧时,注意保持焊接姿势与正式焊接时一样。同时,焊丝端头距工件表面的距离为2~3 mm。然后,按下焊枪开关,随后自动送气、送电、送丝,直至焊丝与工件表面相碰而短路起弧。此时,由于焊丝与工件接触而产生一个反弹力,焊工应紧握焊枪,勿使焊枪因冲击而回升,一定要保持喷嘴与工件表面的距离恒定。这是防止引弧时产生缺陷的关键。

重要产品进行焊接时,为消除在引弧时产生飞溅、烧穿、气孔及未焊透等缺陷,可采用引弧板,如图 2.45 所示。

不采用引弧板而直接在焊件端部引弧时,可在焊缝始端前 20 mm 左右处引弧后,立即快速返回起始点,然后开始焊接,如图 2.46 所示。

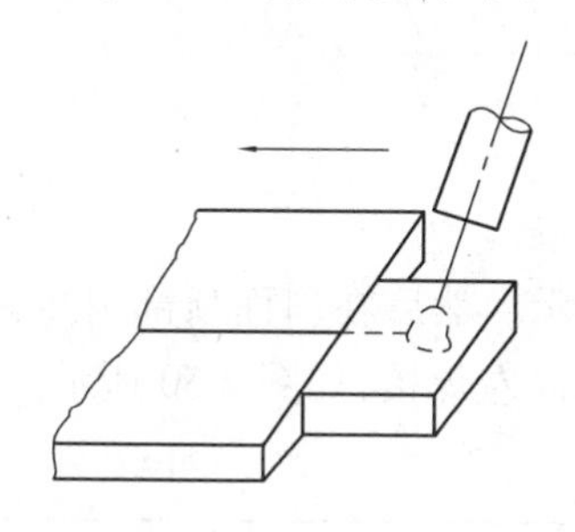

图 2.45　使用引弧板示意图

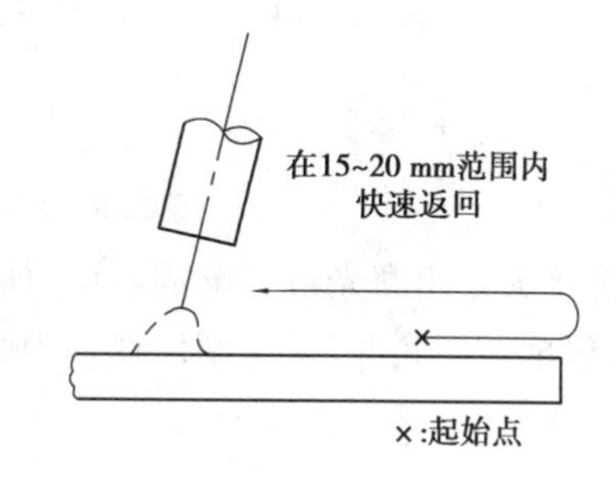

图 2.46　倒退引弧法示意图

(2)收弧

焊接结束前必须收弧,若收弧不当则容易产生弧坑,并出现弧坑裂纹(火口裂纹)、气孔等缺陷。

对于重要产品,可采用收弧板,将火口引至试件之外,可以省去弧坑处理的操作。如果焊接电源有火口控制电路,则在焊接前将面板上的火口处理开关扳至"有火口处理"挡,在焊接结束收弧时,焊接电流和电弧电压会自动减少到适宜的数值,将火口填满。

如果焊接电源没有火口控制装置,通常采用多次断续引弧填充弧坑的办法,直到填平为止,如图 2.47 所示。操作时动作要快,若熔池已凝固再引弧,则容易产生气孔、未焊透等缺陷。

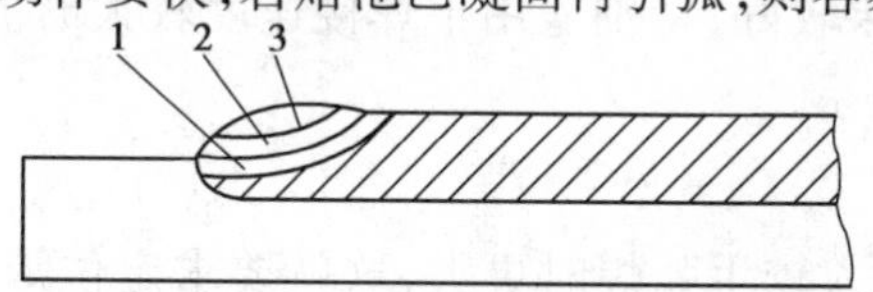

图 2.47　断续引弧法填充弧坑示意图

收弧时，特别要注意克服手弧焊的习惯性动作，就是将焊枪向上抬起。CO_2 气体保护焊收弧时如将焊枪抬起，则将破坏弧坑处的保护效果。同时，即使在弧坑已填满，电弧已熄灭的情况下，也要让焊枪在弧坑处停留几秒钟后方能移开，保证熔池凝固时得到可靠的保护。

3）接头操作

在焊接过程中，焊缝接头是不可避免的。而焊接接头处的质量又是由操作手法所决定的。下面介绍两种接头处理方法。

①当无摆动焊接时，在弧坑前方约 20 mm 处引弧，然后快速将电弧引向弧坑待熔化金属填满弧坑后，立即将电弧引向前方，进行正常操作，如图 2.48（a）所示。当采用摆动焊时，在弧坑前方约 20 mm 处引弧，然后快速将电弧引向弧坑，到达弧坑中心后开始摆动并向前移动，同时，加大摆动转入正常焊接，如图 2.48（b）所示。

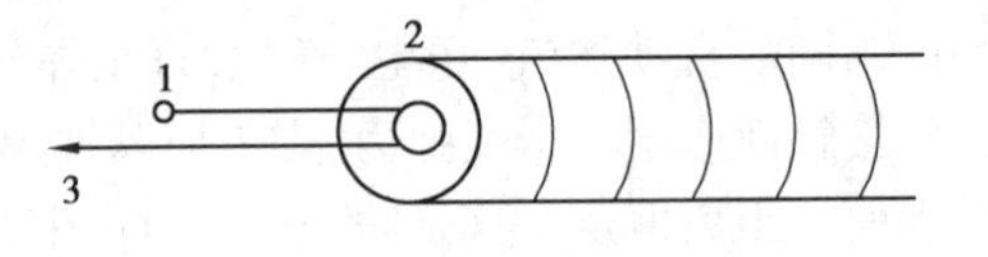

（a）无摆动焊接时

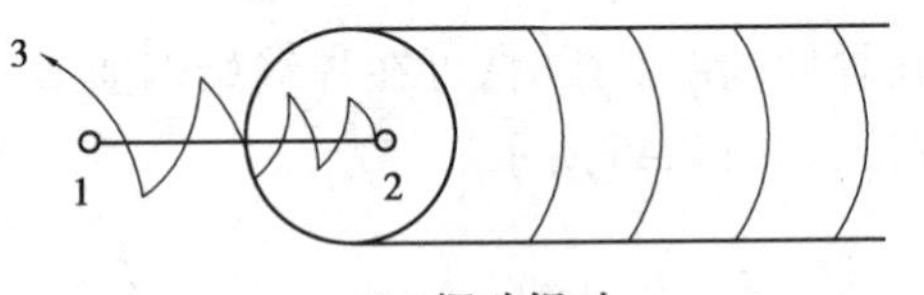

（b）摆动焊时

图 2.48　焊接接头处理方法

②首先将接头处用磨光机打磨成斜面，如图 2.49 所示。然后在斜面顶部引弧，引燃电弧后，将电弧斜移至斜面底部，转一圈后返回引弧处再继续向左焊接，如图 2.50 所示。

磨成斜面

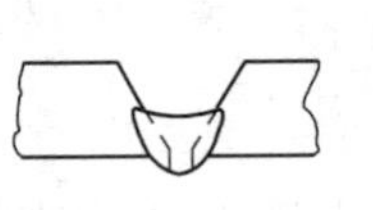

图 2.49　接头前的处理

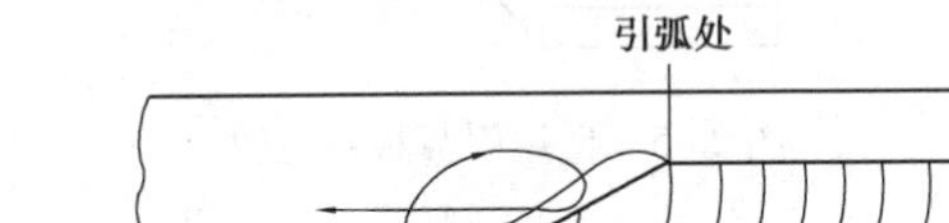

图 2.50　接头处的引弧操作

4）左焊法操作要点

半自动 CO_2 气体保护焊通常都采用左焊法。这是由于左焊法有如下特点：

①容易观察焊接方向，看清焊缝。

②电弧不直接作用于母材上，因而熔深较浅，焊道平而宽。

③抗风能力强，保护效果较好，特别适用于焊接速度较大时。右焊法的特点则刚好与此相反。

5）定位焊

CO_2 气体保护焊时热输入较手弧焊时更大，这就要求定位焊缝有足够的强度。同时，由于定位焊缝将保留在焊缝中，焊接过程中也很难重熔，因此要求焊工要与焊接正式焊缝一样来焊接定位焊缝,不能有缺陷。

对不同板厚定位焊缝的长度和间距要求如图 2.51、图 2.52 所示。焊工实际操作考核中试件的定位焊要求在后面的操作实例中介绍。

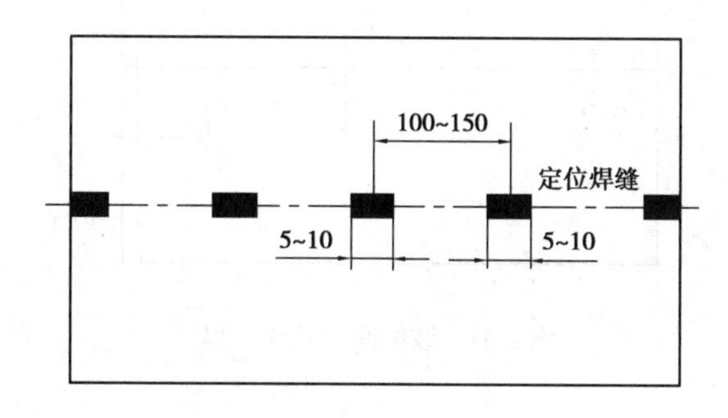

图 2.51　薄板的定位焊焊缝

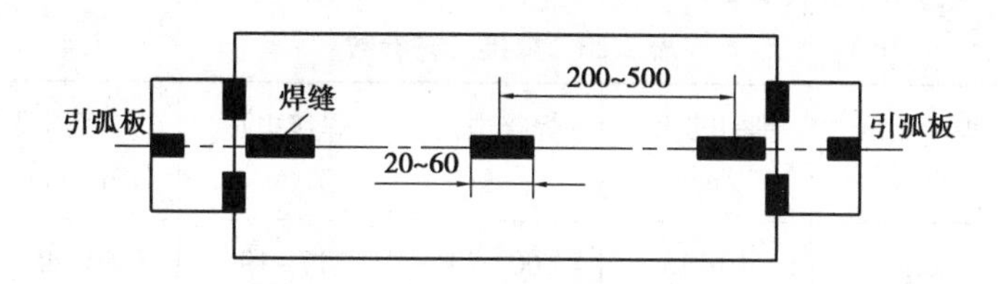

图 2.52　中厚板的定位焊焊缝

2.薄板对接单面焊双面成型操作实例

1)焊前准备

(1)试件及坡口形式

①试件材质:Q235 或 20Cr。

②试件尺寸:300 mm×100 mm×2 mm。

③坡口形式:I 形。

(2)焊接材料

H08Mn2SiA,0.8 mm。

(3)焊接设备

KR350 CO_2 气体保护焊机。

(4)焊前清理

将坡口面和靠近坡口上、下两侧 15~20 mm 内的钢板上的油、锈、水分及其他污物打磨干净,直至露出金属光泽。为防止飞溅颗粒不好清理和堵塞喷嘴,可在焊件表面涂上一层飞溅防粘剂,在喷嘴上涂一层焊接喷嘴防堵剂。

(5)装配和定位焊

①组对间隙为 0~0.5 mm。

②预留反变形为 0.5°~1°

③装配间隙和定位焊如图 2.53 所示。

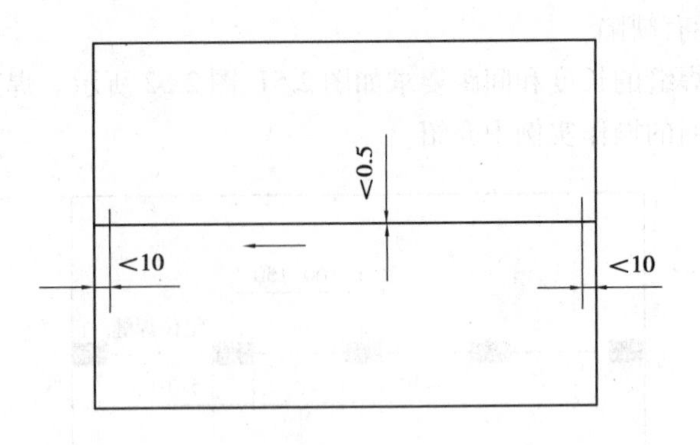

图 2.53　装配间隙及定位焊

2）平焊位操作

（1）焊接工艺参数

平焊位焊接工艺参数见表 2.20。

表 2.20　焊接工艺参数

焊道位置	焊丝直径 /mm	伸出长度 /mm	焊接电流 /A	焊接电压 /V	焊接速度 /(cm · min^{-1})	气体 流量 /(L · min^{-1})
1 层 1 道	0.8	10～15	60～70	17～19	40～45	8～10

（2）焊枪角度和指向位置

采用左焊法，单层单道。焊枪角度如图 2.54 所示。电弧指向未焊金属，有预热的作用。熔池在电弧力作用下，熔化金属被吹向前方，使电弧不能直接作用到母材上，熔池较浅，焊道平坦变宽飞溅较大，但保护效果好，且易于观察焊接方向。

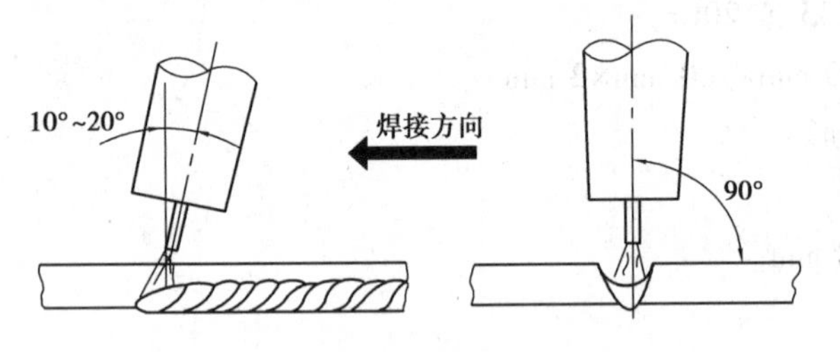

图 2.54　焊枪角度

（3）试板位置

检查试板装配间隙及反变形符合要求后，将试板平放在水平位置，注意将间隙小的一端放在右侧。

（4）焊接操作要点

①调试好焊接工艺参数后，在试板的右端引弧，从右向左方向焊接。

②焊枪沿装配间隙前后摆动或小幅度横向摆动，摆动幅度不能太大，以免产生气孔。熔池停留时间不宜过长，否则容易烧穿。

③在焊接过程中，正常熔池呈椭圆形，如出现椭圆形熔池被拉长，即为烧穿前兆。这时应根据具体情况，改变焊枪操作方式以防止烧穿。例如，加大焊枪前后摆动或横向摆动幅度等。

④由于选择的焊接电流较小,电弧电压较低,采用短路过渡的方式进行焊接时,要特别注意保证焊接电流与电弧电压配合好。如果电弧电压太高,则熔滴短路过渡频率降低,电弧功率增大,容易引起烧穿,甚至熄弧;如果电弧电压太低,则可能在熔滴很小时就引起短路,产生严重的飞溅,影响焊接过程;当焊接电流与电弧电压配合好时,则焊接过程电弧稳定,可以观察到周期性的短路,听到均匀的、周期性的“啪、啪”声,熔池平稳,飞溅小,焊缝成型好。

3)立焊位操作

(1)焊接工艺参数

立焊位焊接工艺参数见表2.21。

表2.21　焊接工艺参数

焊道位置	焊丝直径/mm	伸出长度/mm	焊接电流/A	焊接电压/V	气体流量/(L·min^{-1})
1层1道	0.8	10~15	60~70	18~20	9~11

(2)焊枪角度和指向位置

采用单层单道、向下立焊的操作方法,即从上面开始向下焊接,焊枪角度如图2.55所示。向下立焊的焊缝熔深较浅,成型美观,适用于薄板对接,T形接头及角接接头。

(3)试板位置

检查试板装配间隙及反变形符合要求后,将试板垂直固定,注意将间隙小的一端放在上端。

(4)焊接操作要点

①调试好焊接工艺参数后,在试板的顶端引弧,注意观察熔池,待试板底部完全熔合后,开始向下焊接。

②焊接过程采用直线法,焊枪不横向摆动。

③由于铁水受重力作用,为了不使熔池中的铁水流淌,焊接过程中电弧应始终对准熔池的前方,对熔池起到上托的作用,如图2.56(a)所示。如果掌握不好,铁水则会流到电弧的前方,发生铁水导前现象,如图2.56(b)所示。

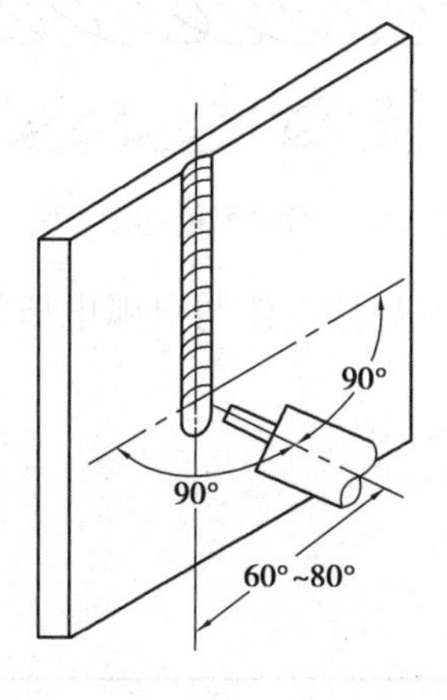

图2.55　向下立焊焊枪角度

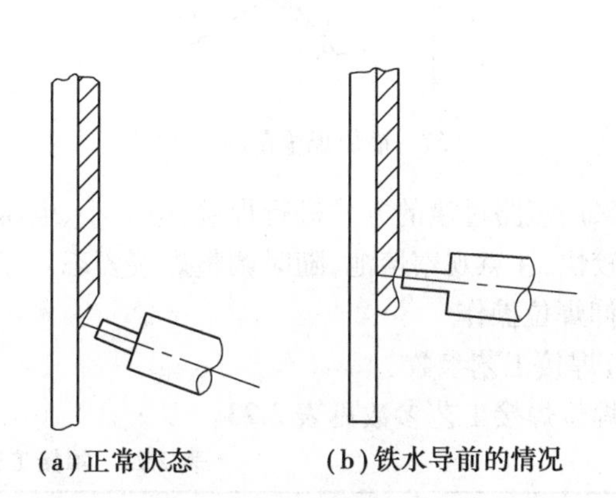

图2.56　向下立焊焊枪与熔池关系示意图

这时候要加速焊枪的移动，并使焊枪的角度减少，靠电弧吹力把铁水推上去，避免产生焊瘤及未焊透等缺陷。

④立向下焊采用短路过渡的方式进行焊接，焊接电流较小，电弧电压较低，焊接速度较快。为了保证正反两面的焊缝成型，焊接时要焊接电流与电弧电压的良好配合，并注意观察熔池，随时调整焊接姿态。

4）横焊位操作

（1）焊接工艺参数

横焊位焊接工艺参数见表 2.22。

表 2.22　焊接工艺参数

焊道位置	焊丝直径/mm	伸出长度/mm	焊接电流/A	焊接电压/V	气体流量/($L \cdot min^{-1}$)
1层1道	0.8	10~15	60~70	18~20	9~10

（2）焊枪角度和指向位置

采用左焊法，单层单道。焊枪角度如图 2.57 所示。

（3）试板位置

检查试板装配间隙及反变形符合要求后，将试板垂直固定，间隙处于水平位置，注意将间隙小的一端放在右侧。

（4）焊接操作要点

①调试好焊接工艺参数后，在试板的右端引弧，注意观察熔池，待试板底部完全熔合后，开始向左焊接。

②焊接过程采用直线法或小幅摆动法。注意焊接时摆动幅度一定要小，过大的摆幅会造成铁水下淌。焊枪的摆动图形可参如图 2.58 所示。焊接速度要稍快，避免引起烧穿。

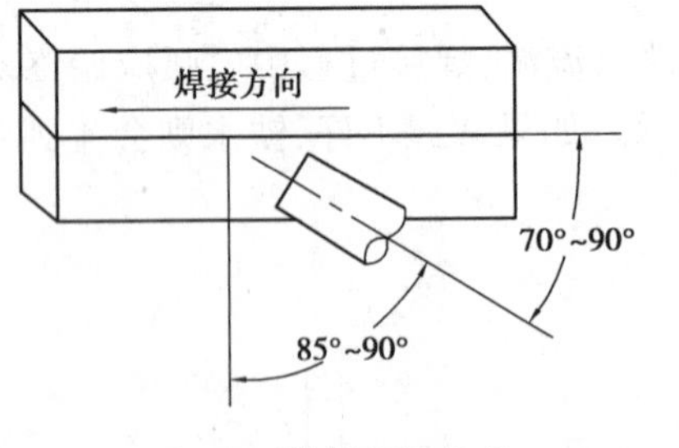

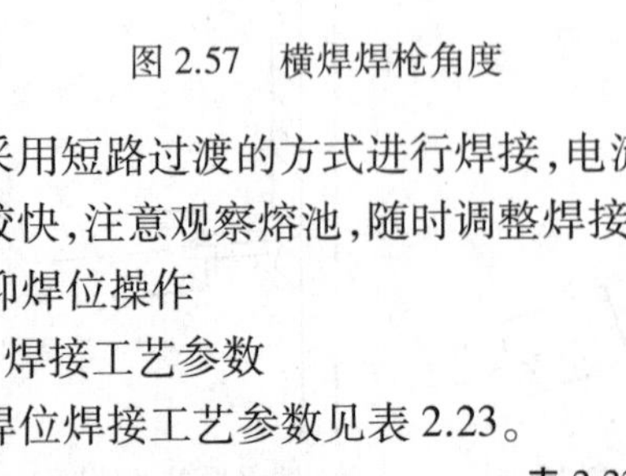

图 2.57　横焊焊枪角度

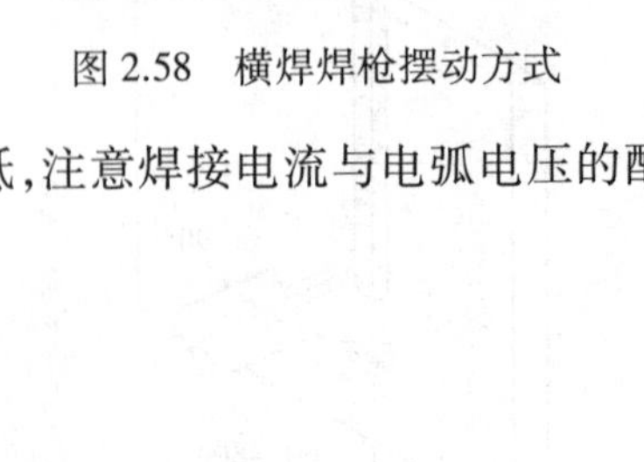

图 2.58　横焊焊枪摆动方式

③采用短路过渡的方式进行焊接，电流小、电压低，注意焊接电流与电弧电压的配合。焊接速度较快，注意观察熔池，随时调整焊接姿态。

5）仰焊位操作

（1）焊接工艺参数

仰焊位焊接工艺参数见表 2.23。

表 2.23　焊接工艺参数

焊道位置	焊丝直径/mm	伸出长度/mm	焊接电流/A	焊接电压/V	气体流量/($L \cdot min^{-1}$)
1层1道	0.8	10~15	60~70	18~19	15

(2)焊枪角度和指向位置

采用右焊法,单层单道。焊枪角度如图2.59所示。

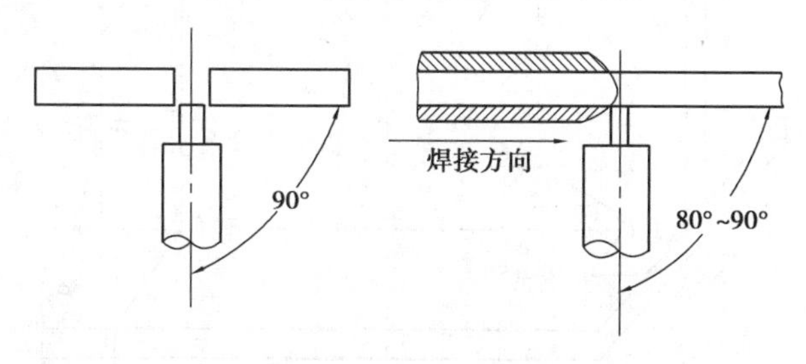

图2.59　仰焊焊枪角度

(3)试板位置

检查试板装配间隙及反变形符合要求后,将试板水平固定,坡口朝下,注意将间隙小的一端放在左侧。试板高度要保证焊工处于蹲位或站位焊接时,有充足的空间,操作不感到别扭。

(4)焊接操作要点

①调试好焊接工艺参数后,在试板的左端引弧,注意观察熔池,待试板底部完全熔合后,开始向右焊接。

②焊接过程采用直线法或小幅摆动法。摆动焊枪时,焊枪在中间位置稍快,两端稍停。

③焊枪角度和焊接速度的调整是保证焊接质量的关键。焊接时焊枪角度过大,会造成凸形焊道及咬边;焊接速度过慢,则会导致焊道表面凹凸不平。在焊接过程中,要根据熔池的具体情况,及时调整焊接速度和摆动方式,才能有效地避免咬边、熔合不良、焊道下垂等缺陷的产生。

3.T形接头操作技术

1)焊前准备

(1)试件及坡口形式

①试件材质:Q235或20Cr。

②试件尺寸:200 mm×100 mm×6 mm。

③坡口形式:T形。

(2)焊接材料

H08Mn2SiA,1.2 mm。

(3)焊接设备

KR350 CO_2 气体保护焊机。

(4)焊前清理

将坡口和靠近坡口上、下两侧15~20 mm内的钢板上的油、锈、水分及其他污物打磨干净,直至露出金属光泽。为防止飞溅颗粒不好清理和堵塞喷嘴,可在焊件表面涂上一层飞溅防粘剂,在喷嘴上涂一层喷嘴防堵剂。

(5)装配和定位焊

①组对间隙为0~2 mm。

②定位焊缝长10~15 mm,焊脚尺寸为6 mm,试件两端各一处,如图2.60所示。

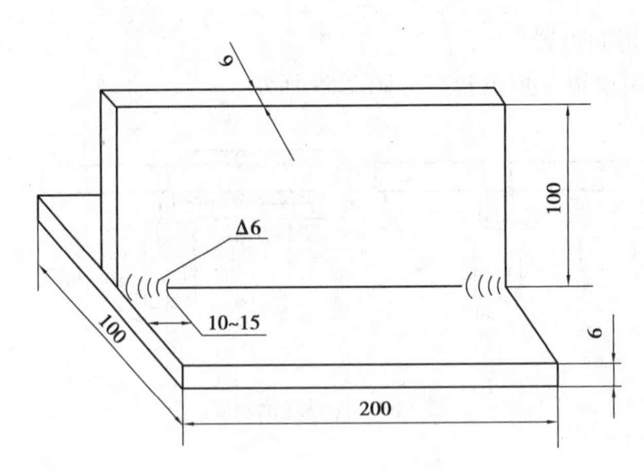

图 2.60　T 形接头试板及装配

2) 水平角焊操作

(1) 试板位置

检查试板装配符合要求后，将试板平放在水平位置。

(2) 焊接工艺参数

水平角焊焊接工艺参数见表 2.24。

表 2.24　焊接工艺参数

焊道位置	焊丝直径 /mm	伸出长度 /mm	焊接电流 /A	焊接电压 /V	气体流量 /(L·min^{-1})	焊接速度 /(cm·min^{-1})
1 层 1 道	1.2	13~18	220~250	25~27	15~20	35~45

(3) 焊接操作要点

①焊枪角度和指向位置：采用左焊法，1 层 1 道。焊枪角度如图 2.61 所示。

②调试好焊接工艺参数后，在试板的右端引弧，从右向左方向焊接。

③焊枪指向：距根部 1~2 mm 处。由于采用较大的焊接电流，焊接速度可稍快，同时要适当地做横向摆动。

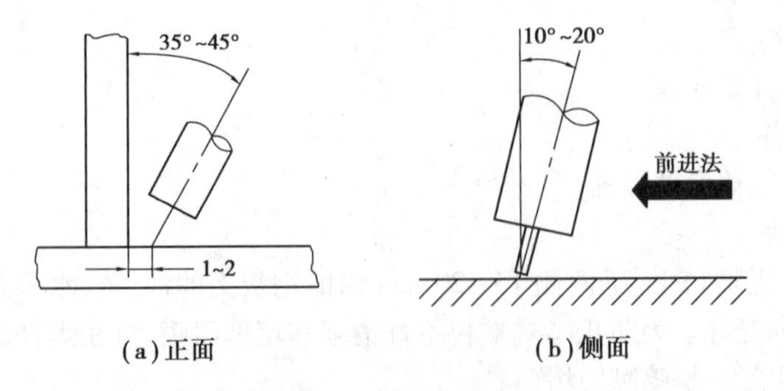

图 2.61　水平角焊位焊枪角度

④焊接过程中，如果焊枪对准的位置不正确，引弧电压过低或焊速过慢都会使铁水的下淌，造成焊缝的下垂，如图 2.62(a) 所示；如果引弧电压过高、焊速过快或焊枪朝向垂直板、母

材温度过高等则会引起焊缝的咬边和焊瘤,如图 2.62(b)所示。

3)垂直立角焊操作

(1)试板位置

检查试板装配符合要求后,将试板垂直位置固定。

(2)焊接工艺参数

垂直立角焊焊接工艺参数见表 2.25。

表 2.25　焊接工艺参数

焊道位置	焊丝直径/mm	伸出长度/mm	焊接电流/A	焊接电压/V	气体流量/(L · min^{-1})
1 层 1 道	1.2	10~15	120~150	18~20	15~20

(3)焊接操作要点

①焊枪角度和指向位置采用立向上焊法,1 层 1 道。焊枪角度如图 2.63 所示。

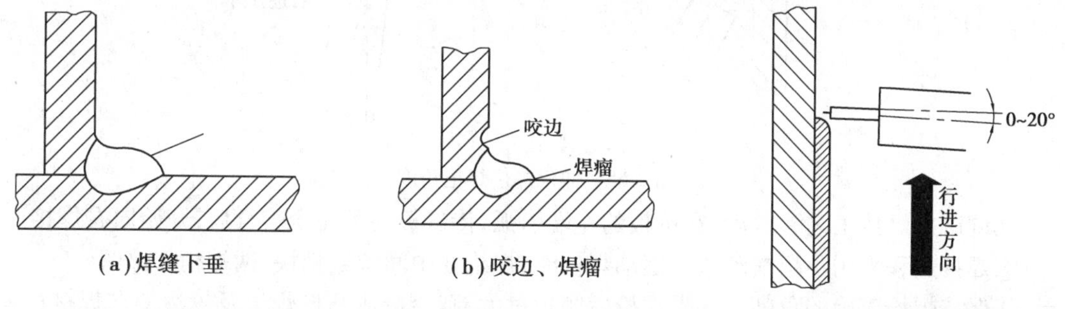

(a)焊缝下垂　(b)咬边、焊瘤

图 2.62　水平角焊缝的成型缺陷

图 2.63　立角焊位焊枪角度

②调试好焊接工艺参数后,在试板的底端引弧,从下向上焊接。

③保持焊枪的角度始终在工件表面垂直线上下为 10°左右,才能保证熔深和焊透。

④采用如图 2.64 所示的三角形送枪法摆动焊接,有利于顶角处焊透。为了避免铁水下淌,中间位置要稍快;为了避免咬边,在两侧焊趾处要稍做停留。

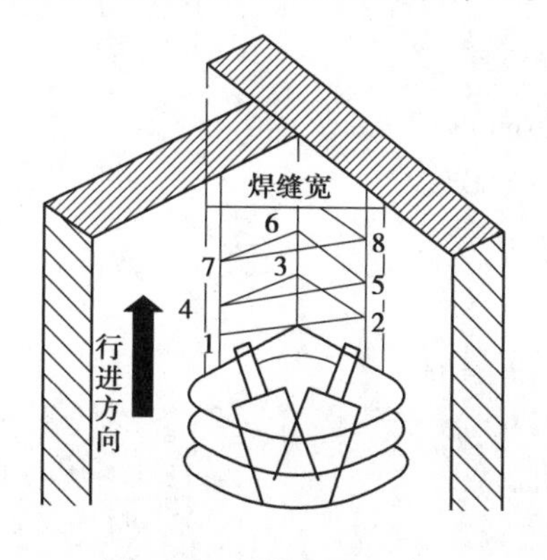

图 2.64　焊枪摆动方式

4)仰角焊操作

(1)试板位置

检查试板装配符合要求后,将试板水平位置固定,焊接面朝下。试板高度要保证焊工处于蹲位或站位焊接时，有足够的空间，操作不感到别扭。

（2）焊接工艺参数

仰角焊焊接工艺参数见表 2.26。

表 2.26　焊接工艺参数

焊道位置	焊丝直径/mm	伸出长度/mm	焊接电流/A	焊接电压/V	气体流量/(L·min^{-1})
1层1道	1.2	10~15	120~150	19~23	15~20

（3）焊接操作要点

①焊枪角度和指向位置采用右焊法，1 层 1 道。焊枪角度如图 2.65 所示。

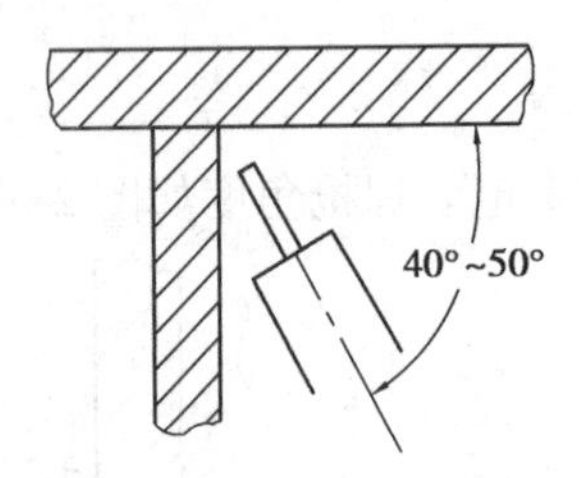

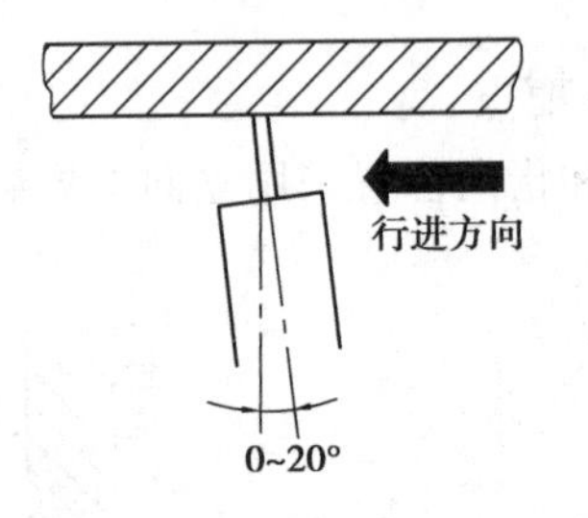

图 2.65　仰角焊位焊枪角度

②调试好焊接工艺参数后，在试板的左端引弧，待试板底部完全熔合后，开始向右焊接。

③焊接过程采用小幅摆动法。摆动焊枪时，焊枪在中间位置稍快，两端稍作停留。

④保持焊枪正确的角度。如果焊枪后倾角过大，则会造成凸形焊道及咬边。在焊接过程中要根据熔池的具体情况，及时调整焊接速度和摆动方式，才能有效地避免咬边、熔合不良、焊道下垂等缺陷的产生。

4.中厚板对接单面焊双面成型操作实例

1）焊前准备

（1）试件及坡口形式

①材质：Q235 或 20Cr。

②试件尺寸：300 mm×100 mm×12 mm。

③坡口形式：V 形，角度：$\alpha=60°$。

④试板加工准备如图 2.66 所示。

（2）焊接材料

H08Mn2SiA，1.2 mm。

（3）焊接设备

KR350 CO_2 气体保护焊机。

（4）焊前清理

将坡口和靠近坡口上、下两侧 15~20 mm 内的钢板上的油、锈、水分及其他污物打磨干净，直至露出金属光泽。为防止飞溅颗粒不好清理和堵塞喷嘴，可在焊件表面涂上一层飞溅防粘剂，在喷嘴上涂一层喷嘴防堵剂。

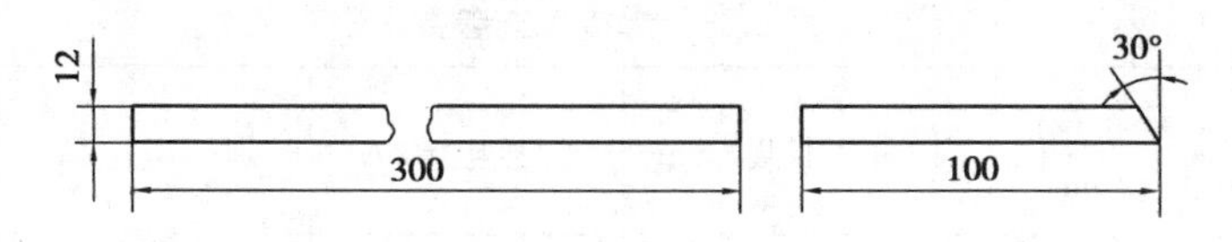

图 2.66　试板加工准备图

(5)装配和定位焊

采用与正式焊接时相同的焊接材料及工艺参数。定位焊位置在试板背部的两端处,如图 2.67 所示。定位焊必须与正式焊接一样并焊牢,防止焊接过程中因为收缩而造成坡口变窄影响焊接。

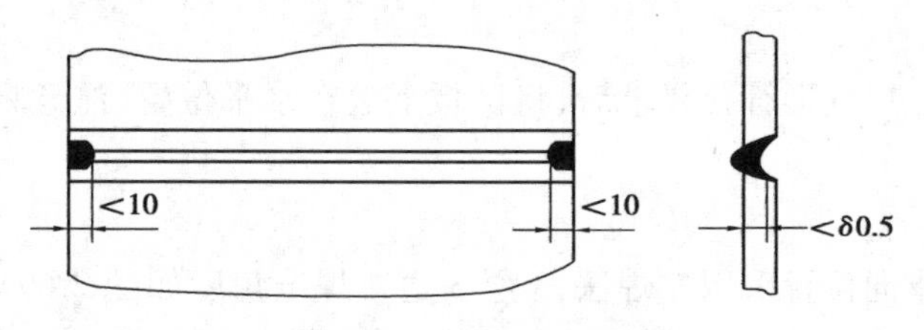

图 2.67　定位焊的位置

(6)预留反变形

为了保证焊后试板没有角变形,要求试板在装配完正式焊接前预留反变形,如图 2.68 所示。通过焊缝检验尺或其他测量工具来保证反变形角度。

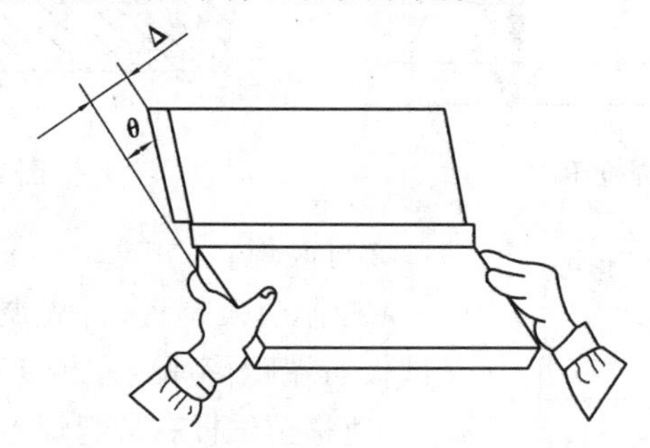

图 2.68　预留反变形示意图

2)平焊位操作

(1)试件装配尺寸

平焊位焊接试件装配尺寸见表 2.27。

表 2.27　试件装配尺寸

坡口角度/°	钝边/mm	装配间隙/mm	错边量/mm	反变形/°
60	0	始焊端:3 终焊端:4	≤1	3~4

(2)焊接工艺参数

平焊位焊接工艺参数见表 2.28。

表 2.28　焊接工艺参数

焊道位置	焊丝直径/mm	伸出长度/mm	焊接电流/A	焊接电压/V	气体流量/(L·min^{-1})
打底焊	1.2	20~25	90~100	18~19	10~15
填充焊	1.2	20~25	210~230	23~25	15~20
盖面焊	1.2	20~25	220~240	24~25	15~20

(3)试板位置

检查试板装配及反变形符合要求后,将试板平放在水平位置,注意将间隙小的一端放在右侧。

(4)焊接操作要点

①焊枪角度和指向位置采用左焊法,3 层 3 道。焊枪角度如图 2.69 所示,焊道分布如图 2.70 所示。

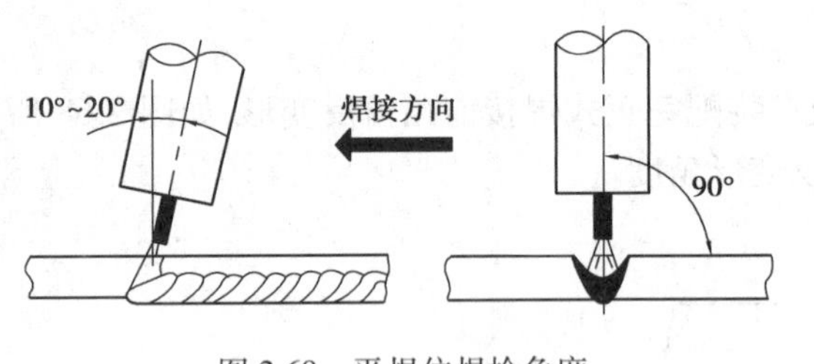

图 2.69　平焊位焊枪角度

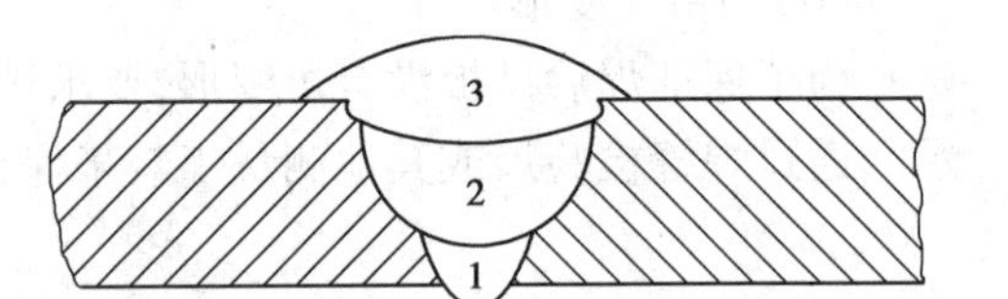

图 2.70　焊道分布

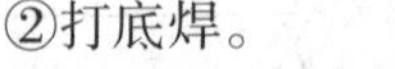

②打底焊。

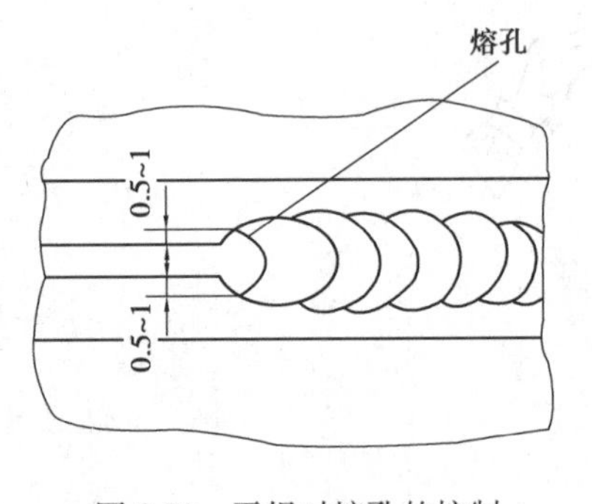

图 2.71　平焊时熔孔的控制

a.控制引弧位置,首先调试好焊接工艺参数,然后在试板右端距待焊处左侧 15~20 mm 坡口一侧引燃电弧,快速移至试板右端起焊点,当坡口底部形成熔孔后,开始向左焊接。焊枪作小幅度横向摆动,在坡口两侧稍作停留,中间稍快,连续向左移动。

b.控制熔孔的大小,熔孔的大小决定背部焊缝的宽度和余高,要求焊接过程中控制熔孔直径始终比间隙大 1~2 mm,如图 2.71 所示。若熔孔太小,则根部熔合不好;若熔孔太大,则根部焊道变宽和变高,容易引起烧穿和产生焊瘤。这就要求焊接过程中仔细观察熔孔大小,并根据间隙和熔孔直径的变化、试板温度的变化情况及时调整焊枪角度、摆动幅度和焊接速度,施焊中只有保持熔孔直径不变,才能熟练地掌握单面焊双面成型操作技术,获得宽窄与高低均匀的背部焊道。

c.保证两侧坡口的熔合,焊接过程中注意观察坡口面的熔合情况,依靠焊枪的摆动,电弧在坡口两侧稍作停留,保证坡口面熔化并与熔池边缘熔合在一起。

d.控制喷嘴的高度,焊接过程中,始终保持电弧在离坡口根部 2~3 mm 处燃烧,并控制打底层焊道厚度不超过 4 mm,如图 2.72 所示。

③填充焊。

a.焊接前先将打底焊层的飞溅和熔渣清理干净,凸起不平的地方磨平。

b.控制两侧坡口的熔合,填充焊时,焊枪的横向摆动比较打底层焊时稍大些,保证两侧坡口有一定的熔深,焊道平整并有一定的下凹。

c.控制焊道的厚度,填充焊时焊道的高度低于母材 1.5~2 mm,一定不能熔化坡口两侧的棱边,如图 2.73 所示,以便盖面时能够看清坡口,为盖面焊打好基础。

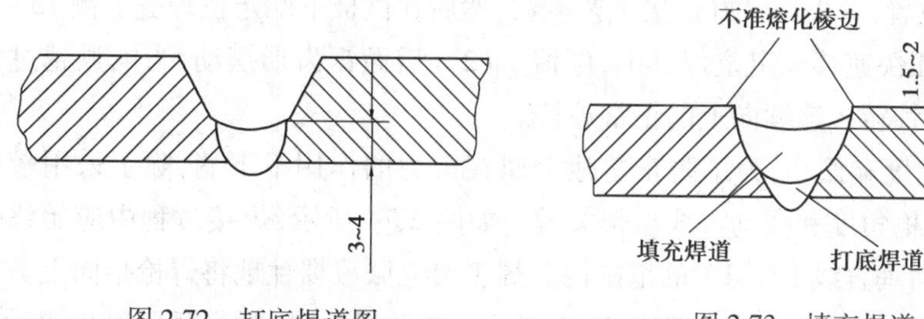

图 2.72　打底焊道图　　图 2.73　填充焊道

④盖面焊。

a.焊接前先将填充焊层的飞溅和熔渣清理干净,凸起不平的地方磨平。

b.控制焊枪的摆动幅度,焊枪的摆动幅度比填充焊时更大一些,摆动时要幅度一致,速度均匀。注意观察坡口两侧的熔化情况,保证熔池的边缘超过坡口两侧的棱边并不大于 2 mm,避免咬边。

c.控制喷嘴的高度,保持喷嘴的高度一致,才能得到均匀美观的焊缝表面。

d.控制收弧,填满弧坑并待电弧熄灭,熔池凝固后方能移开焊枪,避免出现弧坑断纹和产生气孔。

3)立焊位操作

(1)试件装配尺寸

立焊位焊接试件装配尺寸见表 2.29。

表 2.29　试件装配尺寸

坡口角度/°	钝边/mm	装配间隙/mm	错边量/mm	反变形/°
60	0	始焊端:3 终焊端:3.5	≤1	2~3

(2)焊接工艺参数

立焊位焊接工艺参数见表 2.30。

表 2.30　焊接工艺参数

焊道位置	焊丝直径/mm	伸出长度/mm	焊接电流/A	焊接电压/V	气体流量/(L·min^{-1})
打底焊	1.2	15~20	90~100	18~19	10~15
填充焊	1.2	15~20	130~140	20~21	10~15
盖面焊	1.2	15~20	130~140	20~21	10~15

(3)试板位置

检查试板装配及反变形符合要求后，将试板固定到垂直位置，注意将间隙小的一端放在下侧。

(4)焊接操作要点

①焊枪角度和指向位置采用立向上焊法，3层3道。焊枪角度如图2.74所示。

②打底焊。

a.控制引弧位置，首先调试好焊接工艺参数，然后在试板下端定位焊缝上侧15~20 mm处引燃电弧。将电弧快速移至定位焊缝上，停留1~2 s后做锯齿形摆动，当电弧越过定位焊的上端并形成熔孔后，转入连续向上的正常焊接。

b.控制焊枪角度和摆动，为了防止熔池金属在重力的作用下下淌，除了采用较小的焊接电流外，正确的焊枪角度和摆动方式也很关键。如图2.74所示，焊接过程中应始终保持焊枪角度在与试件表面垂直线上下10°的范围内。焊工要克服习惯性地将焊枪指向上方的操作方法，这种不正确的操作方法会减小熔深，影响焊透。摆动焊枪时，要注意摆幅与摆动波纹间距的匹配。小摆幅和月牙形大摆幅可以保证焊道成型好，而下凹的月牙形摆动则会造成焊道下坠，如图2.75所示。采用小摆幅时由于热量集中，要防止焊道过分凸起；为防止铁水下淌，摆动时在焊道中间要稍快；为了防止咬边，在坡口两侧稍作停留。

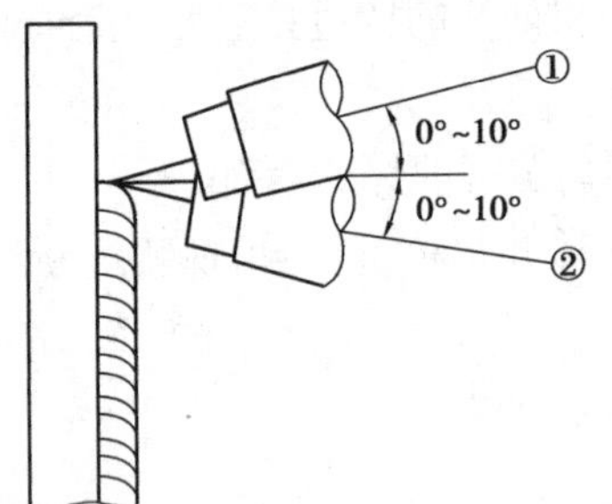

图2.74　立焊位焊枪角度

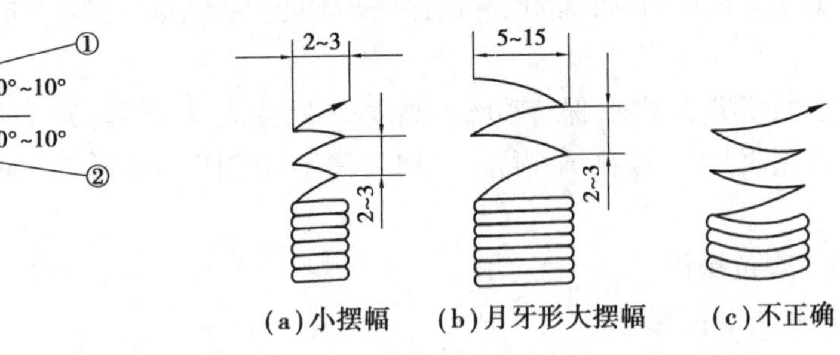

图2.75　立焊摆动方式

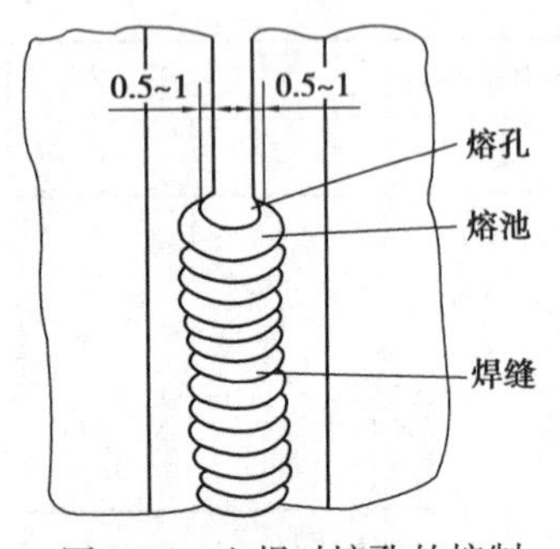

图2.76　立焊时熔孔的控制

c.控制熔孔的大小，由于熔孔的大小决定背部焊缝的宽度和余高，要求焊接过程中控制熔孔直径一直保持比间隙大1~2 mm，如图2.76所示。焊接过程中仔细观察熔孔大小，并根据间隙和熔孔直径的变化、试板温度的变化及时调整焊枪角度、摆动幅度和焊接速度，尽可能地维持熔孔直径不变。

d.保证两侧坡口的熔合，在焊接过程中，注意观察坡口面的熔合情况，依靠焊枪的摆动，使电弧在坡口两侧稍作停留，保证坡口面熔化并与熔池边缘熔合在一起。

③填充焊。

a.焊接前先将打底焊层的飞溅和熔渣清理干净，凸起不平的地方磨平。

b.控制两侧坡口的熔合，填充焊时，焊枪的横向摆动较打底层焊时稍大些。同时，焊枪从坡口的一侧摆至另一侧时速度要稍快，防止焊道形成凸形。电弧在两侧坡口有一定的停留，保证有一定的熔深，焊道平整并有一定的下凹。

c.控制焊道的厚度，填充焊时焊道的高度低于母材 1.5~2 mm。不能熔化坡口两侧的棱边，以便盖面时能够看清坡口，为盖面焊打好基础。

④盖面焊。

a.焊接前先将填充焊层的飞溅和熔渣清理干净，凸起不平的地方磨平。

b.控制焊枪的摆动幅度，焊枪的摆动幅度比填充焊层时更大一些。作锯齿形摆动时注意幅度一致，速度均匀上升。注意观察坡口两侧的熔化情况，保证熔池的边缘超过坡口两侧的棱边并不大于 2 mm，避免咬边和焊瘤。同时控制喷嘴的高度和收弧，避免出现弧坑裂纹和产生气孔。

4）横焊位操作

（1）试件装配尺寸

横焊位焊接试件装配尺寸见表 2.31。

表 2.31　试件装配尺寸

坡口角度/°	钝边/mm	装配间隙/mm	错边量/mm	反变形/°
60	0	始焊端:3 终焊端:4	≤1	6~8

（2）焊接工艺参数

横焊位焊接工艺参数见表 2.32。

表 2.32　焊接工艺参数

焊道位置	焊丝直径/mm	伸出长度/mm	焊接电流/A	焊接电压/V	气体流量/($L \cdot min^{-1}$)
打底焊	1.2	20~25	90~100	18~20	10~15
填充焊	1.2	20~25	130~140	20~22	10~15
盖面焊	1.2	20~25	130~140	20~22	10~15

（3）试板位置

检查试板装配及反变形，待其符合要求后，将试板垂直固定，焊缝位于水平位置，注意将间隙小的一端放在右侧。

（4）焊接操作要点

①焊枪角度和焊接顺序采用左焊法，3 层 6 道，焊道分布如图 2.77 所示。按照图中 1 至 6 的顺序进行焊接。

②打底焊。

a.控制引弧位置，首先调试好焊接工艺参数，然后在试板右端定位焊缝左侧 15~20mm 处引燃电弧，快速移至试板右端起焊点，当坡口底部形成熔孔后，开始向左焊接。打底焊焊枪角度如图 2.78 所示，作小幅度锯齿形横向摆动，连

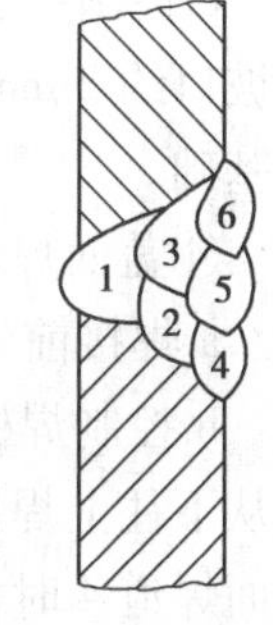

图 2.77　焊道分布图

续向左移动。

b.控制熔孔的大小,熔孔的大小决定背部焊缝的宽度和余高,要求焊接过程中控制熔孔直径一直保持比间隙大 1~2 mm,如图 2.79 所示。焊接过程中仔细观察熔孔大小,并根据间隙和熔孔直径的变化、试板温度的变化情况及时调整焊枪角度、摆动幅度和焊接速度,尽可能地维持熔孔直径不变。

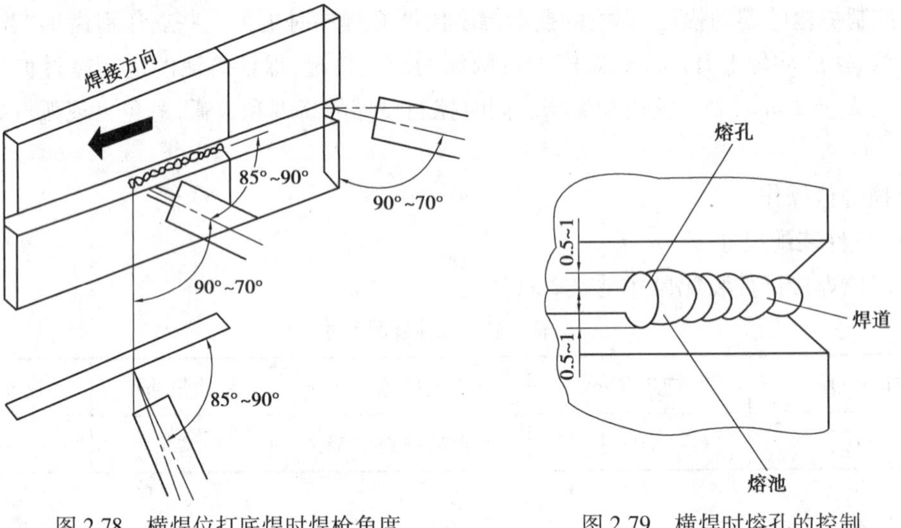

图 2.78　横焊位打底焊时焊枪角度　　　　图 2.79　横焊时熔孔的控制

c.保证两侧坡口的熔合,焊接过程中注意观察坡口面的熔合情况。依靠焊枪的角度及摆动,使电弧在坡口两侧稍作停留,保证坡口面的熔化。注意焊枪角度和停留时间,避免下坡口熔化过多,造成背部焊道出现下坠或产生焊瘤。

③填充焊。

a.焊接前先将打底焊层的飞溅和熔渣清理干净,凸起不平的地方磨平。

b.控制焊枪角度和摆动。填充焊时,焊枪对准方向及角度如图 2.80 所示。焊接填充焊道 2 时,焊枪指向第一层焊道的下趾端部,形成 0°~10°的俯角,采用直线式焊法;焊接填充焊道 3 时,焊枪指向第一层焊道的上趾端部,形成 0°~10°的仰角,以第一层焊道的上趾处为中心做横向摆动,注意避免形成凸形焊道和咬边。

c.控制焊道的厚度,填充焊时焊道的高度应低于母材 0.5~2 mm,距上坡口约 0.5 mm,距下坡口约 2 mm。注意一定不能熔化坡口两侧的棱边,以便盖面时能够看清坡口,为盖面焊打好基础。

④盖面焊。

a.焊接前先将填充焊层的飞溅和熔渣清理干净,凸起不平的地方磨平。

b.控制焊枪的摆动幅度。盖面时焊枪对准方向及角度如图 2.81 所示。盖面焊共 3 道,依次从下往上焊接。摆动时注意幅度一致,速度均匀。每条焊道要压住前一焊道约 2/3。焊接盖面焊道 4 时,特别要注意坡口下侧的熔化情况,保证坡口下边缘的均匀溶化,避免咬边和未熔合。焊接盖面焊道 5 时,控制熔池的下边缘在盖面焊道 4 的 1/2~2/3 处。焊接盖面焊道 6 时,特别要注意调整焊接速度和焊枪的角度,保证坡口上边缘均匀地熔化,避免铁水下淌而产生咬边。

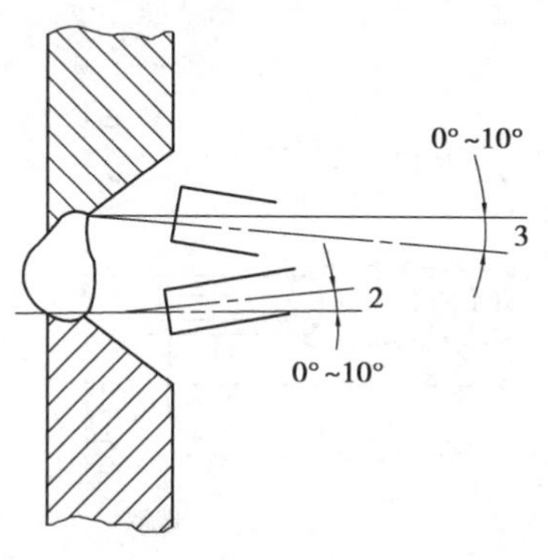

图 2.80　横焊位填充焊焊枪位置及角度

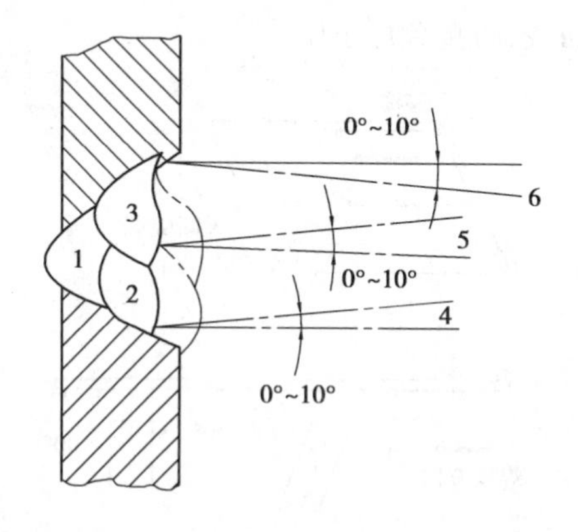

图 2.81　横焊位盖面焊焊枪位置及角度

5）仰焊位操作

（1）试件装配尺寸

仰焊位焊接试件装配尺寸见表 2.33。

表 2.33　试件装配尺寸

坡口角度/°	钝边/mm	装配间隙/mm	错边量/mm	反变形/°
60	0	始焊端:3 终焊端:4	≤1	3~4

（2）焊接工艺参数

仰焊位焊接工艺参数见表 2.34。

表 2.34　焊接工艺参数

焊道位置	焊丝直径/mm	伸出长度/mm	焊接电流/A	焊接电压/V	气体流量/(L·min^{-1})
打底焊	1.2	15~20	100~110	18~10	10~15
填充焊	1.2	15~20	140~150	20~22	10~15
盖面焊	1.2	15~20	130~140	20~22	10~15

（3）试板位置

检查试板装配及反变形待其符合要求后，将试板水平固定，坡口朝下，注意将间隙小的一端放在左侧。试板高度要保证焊工能够处于蹲位或站位进行焊接时，有足够的操作空间。

（4）焊接操作要点

①焊枪角度和指向位置采用右焊法，3 层 3 道。焊枪角度如图 2.82 所示。

②打底焊。

a.控制引弧位置，首先调试好焊接工艺参数，然后在试板左端距待焊处右侧 15~20 mm 处引燃电弧。然后将电弧快速移至试板左端起焊点。当坡口底部形成熔孔后，开始向右连续焊接，焊枪作小幅度锯齿形横向摆动。焊接过程中，电弧不能脱离熔池，利用电弧吹力托住熔化金属，防止铁水下淌。

b.控制熔孔的大小，打底焊的关键是保证背部焊透，下凹小，正面平。须注意观察和控制熔孔的大小，如图 2.83 所示。既要保证根部焊透，又要防止焊道背部下凹而正面下坠。这就要求焊枪的摆动幅度要小，摆幅大小和前进速度要均匀，停留时间较其他位置要短，使熔池尽可能小而浅，防止金属下坠。

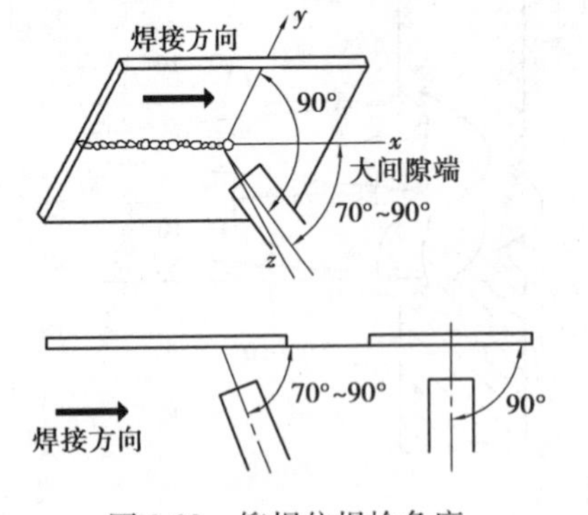

图 2.82　仰焊位焊枪角度

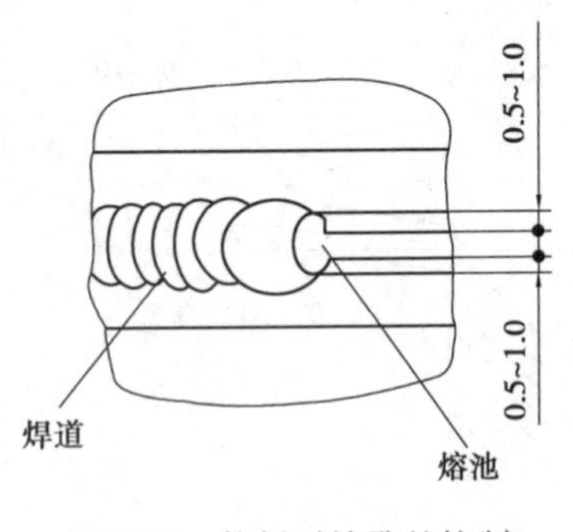

图 2.83　仰焊时熔孔的控制

③填充焊。

a.焊接前先将打底焊层的飞溅和熔渣清理干净，凸起不平的地方磨平。

b.控制两侧坡口的熔合，填充焊时，焊枪的横向摆动较打底层时稍大些。注意焊枪在两侧坡口的停留时间，保证焊道两侧既要熔合好又要防止焊道下坠。

c.控制焊道的厚度，填充焊时焊道的高度低于母材 1.5~2 mm，不能熔化坡口两侧的棱边，以便盖面时能够看清坡口，为盖面焊打好基础。

④盖面焊。

a.焊接前先将填充焊层的飞溅和熔渣清理干净，凸起不平的地方磨平。

b.控制焊枪的摆动幅度，焊枪的摆动幅度比填充焊时更大一些。摆动时注意幅度一致，速度均匀。注意观察坡口两侧的熔化情况，避免咬边，保证熔池的边缘超过坡口两侧的棱边并不大于 2 mm。焊枪在从坡口的一侧摆至另一侧时应稍快些，防止熔池金属下坠产生焊瘤。

c.控制收弧。填满弧坑并待电弧熄灭，熔池凝固后方能移开焊枪，避免出现弧坑裂纹和产生气孔。

5.CO_2气体保护焊安全操作规程

①保证工作环境有良好的通风，由于 CO_2 气体保护焊是以 CO_2 作为保护气体，在高温下有大量的 CO_2 气体将发生分解，生成 CO 以及产生大量的烟尘。CO 极易和人体血液中的血红蛋白结合，造成人体缺氧。当空气中只有很少量的 CO 时，会使人感到身体不适、头痛，而当 CO 的含量超过一定范围时会造成人呼吸困难、昏迷等，严重时甚至引起死亡。如果空气中 CO_2 气体浓度超过一定的范围，也会引起上述的反应。这就要求焊接工作环境应有良好的通风条件，在不能进行通风的局部空间施焊时，应佩戴能供给新鲜氧气的面具及氧气瓶。

②注意选用容量恰当的电源、电源开关、熔断器及辅助设备，以满足高负载率持续工作的要求。

③采用必要的防止触电措施与良好的隔离防护装置和自动断电装置；焊接设备必须保护接地或接零并经常进行检查和维修。

④采用必要的防火措施。由于金属飞溅引起火灾的危险性比其他焊接方法大，要求在焊接作业的周围采取可靠的隔离、遮蔽或防止火花飞溅的措施；焊工应有完善的劳动防护用具，防止人体灼伤。

⑤由于 CO_2 气体保护焊比普通埋弧电弧焊的弧光更强，紫外线辐射更强烈，应选用颜色

更深的滤光片。

⑥采用 CO_2 气体电热预热器时，电压应低于 36 V，外壳要可靠接地。

⑦由于 CO_2 是以高压液态盛装在气瓶中，要防止 CO_2 气瓶直接受热，气瓶不能靠近热源，也要防止剧烈振动。

⑧加强个人防护。戴好面罩、手套，穿好工作服、工作鞋。

⑨当焊丝送入导电嘴后，不允许将手指放在焊枪的末端来检查焊丝送出情况；也不允许将焊枪放在耳边来试探保护气体的流动情况。

⑩使用水冷系统的焊枪，应防止绝缘破坏而发生触电。

⑪焊接工作结束后，必须切断电源和气源，并仔细检查工作场所周围及防护设施，确认无起火危险后方能离开。

任务2.4　电阻焊

相关知识

2.4.1　电阻焊原理及特点

1.电阻焊原理及分类

1)电阻焊分类

电阻焊是压焊中应用最广的一种焊接方法。它有很多分类方法，一般可根据接头形式和工艺方法、电流以及电源能量种类来划分。具体的分类如图 2.84 所示。

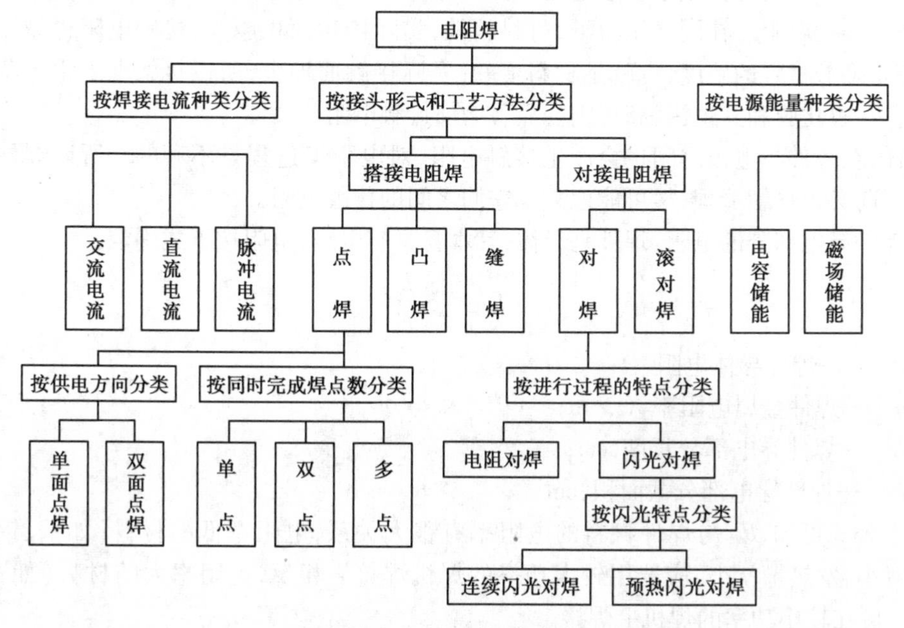

图 2.84　电阻焊分类

目前经常使用的电阻焊按工艺方法分类有点焊、缝焊和对焊 3 种基本方法。

2）电阻焊原理

将准备连接的工件置于两电极之间加压，并对焊接处通以较大电流，利用工件电阻产生的热量加热并形成局部熔化（或达塑性状态），断电后在压力继续作用下，形成牢固接头，这种焊接工艺过程就称为电阻焊。

（1）电阻焊特点

电阻焊与其他焊接方法相比，有两个最显著的特点：

①采用内部热源，利用电流通过焊接区的电阻产生的热量进行加热。

②必须施加压力，在压力的作用下，通电加热、冷却，形成接头。

（2）电阻焊间电阻构成

众所周知，当电流通过导体时，能使导体发热，其发热量由焦耳—楞次定律确定：

$$Q = 0.24I^2Rt$$

式中　Q——所产生的热量，J；

I——焊接电流，A；

R——焊接区的电阻，Ω；

t——通电时间，s。

电阻焊时，R 为焊接区的电阻，它是由工件间的接触电阻和焊件导电部分的电阻之和。

①接触电阻：一个经过任何加工，甚至磨削加工的焊件，在显微镜下其表面仍然是凹凸不平的。因此，当两个焊件互相压紧时，不可能沿整个平面相接触，而只是在个别凸出点上相接触，如图 2.85 所示。如果在两个焊件间通上电流，则电流只能沿这些实际接触点通过，这样使电流通过的截面积显著减少，从而形成了接触电阻。

接触电阻的大小与电极压力、材料性质、焊件的表面状况及温度有关。任何能够增大实际接触面积的因素，都会减小接触电阻。对同种材料而言，加大电极压力，即会增加实际接触面积，减小接触电阻。在同样压力下，材料越软，实际接触面积越大，接触电阻也越小。增加温度，等于降低材料的硬度，也就是材料变软，实际接触面加大，所以接触电阻也下降。当焊件表面存在氧化膜和其他污物时，则会显著增加接触电阻。

同样，在焊件与电极之间也会产生接触电阻，对电阻焊过程是不利的。所以焊件和电极表面在焊前必须仔细清理，尽可能地减少它们之间的接触电阻。

②焊件导电部分的电阻：焊件是导体，其本身具有电阻，电阻按下式确定：

$$R_{件} = \rho \frac{L}{F}$$

式中　$R_{件}$——焊件导体电阻，Ω；

ρ——焊件金属电阻率，Ω · m；

L——焊件导电部分长度，cm；

F——焊件导电部分截面积，cm^2。

由上公式可知，$R_{件}$与焊件材料的电阻率有很大关系，电阻率低的材料（如铜、铝及其合金）$R_{件}$就小，发热量就小，应选用较大功率的焊机焊接。相反，电阻率大的材料（如不锈钢）$R_{件}$就大，可在较小功率的焊机上焊接。

(3)下面介绍几种常用的电阻焊方法

①点焊。点焊时,将焊件搭接装配后,压紧在两圆柱形电极间,并通以很大的电流,如图2.86所示。利用两焊件接触电阻较大,产生大量热量,迅速将焊件接触处加热到熔化状态,形成似透镜状的液态熔池(焊核),当液态金属达到一定数量后断电,在压力的作用下,冷却、凝固形成焊点。

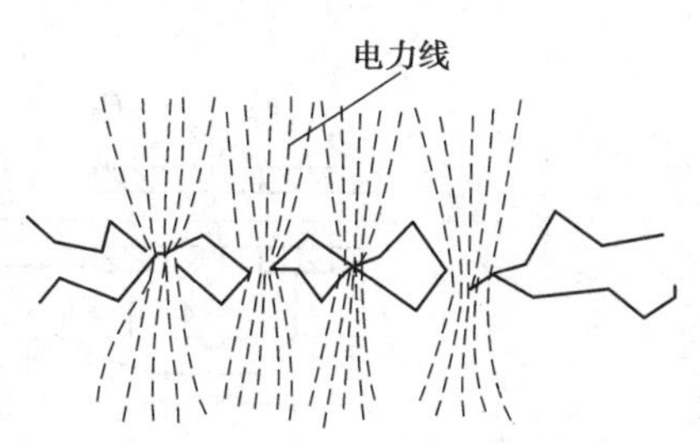

图2.85　电流通过焊件间接触点的情况

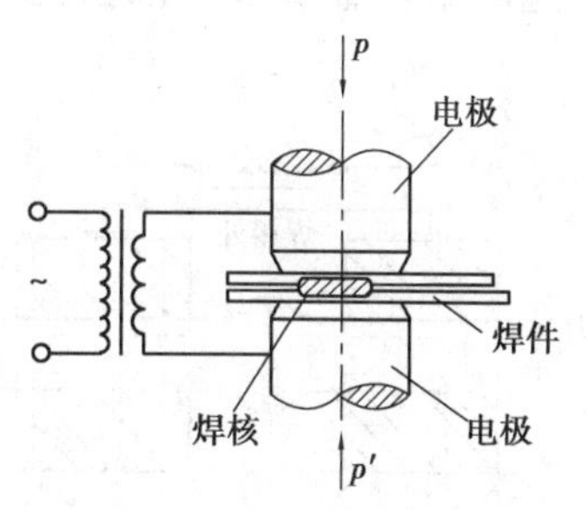

图2.86　点焊示意图

点焊主要用于带蒙皮的骨架结构(如汽车驾驶室,客车厢体,飞机翼尖、翼肋等)、铁丝网布和钢筋交叉点等的焊接。

点焊时,按对工件供电的方向,点焊可分为单面点焊和双面点焊。按一次形成的焊点数,点焊又可分为单点、双点和多点点焊。

②缝焊。缝焊与点焊相似,也是搭接形式。在缝焊时,以旋转的滚盘代替点焊时的圆柱形电极。焊件在旋转滚盘的带动下向前移动,电流断续或连续地由滚盘流过焊件时,即形成缝焊焊缝,如图2.87所示。因此,缝焊的焊缝实质上是由许多彼此相重叠的焊点所组成,如图2.88所示。

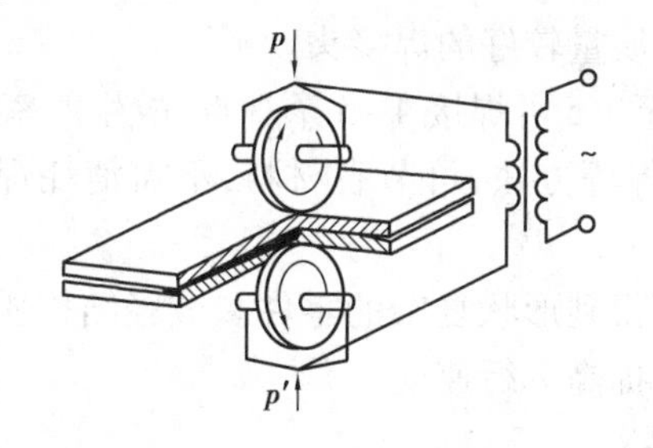

图2.87　缝焊示意图

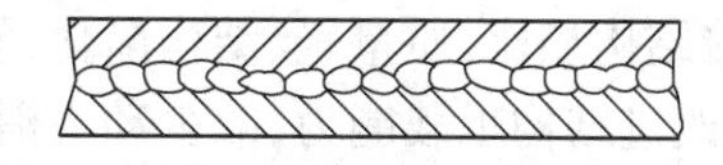

图2.88　缝焊的焊缝剖面

缝焊主要用于要求气密性的薄壁容器,如汽车油箱等。由于它的焊点重叠,故分流很大,因此焊件不能太厚,一般不超过2 mm。

③对焊。对焊是电阻焊的另一大类,在造船、汽车及一般机械工业中占有重要位置,如船用锚链、汽车曲轴、飞机上操纵用拉杆、建筑业用的钢筋等焊接中均有应用。

对焊件均为对接接头,按加压和通电方式分为电阻对焊和闪光对焊。

a.电阻对焊——将焊件置于钳口(即电极)中夹紧,并使两端面压紧,然后通电加热,当零件端面及附近金属加热到一定温度(塑性状态)时,突然增大压力进行顶锻,使两个零件在固态下形成牢固的对接接头,如图2.89所示。

电阻对焊的接头较光滑,无毛刺,在管道、拉杆以及小链环焊接中采用。由于对接面易受空气侵袭而形成夹杂物,使接头冲击性能降低,所以受力要求高的焊件应在氩、氦等保护气氛中进行电阻对焊。

b.闪光对焊是对焊的主要形式，在生产中应用十分广泛。闪光对焊时，将焊件置于钳口中夹紧后，先接通电源，然后移动可动夹头，使焊件缓慢靠拢接触，因端面个别点的接触而形成火花，加热到一定程度（端面有熔化层，并沿长度有一定塑性区）后，突然加速送进焊件，并进行顶锻。这时熔化金属被全部挤出结合面，而靠大量塑性变形形成牢固接头，如图 2.90 所示。

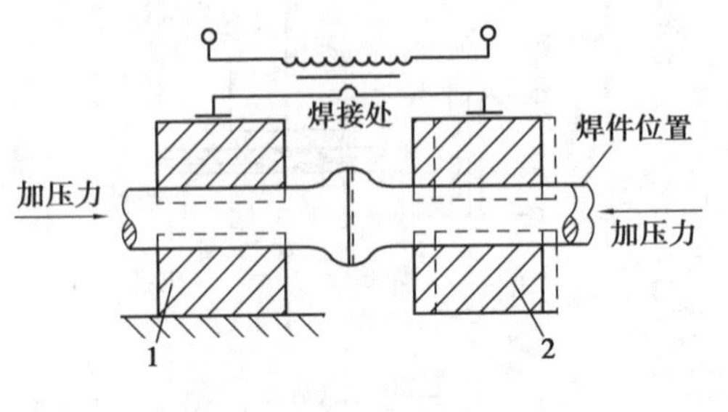

图 2.89　电阻对焊原理图

1—固定电极；2—移动电极

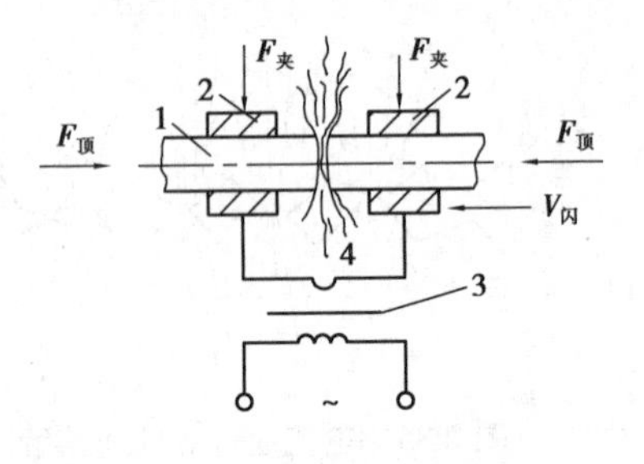

图 2.90　闪光对焊原理图

1—焊件；2—夹头；3—电源变压器；4—火花

用这种方法所焊得的接头因加热区窄，端面加热均匀，接头质量较高，生产率也高，故常用于重要的受力对接件，如涡轮轴、锅炉管道等。

2.电阻焊特点及应用范围

1）电阻焊特点

（1）电阻焊和其他方法相比的优点

①因是内部热源，热量集中，加热时间短，在焊点形成过程中始终被塑性环包围，故电阻焊冶金过程简单，热影响区小，变形小，易于获得质量较好的焊接头。

②电阻焊焊接速度快，特别对点焊来说，甚至 1 s 可焊接 4~5 个焊点，故生产率高。

③除消耗电能外，电阻焊不同于电弧焊、气焊等方法，可节省材料，不需消耗焊条、氧气、乙炔、焊剂等，因此成本较低。

④与铆接结构相比，质量轻、结构简化，易于得到形状复杂的零件。减轻结构质量不但节省金属，还能改进结构承载能力，减少动力消耗，提高运行速度。

⑤操作简便、易于实现机械化、自动化。

⑥改善劳动条件，电阻焊所产生的烟尘、有害气体少。

⑦表面质量好，易于保证气密。采用点焊或缝焊装配，可获得较好的表面质量，避免金属表面的损伤。

（2）不足之处

①由于焊接在短时间内完成，需要用大电流及高电极压力，因此焊机容量要大，其价格比一般弧焊机贵数倍至数十倍。

②电阻焊机大多工作固定，不如焊条电弧焊等灵活、方便。

③焊件的尺寸、形状、厚度受到设备的限制。

④目前尚缺少简单而又可靠的无损检验方法。

2）应用范围

电阻焊是压焊的一种，是焊接领域中主要的焊接方法之一。在航空、造船、汽车、锅炉、地铁车辆、建筑行业、自行车、量具、刃具、无线电器件等工业部门中都得到广泛应用。例如，飞机上有一百多万个焊点；某些高速铝制地铁车辆每台约一万个焊点；粗大管道一次可对焊 18 000 mm^2；而细小的微电子元件焊接处却只有几个微米；一辆轿车至少有 5 000 个焊点，缝焊长达 40 m 以上。此外，汽车车身、厢体、轮圈大都采用了电阻焊自动生产线；先进的汽车自动生产线上还大量地使用了用于电阻焊的机械手、机器人。船舶的大型锚链对焊也已自动化。建筑业的钢筋大量地使用闪光对焊，有气密性要求的焊件（如油箱、火焰筒等）大量采用缝焊。总之，随着电阻焊技术的不断发展，电阻焊将得到越来越广泛的应用。

2.4.2　电阻焊设备

1.电阻焊机分类及组成

1）点焊机的分类和组成

（1）点焊机的分类

点焊机可按下列方式进行分类：

①按电源性质分有工频点焊机（50 Hz 的交流电源）、脉冲点焊机（交流脉冲点焊机、直流脉冲点焊机、电容储能点焊机）以及变频点焊机（高频点焊机、低频点焊机）等。

②按加压机构的传动装置分有脚踏式、电动凸轮式、气压传动式、液压传动式以及气压—液压传动式等点焊机。

③按电极的运动形式分有垂直行程和圆弧引程等点焊机。

④按焊点数目分有单点式和多点式等点焊机。

⑤按安装方式分有固定式、移动式或悬挂式等点焊机。

（2）点焊机的组成

固定式点焊机的结构如图 2.91 所示。它是由机座、加压机构、焊接回路、电极、传动机构和开关及调节装置所构成。其中主要部分是加压机构、焊接回路和控制装置。

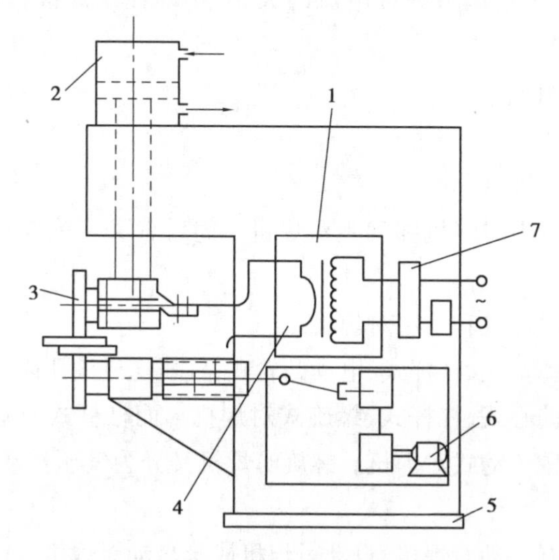

图 2.91　点焊机结构示意图

1—电源；2—加压机构；3—电极；
4—焊接回路；5—机座；6—传动与减速机构；7—开关与调节装置

①加压机构——电阻焊在焊接中须要对工件进行加压，所以加压机构是点焊机中的重要组成部分。为了保证焊接质量，加压机构应力求满足下列要求：加压机构刚性要好，不致在加压中因机臂刚性不足而发生挠曲，或因导柱失去稳定而引起上下电极错位；加压、消压动作灵活、轻便、迅速；加压机构应有良好的工艺性，适应焊件工艺特性的要求；焊接开始时，能快速地将预压力全部压上，而焊接过程中压力应稳定，焊件厚度变化时，压力波动要小。

因各种产品要求不同，点焊机上有多种形式的加压机构。小型薄零件多用弹簧、杠杆式加压机构；无气源车间，则用电动机、凸轮加压机构；而更多地采用气压式和气、液压式加压机构。

②焊接回路——焊接回路是指除焊件之外参与焊接电流导通的全部零件所组成的导电通路。它是由变压器、电极夹、电极、机臂、导电盖板、母线和导电铜排等所组成，如图 2.92 所示。

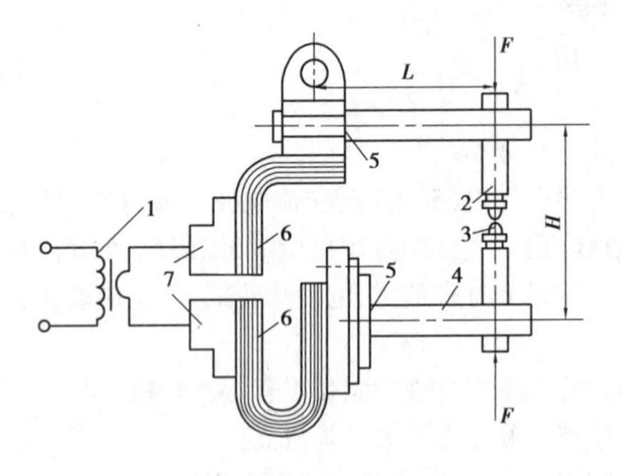

图 2.92　焊接回路

1—变压器；2—电极夹；3—电极；4—机臂；5—导电盖板；6—母线；7—导电铜排

③控制装置——控制装置是由开关和同步控制两部分组成。在点焊中开关的作用是电流的通断，同步控制的作用是调节焊接电流的大小，精确控制焊接程序，当网路电压有波动时，能自动进行补偿等。

2）对焊机的分类和组成

（1）对焊机的分类

对焊机可按以下特征进行分类。

①按工艺方法分有电阻对焊机和闪光对焊机。而后者又可为连续闪光对焊机和预热闪光对焊机。

②按用途分有通用对焊机和专用对焊机。

③按送进机构分有弹簧式、杠杆式、电动凸轮式、气压送进液压阻尼式和液压式对焊机。

④按夹紧机构分有偏心式、杠杆式、螺旋式对焊机。而杠杆式对焊机和螺旋式对焊机又可分为手动对焊机和机械传动式对焊机。螺旋对焊机又分为气压传动式、液压传动式和电动机传动式对焊机。

⑤按自动化程度分有手动对焊机、自动对焊机或半自动对焊机。

（2）对焊机的组成

对焊机的结构如图 2.93 所示。它是由机架、导轨、固定夹具和动夹具、送进机构、夹紧机构、支点(顶座)、变压器、控制系统几部分组成。

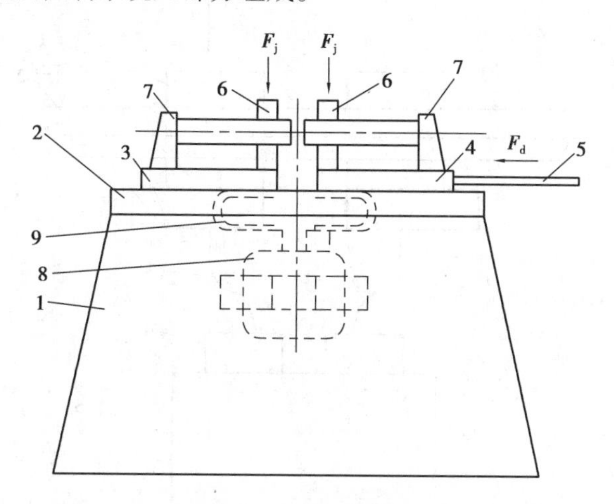

图 2.93　对焊机示意图

1—机架;2—导轨;3—固定座板;4—动板;5—送进机构;

6—夹紧机构;7—顶座;8—变压器;9—软导线

①机架和导轨。机架上紧固着对焊机的全部基本部件。上面装有夹头和送进机构,下面装有变压器。机架通常用型钢和钢板焊制而成。焊接时,机架承受着巨大的顶锻力,因而机架应有很大的刚性。

导轨用来保证动板可靠的移动,以便送进焊件。顶锻时,顶锻反作用力通过导轨传递到机座上。因此,要求导轨具有足够的刚性、精度和耐磨性。

②送进机构。送进机构的作用是使焊件同动夹具一起移动,并保证有所需的顶锻力。送进机构应满足以下要求:保证动板按所要求的移动直线工作;当预热时,能往返移动,提供必要的顶锻力;能均匀地运动而没有冲击和振动。

上述要求可通过不同结构形式来保证,目前常用的送进机构有手动杠杆式,多用于 100 kW 以下的中小功率焊机中;弹簧式送进机构,多用于压力小 750~1 000 N 的电阻对焊机上;电动凸轮式送进机构,多用于中、大功率自动对焊机上。

③夹紧机构。夹紧机构由两个夹具构成,一个是固定的,称为固定夹具;另一个是可移动的,称为动夹具。固定夹具直接安装在机架上,与焊接变压器二次线圈的一端相接,但在电气上与机架绝缘;动夹具安装在动板上,可随动板左右移动,在电气上与焊接变压器二次线圈的另一端相连。

夹紧机构的作用是:使焊件准确定位,紧固焊件,以传递水平方向的顶锻力,给焊件传送焊接电流。夹具可采用无顶座和有顶座两个系统,后者可承受较大的顶锻力。而夹紧力的作用主要是保证电极与焊件的良好接触。

目前常用的夹具结构形式有:手动偏心轮夹紧、手动螺旋夹紧、气压式夹紧、气—液压式夹紧和液压式夹紧。

④对焊机的焊接回路一般包括电极、导电平板、二次软线及变压器二次线圈几部分组成,如图 2.94 所示。

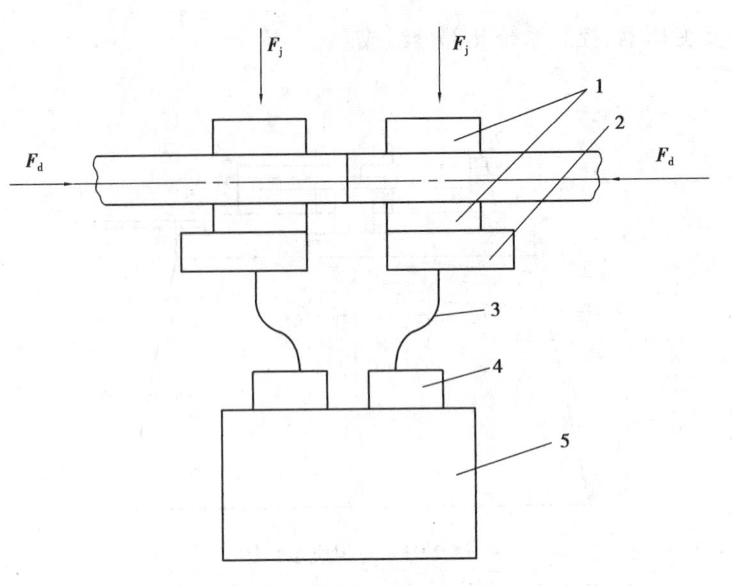

图 2.94　对焊机的焊接回路

1—电极;2—动板;3—二次软导线;4—二次线圈;5—电源

2.电阻焊电源

1)电阻焊电源变压器的特点

由于电阻焊工艺的特殊要求,电阻焊用电源变压器与常用变压器和弧焊变压器有所不同,它具有如下特点:

(1)电流大、电压低

电阻焊是用电阻热作为热源,由于焊件和焊机的电阻都很小(一般小于 100 μΩ),因而必须有足够大的电源才能获得应有的热量。常用焊接电流为 2~40 kA,铝合金构件点焊和钢轨对焊中可用到更大的电流(150~200 kA)。因焊件和焊接回路电阻均在微欧数量级范围内,故变压器二次侧电压不高,固定式焊机通常在 10 V 以内,悬挂式焊机因焊接回路长、范围宽,二次侧电压可达 24 V 左右。由于电阻焊要求焊接电流大、电压低,电阻焊用变压器二次绕组仅采用 1 匝(悬挂式或长机臂焊机采用 2 匝),故电阻焊机焊接回路导体尺寸比较大,并要求强制冷却。

(2)功率大、可调节

因焊件电阻小,焊接电流大,故电阻焊变压器容量皆大于 50 kW,大功率焊机变压器达 1 200 kW。焊接不同焊件时,因材料物理性能、断面尺寸等不同,因而要求功率也不同。由于变压器二次绕组仅 1 匝或 2 匝,因此只能改变变压器一次绕组匝数,以改变焊接功率。一般将一次绕组分组,按功率大小分成 4、8、16、20 级等不同功率级数,倒数第二级为额定功率级,而最后一级留作网压不足时补偿之用。

(3)工作不连续、无空载运行

一般情况下,电阻焊变压器的开关置于一次绕组与电源线之间,将一次绕组接入网路前,焊件已被压紧在电极之中,焊接回路已闭合。电源一旦接通,变压器便在负载状态下运行,故一般无空载状态(闪光对焊例外)。焊接时,焊件装卸、夹紧、焊接位置移动和焊接循环的顶压、锻压、休止等程序,一般都不需要接通电源。因此,电阻焊变压器通电时间多是断续的。在工作间断时,变压器得以冷却,因而在功率相同情况下,可减少变压器尺寸。

2）电阻焊变压器的功率调节

电阻焊变压器通常采用改变一次绕组匝数来获得不同的二次电压（二次绕组如有 2 匝，也可用改变二次匝数作为辅助调节）。如果焊接回路阻抗不变，略去一些损失不计，改变一次绕组匝数 N_1，则使二次电压 U_2 变化，从而改变了焊接电流 I_2，即

$$\frac{U_1}{U_2} \approx \frac{N_1}{N_2} = K$$

式中　U_1—— 一次绕组电压，V；

U_{20}——二次绕组空载电压，V；

N_1—— 一次绕组匝数；

N_2——二次绕组匝数；

K——变压比。

由于二次绕组匝数 $N_2=1$，故次级空载电压

$$U_{20} \approx \frac{U_1}{N_1}$$

即

$$I_2 \approx \frac{U_{20}}{Z}$$

式中　Z——阻抗，Ω。

小功率电阻焊变压器分级调节方法，如图 2.95 所示。当接线由 1 级变至 2~6 级时，因所用匝数不同，故焊机功率变化，即焊接电流变化。

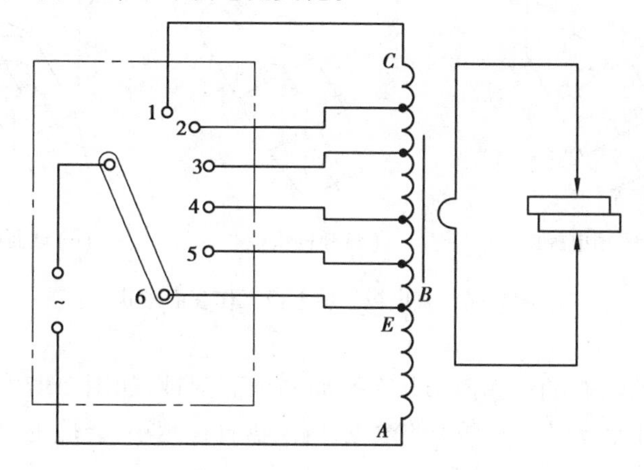

图 2.95　变压器分级调节原理

3.电极

电极用于导电与加压，并决定主要散热量，所以电极材料、形状、工作端面尺寸和冷却条件对焊接质量及生产率都有很大影响。

1）电极材料

电极工作条件复杂，其寿命与焊接质量首先由材料决定。电极材料应满足下列要求：

①在高温与常温下都有合适的导电、导热性。

②有足够的高温强度和硬度。

③常温与高温下具有高的抗氧化能力，并且与焊件材料形成合金倾向小。

④加工制造方便，价格便宜。

不同焊件材料与结构，对电极材料性能要求并不一致。对合金钢，特别是高温合金要求电极材料的主要性能是热强度稳定性；对轻合金则是导电性、导热性，突出了不同情况下的主要要求，以作为选择电极材料的依据。

电极材料主要是加入 Cr、Cd、Be、Al、Zn、Mg 等合金元素的铜合金来加工制作的。

2）电极形式

（1）点焊电极

点焊电极的工作表面可以加工成平面、弧形或球形，如图 2.96 所示。平面电极常用于结构钢的焊接，这种电极制造和修锉容易，但安装时必须保证两平面的平行度，否则易产生内部或外部飞溅。采用球面电极点焊时，即使电极轴线有较小倾角也不会出现上述情况。使用球面电极，焊点表面压坑浅，散热也好，所以焊接轻合金和厚度大于 2~3 mm 的焊件时，都采用球面电极。此外球面电极强度较高，球面电极的球面半径一般在 40~100 mm 内。

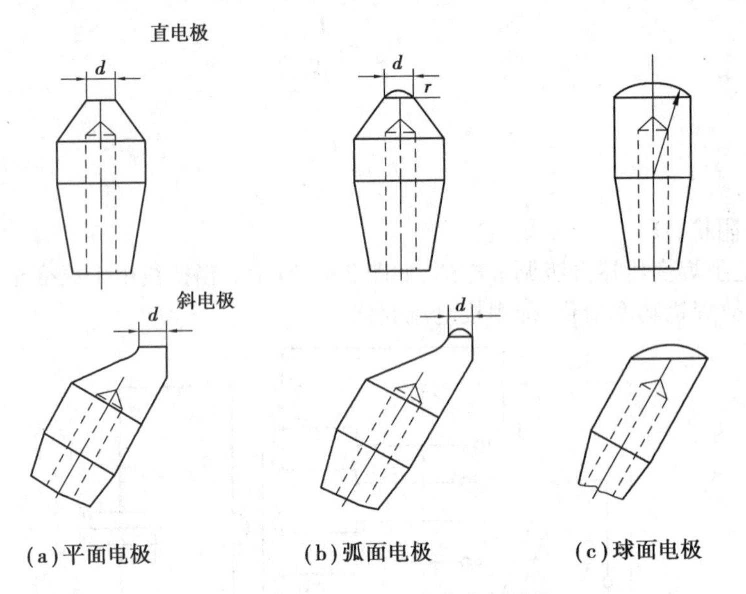

图 2.96　直电极和斜电极工作表面形状

（2）缝焊电极

缝焊电极也称滚盘，它的工作面形状有平面和球面两种，如图 2.97 所示。滚盘直径通常在 300 mm 以内，尽可能选用较大直径的滚盘，因滚盘直径越小，磨损越快。

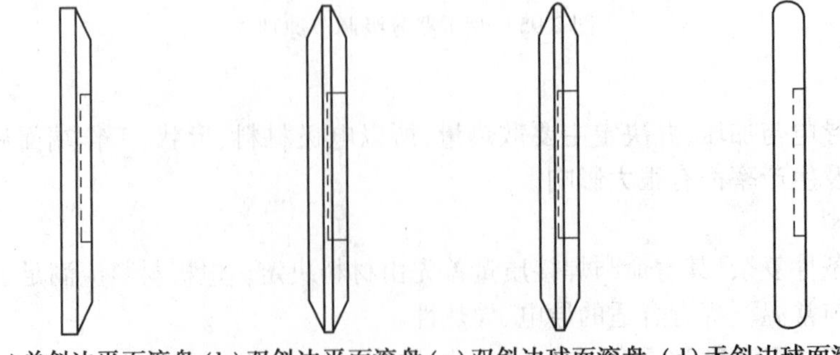

图 2.97　滚盘形状

(3)对焊电极

要根据不同的焊件尺寸来选择电极形状,生产中常用的对焊电极形状如图2.98所示。

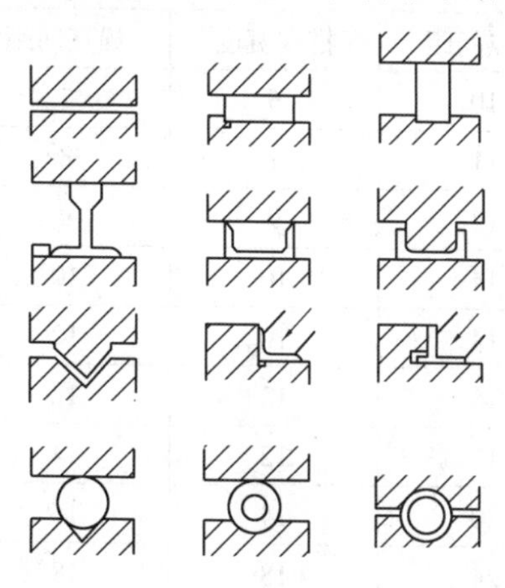

图2.98　电极形状

3)电极的清理与修整

焊接过程中,电极会被氧化、污染和产生变形,给焊接质量带来重大影响,因此对电极工作表面必须经常进行清理和修整。

电极工作表面的氧化物、污物和不大的磨损,可用带有橡皮垫的平板,外面包上金刚砂布来清理。电极清理周期视电极材料、焊件材料及电源性质而定。当点焊铝合金或电真空器件时,电极稍有氧化和污染就需立即清除。否则,会使电极上的铜黏附到焊件上而使铝合金焊件的耐腐蚀性降低或影响电真空器件的性能,采用交流电源的电极比直流电源的电极更易被污染。电极磨损与变形较大时,可采用锉刀修整,当电极产生更大的磨损和变形时,应更换新电极。

2.4.3　电阻焊工艺

1.点焊工艺

1)点焊的一般要求

(1)点焊的搭接宽度及焊点间距要求

点焊时对搭接宽度要求是以满足焊点强度为前提的。厚度不同的材料,所需焊点直径也不同,即薄板,焊点直径小;厚板,焊点直径大。因此,不同厚度的材料搭接宽度就不同,一般规定见表2.35。焊点间距是为避免点焊产生的分流而影响焊点质量所规定数值,见表2.35。

(2)防止熔核偏移

熔核偏移是不等厚度、不同材料点焊时,熔核不对称于交界面而向厚板或导电、导热性差的一边偏移。其结果造成导电、导热性好的工件焊透率小。

①熔核偏移的两种类型分别为不等厚度材料的点焊和不同材料的点焊。

a.不等厚度材料的点焊:为防止熔核偏移造成焊点强度大大下降,一般规定工件厚度比不应超过1:3。

表 2.35　点焊搭接宽度及焊点间距最小值　　单位:mm

材料厚度	结构钢		不锈钢		铝合金	
	搭接宽度	焊点间距	搭接宽度	焊点间距	搭接宽度	焊点间距
0.3 +0.3	6	10	6	7		
0.5 +0.5	8	11	7	8	12	15
0.8 +0.8	9	12	9	9	12	15
1.0 +1.0	12	14	10	10	14	15
1.2 +1.2	12	14	10	12	14	15
1.5 +1.5	14	15	12	12	18	20
2.0 +2.0	18	17	12	14	20	25
2.5 +2.5	18	20	14	16	24	25
3.0 +3.0	20	24	18	18	26	30
4.0 +4.0	22	26	20	22	30	35

b.不同材料的点焊:由于材料不同而存在热传导系数不同,要采取措施防止熔核向导热差的一边偏移,才可进行点焊。

②防止熔核偏移的原则和方法。防止熔核偏移的原则是:增加薄板或导电、导热好的工件的产热,还要加强厚板或导电、导热差的工件的散热。常用的方法有:

a.采用强规范,加大工件间接触电阻产热的影响,降低电极散热的影响,例如用电容储能焊。

b.采用不同接触表面直径的电极在薄件或导热、导电好的工件一侧,采用较小直径的电极,以增加该面的电流密度,同时减小其电极的散热影响。

c.采用不同的电极材料在薄件或导电好的材料一面选用导热差的铜合金,以减少这一侧的热损失。

d.采用工艺垫片在薄件或导电、导热好的工件一侧,垫一块由导电、导热差的金属制成的垫片(厚度 0.2~0.3 mm)以减少这一侧的散热。

(3)焊件的表面要求

点焊工件的表面必须清理,去除表面的油污、氧化膜。冷轧钢板的工件,表面无锈,只需要去油;对铝及铝合金等金属表面,必须用机械或化学清理方法去除氧化膜,并且必须在清理后规定的时间内进行焊接。

(4)点焊顺序

为防止焊接变形必须进行定位焊,并安排好正确的焊接顺序。

(5)对点焊质量要求高的构件进行定位

要选用有精确控制(如恒流控制)的点焊机,并在点焊前、焊接过程中、焊接结束时分别做足焊试验试片,及时检验点焊质量。

(6)表面有镀层的零件的点焊

由于镀层金属其物理化学性能不同于零件金属本身的性能,必须根据镀层性能选择点焊设备、电极材料和焊接工艺参数,尽量减少镀层的破坏。

2)点焊工艺参数

点焊工艺参数包括焊接电流(I)、焊接时间(t)、电极压力(P)、电极端部直径(d 极)等。不同材料的点焊工艺参数见表 2.36 所示。

2.闪光对焊工艺

1)闪光对焊的过程

闪光对焊是对焊的主要形式,在生产中应用广泛。它的过程主要由闪光(加热)和随后的顶锻两个阶段组成。

表 2.36　低碳钢、不锈钢、铝合金点焊工艺参数

参数 板厚/mm	低碳钢					不锈钢					铝合金				
	$d_{极}$/mm	P/kN	t/周波	$d_{核}$/mm	I/kA	$d_{极}$/mm	P/kN	t/周波	$d_{核}$/mm	I/kA	$d_{极}$/mm	P/kN	t/周波	$d_{核}$/mm	I/kA
0.3	3.2	0.75	8	3.6	4.5	3.0	0.8~1.2	2~3		3~4					
0.5	4.8	0.90	9	4.0	5.0	4.0	1.5~2.0	3~4		3.5~4.5					
0.8	4.8	1.25	13	4.8	6.5	5.0	2.4~3.6	5~7		5~6.5	5	2.0~2.5	2.0		25~28
1.0	6.4	1.50	17	5.4	7.2	5.0	3.6~4.2	6~8		5.8~6.5	100	2.5~3.6	2.0		29~32
1.2	6.4	1.75	19	5.8	7.7	6.0	4.0~4.5	7~9		6.0~7.0					
1.5	6.4	2.40	25	6.7	9.0	6~6.5	5.0~5.6	9~12		6.5~8.0	50	3.5~4.0	3.0		35~40
2	8.0	3.00	30	7.6	10.3	7.0	7.5~8.5	11~13		8~10	00	4.5~5.0	5.0		45~50
	8.0	3.50	40	8.5	11.5	7.5~8.0	8.5~10	12~16		8~11	00	6.0~6.5	5~7		49~55
	9.5	5.00	50	9.9	12.9	9~10	10~12	13~17		11~13	00	8	6~9		57~60

(1)闪光阶段

在焊件两端面接触时,许多小触点通过大的电流密度而熔化形成液体金属过梁。在高温下,过梁不断爆破,由于蒸气压力和电磁力的作用,液态金属微粒不断从接口中喷射出来,形成火花束流——闪光。闪光过程中,工件端面被加热,温度升高,闪光过程结束前,必须使工件整个端面形成一层液态金属层,使一定深度的金属达到塑性变形温度。

由于闪光的结果,接口间隙中气体介质的含氧量减少,氧化力降低,可以提高接头质量。

(2)顶锻阶段

闪光阶段结束时,立即对工件施加足够的顶锻压力,过梁爆破被停止,进入顶锻阶段。在压力作用下,接头表面液态金属和氧化物被清除,使洁净的塑性金属紧密接触,并产生塑性变形,促进再结晶进行,形成共同晶粒,获得牢固、优质接头。

2)闪光工艺参数对接头质量的影响

闪光对焊的工艺参数包括伸出长度、闪光电流、闪光留量、闪光速度、顶锻留量、顶锻速度、顶锻压力、顶锻电流、夹钳夹持力等。

(1)伸出长度 l_o

l_o 影响沿工件轴向的温度分布和接头的塑性变形。l_o 数值确定按如下公式选择:

棒材和厚壁管材　　$l_o = (0.7 \sim 1)d$(d 为直径)

薄板　　$l_o = (4 \sim 5)\delta$($\delta = 1 \sim 4$ mm)

(2)闪光电流 I_f 和顶锻电流 I_u

闪光电流 I_f 取决于工件的断面面积和闪光所需要的电流密度 j_f(j_f 大小又与被焊金属的物理性能、闪光速度及工件断面的加热状态有关)。

在闪光过程中,随着 v_f 的逐渐提高和接触电阻 R_t 的逐渐减小,j_f 将增大,顶锻时 R_e 迅速消失,电流将急剧增加到顶锻电流 I_u。

(3)闪光留量 δ_f

选择闪光留量应满足在闪光结束时,整个工件断面有一层熔化金属层,同时在一定深度上达到塑性变形温度。δ_f 过小,影响接头质量;δ_f 过大,浪费金属,降低生产率。

(4)闪光速度 v_f

有足够的闪光速度才能保证闪光的强烈和稳定。v_f 过大,使加热区窄,增加塑性变形困难,而且此时需要的焊接电流增加,增加爆破后的火口深度,会降低接头质量。选择 v_f 要考虑下列因素:

①含易氧化元素多的或导电性好的材料,v_f 应较大。

②预热,所选 v_f 较大。

③顶锻前有强烈闪光,v_f 应较大。

(5)顶锻留量 δ_u

δ_u 影响液态金属排除和塑性变形大小。δ_u 包括有电流顶锻留量和无电流顶锻留量,有电流顶锻留量约为无电流顶锻留量的0.6~1倍。δ_u 的大小也影响接头质量。

(6)顶锻速度 v_u

v_u 影响液态金属排除及塑性金属变形的难易,要求 v_u 越快越好。对导热性好的材料需要很高的顶锻速度,对于碳钢顶锻速度一般为60~80 mm/s。

(7)顶锻压力 F_u

F_u 的大小应保证能挤出接口内的液态金属,并在接头处产生一定的塑性变形。F_u 的大小用顶锻压强来表示,其大小取决于金属性能、温度分布特点、顶锻留量和顶锻速度、工件断面形状因素等。导热性好的金属,需要大的顶锻压强(150~400 MPa)。

(8)夹钳的夹持力 F_c

F_c 的大小必须保证在顶锻时不打滑,通常 $F_c = (1.5 \sim 4.0)F_u$。

2.4.4　电阻焊操作技术

1.薄板点焊

薄板点焊时容易造成烧穿或未焊透、压痕深、焊件变形等问题,使接头质量的下降或不稳定。因此,点焊过程的操作要采取如下措施:

①焊前焊件表面必须清理,清理时最好用化学方法清理,以免机械清理造成表面划伤。清理过的工件距点焊时的时间有一定的限制。

②优选焊接规范参数,根据材料厚度和结构形式进行点焊试片试验,确定最佳参数。

③修磨、调整电极端头,修磨好电极端头直径,尽量使表面光滑;调整好上下电极的位置,保证电极端头平面平行,轴线对中。

④零件较大时应有定位焊工装,保证焊点位置准确,防止变形。

⑤确定正确的点焊顺序,点焊时要将工件放平。焊接顺序的安排要使焊点交叉分布,将可能产生的变形均匀分布,避免变形积累。

⑥随时观察焊点表面状态,及时修理电极端头,防止工件表面粘住电极或烧伤。

⑦对于工件表面要求无压痕或压痕很小时,则使表面要求高的一面放于下电极上,尽可能加大下电极表面直径,或选用在平板定位焊机上进行焊接。

⑧焊前和焊接过程中及焊接结束前,应分阶段进行点焊试层检验。

⑨焊接工作结束后,关闭焊接电源开关,关闭气路和冷却水。

2.钢筋对接焊

1)闪光对焊

(1)焊前准备

①焊前对接头处进行处理,清除端部的油污、锈蚀;弯曲的端头不能装夹,必须切掉。

②选择好参数,表2.37供参考选择。

表2.37　闪光对焊工艺参数

钢直径/mm	顶锻压力/MPa	伸出长度/mm	烧化留量/mm	顶锻留量/mm	烧化时间/s
5	60	9	3	1	1.5
6	60	11	3.5	1.3	1.9
8	60	13	4	1.5	2.25
10	60	17	5	2	3.25
12	60	22	6.5	2.5	4.25
14	70	24	7	2.8	5.00
16	70	28	8	3	6.75
18	70	30	9	3.3	7.5
20	70	34	10	3.6	9.0
25	80	42	12.5	4.0	13.00
30	80	50	15	4.6	20.00
40	80	66	20	6.0	45

(2)对焊操作

①按焊件的形状调整钳口,使两钳口中心线对准。

②调整好钳口距离。

③调整行程螺钉。

④将钢筋放在两钳口上,并将两个夹头夹紧、压实。

⑤手握手柄将两钢筋接头端面顶紧并通电,利用电阻热对接头部位预热,加热至塑性状态后,拉开钢筋,使两接头中间有 1~2 mm 的空隙。焊接过程进入闪光阶段,火花飞溅喷出,排出接头间的杂质,露出新的金属表面。此时,迅速将钢筋端头顶紧,并断电继续加压,但不能造成接头错位、弯曲。加压使接头处形成焊包,焊包的最大凸出量高于母材 2 mm 左右为宜。

⑥结束后卸下钢筋,过程完成。

2)钢筋气压焊

用氧-乙炔火焰把钢筋端头加热至 1 200~1 300 ℃,同时加以适当压力使其形成牢固接头的方法称为气压焊。

(1)焊前准备

①切削钢筋截面,使之与钢筋轴线垂直。

②用角向磨光机打磨端面,露出崭新、光洁的金属端面。

③用酒精或丙酮去除端面污物。

(2)焊接操作

①将被焊钢筋装夹在焊接夹具上。

②用多嘴环管加热器对接头部位进行预热加热。火焰为碳化焰,以防接合面氧化。

③初期加压,由加压器施加 30~40 MPa 压力直到端面闭合。

④调节火焰为中性焰,沿钢筋轴向在 2 D 范围内宽幅加热,使接头达 1 200~1 300 ℃。

⑤施加 30~40 MPa 压力至焊接结束。

⑥当接合部墩粗直径为 1.4 D 以上且长度为 1.2 D 时,焊接结束。应保证钢筋偏心、折曲不超差及无其他缺陷。

3)钢筋电渣压力焊

(1)焊前准备

①将焊接夹具的下夹头紧固于焊接用下钢筋端部的适当位置,使钢筋端面略低于焊剂桶高度的一半处。

②将上钢筋放于焊接夹具的上夹头钳口内。调整动夹头的起始点,留出约 15 mm 的行程用以引弧,然后夹紧钢筋。

③调整上、下钢筋焊接端头同轴线,适当拧紧调节螺钉。

④将 5~10 mm 高的铁丝球放进上下钢筋接缝中并夹住,用石棉布堵严焊剂桶缝隙,在焊剂桶内均匀放满焊剂。

⑤按表 2.38 调整好各焊接参数。

(2)焊接操作

按下监控器(在操作手把上)的“启动”按钮,引燃电弧,焊接进入电弧过程。保持监控器上电压指示值在 45 V 左右,使电弧稳定燃烧。当电压偏低时则上提钢筋;当电压偏高时,则下送钢筋,上提和下送速度要适当。待听到第一次蜂鸣报时响声(四短声)时,缓缓送上钢筋,电弧熄灭,进入电渣压力焊过程。此时,要保持监控器电压指示在25 V左右。当听到第二次蜂鸣报时响声(一长声)时,按下“停止”按钮,同时快速扳动手把杠杆,加力顶压挤出熔渣和熔池金属形成焊包,焊接结束。

表2.38　钢筋电渣压力焊荐用工艺参数

钢筋直径/mm	焊接电流/A	焊接电压/V		焊接时间/s	
		电弧过程	电渣过程	电弧过程	电渣过程
16	200~250	45	25	14	4
18	250~300	45	25	16	5
20	300~350	45	25	17	5
22	350~400	45	25	18	6
25	400~450	45	25	21	6
28	450~550	45	25	24	6
32	550~650	45	25	27	7
36	650~750	45	25	30	8
40	750~900	45	25	33	9

3.安全操作规程

1)电阻焊安全操作规程

①焊机安装必须牢固可靠,其周围15 m内应无易燃易爆物品,并备有专用消防器材。

②焊机安装应高出地面20~30 cm,周围应有专用排水沟。

③焊机安装、拆卸、检修均由电工负责,焊工不得随意接线。

④焊机必须可靠接地。

⑤检修控制箱时必须切断电源。

⑥焊机操作要同是一个人,脚踏开关必须有安全防护。

⑦操作焊工必须戴防护眼镜,穿防护服和绝缘鞋。

⑧操作场所应通风。

2)钢筋电渣压力焊操作规程

①操作钢筋电渣压力焊的焊工必须经过培训并获得操作证才可上岗。

②施焊场所不应有易燃易爆物品。

③焊机应有良好的接地保护。

④焊工应戴绝缘手套、穿绝缘鞋和工作服。

⑤电源进线,开关接线、电焊机、控制器接线处不应裸露,一次线必须绝缘良好。

⑥设备应装过电流保护装置。

⑦严禁电缆处于短路状态。

⑧雨天停止施焊;潮湿场所施焊要加强防护。

⑨施焊完成后应拉闸断电,设备防雨、防水。

⑩出现故障应立即切断电源,通知有关人员进行修理。

任务 2.5 等离子弧焊与切割

相关知识

2.5.1 等离子弧的产生及特点

等离子弧焊接与切割是现代科学领域中的一项新技术,它是利用高温(15 000~30 000 ℃)的等离子弧来进行焊接与切割的工艺方法。它不仅能焊接与切割常用方法所能加工的材料,而且还能切割和焊接一般工艺方法难于加工的材料。因而它是一种有发展前途的先进工艺。

1.等离子弧的产生原理

1)等离子体

等离子体是一种特殊的物质,现代物理学中把它列于物质三态(固态、液态、气态)之后,称为物质第四态。在电弧的产生中提到气体的电离问题,即气体在获得足够能量的时候,便会使中性的气体分子或原子电离成带正电的离子和带负电的电子,较充分电离的气体就是等离子体。由于等离子体具有较好的导电能力,极高的温度和导热性,能量又高度集中,因而对于熔化一些难熔的金属和非金属非常有利。

普通焊接电弧的弧柱中心实际上就是等离子体,而等离子弧焊接与切割所使用的等离子体是经过“压缩”的电弧。电弧经过压缩,弧柱横截面缩小,电流密度增大,电离程度提高,故等离子体又称为“压缩电弧”或通常所称的等离子弧。

2)等离子弧的产生

以前所说的电弧,由于未受到外界的约束,故称为自由电弧。在电弧区内的气体是未被充分电离的,能量不能高度集中。为了提高弧柱的温度,可以增大电弧电流和电压,但是由于弧柱直径与电弧电流和电压成正比,因而弧柱中的电流密度近乎等于常数,其温度也就被限制在 5 000~6 000 ℃。如果对自由电弧的弧柱进行强迫“压缩”,就能获得导电截面收缩比较小而能量更加集中的电弧—等离子弧。这种强迫压缩的作用,称为“压缩效应”。使弧柱产生“压缩效应”有如下 3 种形式:

①机械压缩效应如图 2.99(a)所示,在钨极 1(负极)和工件 3(正极)之间加上一个较高电压,通过激发使气体电离形成电弧 2。此时,若弧柱通过具有特殊孔型 4 的喷嘴,并同时送入一定压力的工作气体时,使弧柱强迫通过细孔道。弧柱便受到了机械压缩,弧柱截面积缩小,这就称为机械压缩效应。

②热收缩效应,当电弧通过水冷却的喷嘴,同时又受到外部不断送来的高速冷却气流(如氮气、氩气等)的冷却作用,使弧柱外围受到强烈冷却。其外围电离度大大减弱,电弧电流只能从弧柱中心通过,即导电截面进一步缩小,这时电流密度急剧增加,这种作用称为热收缩效应,如图 2.99(b)所示。

③磁收缩效应:带电粒子在弧柱内的运动,可看成是电流在一束平行的“导线”内移动。由于这些“导线”自身的磁场所产生的电磁力使这些“导线”相互吸引,因此产生磁收缩效应。

由于前述两种收缩效应使电弧中心的电流密度已经很高，使得磁收缩效应明显增强，从而使电弧更进一步受到压缩，如图2.99(c)所示。

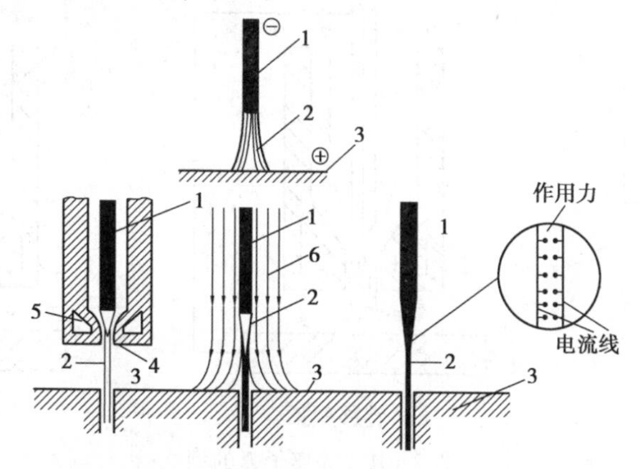

(a)机械压缩效应　(b)热收缩效应　(c)磁收缩效应

图2.99　等离子弧的压缩效应

1—钨极；2—电弧；3—工件；4—喷嘴；5—冷却水；6—冷却气流

在以上3种效应的共同作用下，弧柱被压缩到很细的范围内，弧柱内的气体得到了高度的电离，温度也达到了极高的程度，使电弧成为稳定的等离子弧。

等离子弧的产生，在生产中是通过如图2.100所示的发生装置来实现的。即先通过高频振荡器8激发气体电离形成电弧，然后在上述压缩效应的作用下，形成等离子弧弧焰6。

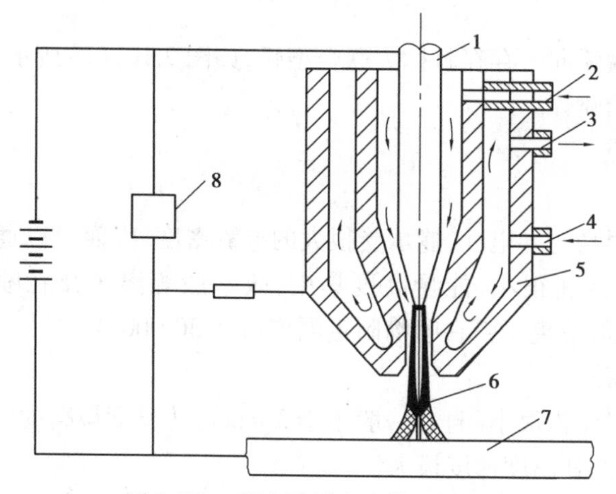

图2.100　等离子弧发生装置原理图

1—钨极；2—进气管；3—出水管；4—进水管；5—喷嘴；6—弧焰；7—工件；8—高频振荡器

2.等离子弧的分类及特点

1)等离子弧的类型

根据电源电极的不同接法和等离子弧产生的形式不同，等离子弧可分为3种形式，如图2.101所示。

(1)非转移型弧

非转移型弧是钨极接负极，喷嘴接正极。等离子弧产生在钨极和喷嘴之间，然后由喷嘴喷出，如图2.101(a)所示。它依靠从喷嘴喷出的等离子焰流来加热熔化工件。但加热能量和温度较低,故不宜用于较厚材料的切割,主要用于非金属材料的切割。

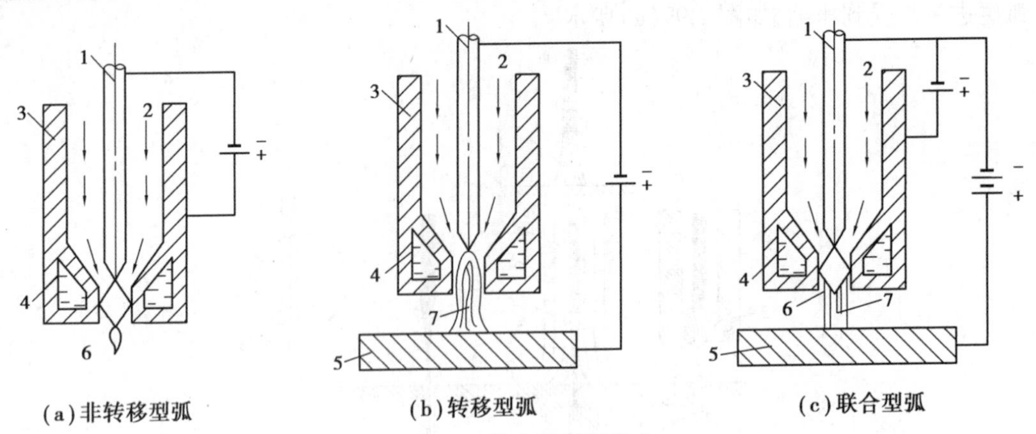

图 2.101　等离子弧的型式

1—钨极;2—等离子气;3—喷嘴;4—冷却水;5—焊件;6—非转移弧;7—转移弧

(2)转移型弧

当钨极接负极,工件接正极,等离子弧产生在钨极和工件之间称转移型弧,如图 2.101(b)所示。这种接法通常需先在电极和喷嘴间引燃电弧,然后再转移形成,所以叫转移型等离子弧。转移后,电极与喷嘴间的电弧就熄灭。由于阳极斑点直接落在工件上,工件热量很高,所以可用作切割、焊接和堆焊的热源,尤其在中厚板以上的金属材料切割时,均采用此种等离子弧。

(3)联合型弧

转移型和非转移型弧同时存在就称为联合型弧,如图 2.101(c)所示。主要用于微束等离子焊接和粉末等离子的喷焊。

2)等离子弧的特点

(1)能量高度集中

由于等离子弧有很高的导电性,能承受很大的电流密度,因而可以通过极大的电流,故具有极高的温度;又因其截面很小,能量高度集中,故一般等离子弧在喷嘴出口中心温度达 20 000 ℃,而用于切割的等离子弧在喷嘴附近温度可达 30 000 ℃。

(2)极大的温度梯度

由于等离子弧横截面积很小(直径一般小于 3 mm),从温度最高的中心到温度低的边沿,温度变化非常大,所以说其温度梯度极大。

(3)具有很强的吹力

等离子发生装置内通入的常温压缩气体,由于受到电弧的高温而膨胀,使气体压力增高,通过喷嘴细孔的气体流速甚至可超过声速,故等离子体具有较强的冲刷力。

(4)良好的电弧稳定性

由于等离子弧电离程度很高,所以放电过程稳定,弧柱呈圆柱形,挺度好,使焊件受热面积几乎不变,当弧长变化时,电弧电压和焊接电流变化都很小。

3.等离子弧电源、电极及工作气体

1)等离子弧电源

等离子弧要求电源与一般电弧焊电源相同,具有陡降的外特性。但是,为了便于引弧,对一般等离子焊接、喷焊和堆焊来说，要求空载电压在80 V以上；对于等离子切割和喷涂，则要求空载电压在150 V以上，对自动切割或大厚度切割，甚至高达400 V。

目前等离子弧所采用的电源，绝大多数为具有陡降外特性的直流电源。这些电源有的就利用普通旋转直流电焊机，有的采用硅整流的直流电焊机。根据某种工艺或材料焊接的需要，有的则要求垂直下降外特性的直流电源（微束等离子焊接），有的则需要交流电源（等离子粉末喷焊、用微弧等离子焊接铝及铝合金）。

2）等离子弧电极材料

等离子弧所用的电极材料与钨极氩弧焊一样，应优先使用铈钨极。因为铈钨极没有放射性，其电子发射能力和抗烧损情况都比钍钨极好。它烧损后电极尖端仍能保持尖头，这对于维持长时间稳定的切割及保持电弧压缩效果，提高切割效率都是有利的。

3）等离子弧工作气体

常用的等离子弧的工作气体是氮、氩、氢以及它们的混合气体。

（1）氮气

因为氮气的成本很低，化学性能不十分活泼，使用时危险性小，所以，切割时应用最广的是氮气。切割大厚度时，常使用混合气体。氮气的纯度应不低于99.5%，若其中含氧或水气量较多时，会使钨极严重烧损。氮是双原子气体，分子分解时吸热较大，所以使用氮气时，要求电源具有较高的空载电压。

（2）氩气

氩气是惰性气体，在焊接化学性活泼的金属时是良好的保护气体。

（3）氢气

氢气作为等离子弧的工作气体，具有最大的热传递能力，在工作气体中混入氢，会明显地提高等离子弧的热功率。但氢是一种可燃气体，与空气混合后易燃烧或爆炸。故不能单独使用，而多与其他气体混入使用。

另外，在碳素钢和低合金钢切割中，也有使用压缩空气作为产生等离子弧介质的空气等离子弧切割。

2.5.2　等离子弧切割

1.等离子弧切割原理

1）等离子弧切割基本原理

等离子弧切割原理与氧-乙炔焰切割原理有本质上的不同。它主要是依靠高温高速的等离子弧及其焰流作热源，把被切割的材料局部熔化及蒸发，并同时用高速气流将已熔化的金属或非金属材料吹走，随着等离子弧割炬的移动而形成狭窄切口的一个过程。这与氧-乙炔焰主要依靠金属氧化和燃烧来实现切割的实质是完全不同的。因此，它可以切割用氧-乙炔焰所不能切割的所有材料。

在采用转移型弧切割金属的过程中，熔化金属的热源主要来自3个方面：切口上部的等离子弧柱中心的辐射能量；切口中间部分阳极斑点（工件接正极）的能量；切口下部的等离子焰流的热传导能量，如图2.102所示。其中，以阳极斑点的能量对切口的热作用最强烈。在切割过程中，电弧阳极斑点是沿着切割面剧烈地上下移动的，这个移动有跳跃式的特点，且常分布于切口断面中部。

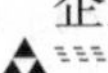

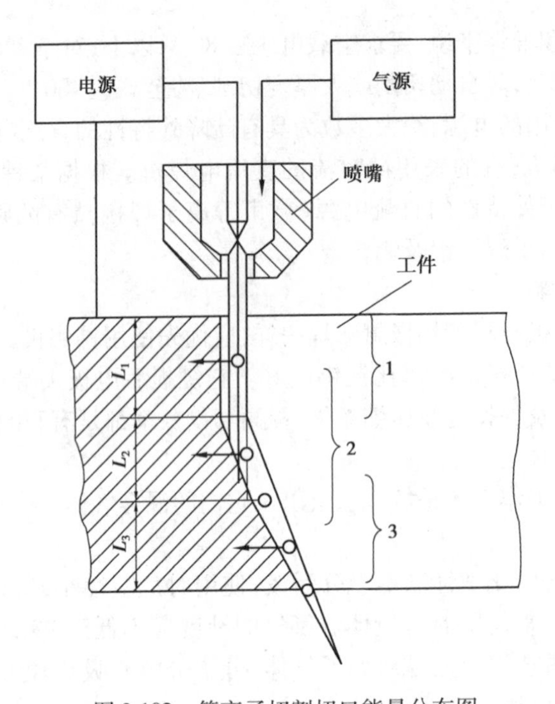

图 2.102　等离子切割切口能量分布图

L_1—弧切割区的长度；L_2—活性斑点切割区的长度；L_3—等离子火焰切割区的长度；

1—弧柱作用区；2—活性斑点作用区；3—等离子火焰作用区

切割金属用的等离子弧是转移型弧，能量集中，温度及热效率都很高，尽管由于在切口断面上、中、下各部分的温度分布是不太均匀的，但它作为一种切割金属的热源还是比较理想的。

2）等离子弧切割特点

（1）等离子弧切割的优点

由于等离子弧能量集中，温度高，具有很大的机械冲击力，并且电弧稳定，因而等离子弧切割具有以下优点：

①可以切割任何黑色和有色金属，等离子弧还可以切割各种高熔点金属及其他切割方法不能切割的金属，如不锈钢、耐热钢、钛、钼、钨、铸铁、铜、铝及其合金。切割不锈钢、铝等厚度可达 200 mm 以上。

②可切割各种非金属材料。采用非转移型电弧时，由于工件不接电，所以在这种情况下能切割各种非导电材料，如耐火砖、混凝土、花岗石、碳化硅等。

③切割速度快、生产率高。在目前采用的各种切割方法中，等离子切割的速度比较快，生产率也比较高。例如，切 10 mm 的铝板，速度可达 200~300 m/h；切 12 mm 厚的不锈钢，割速可达 100~130 m/h。

④切割质量高。等离子弧切割时，能得到比较狭窄、光洁、整齐、无粘渣、接近于垂直的切口，而且切口的变形和热影响区较小，其硬度变化也不大。

（2）不足之处

①设备比氧-乙炔切割复杂、投资较大。

②电源的空载电压较高，要注意安全。

③切割时产生的气体会影响人体健康,操作时应注意通风。

2.等离子切割设备

等离子弧切割设备包括电源、控制箱、水路系统、气路系统及割炬等几部分组成,其设备组成如图2.103所示。

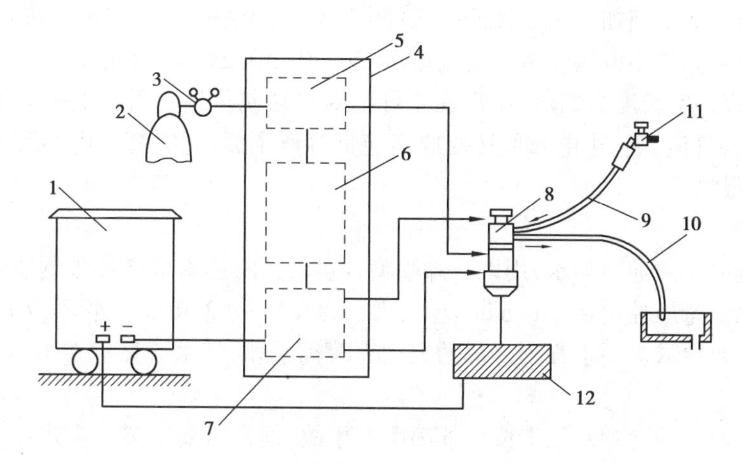

图2.103　等离子切割设备组成示意图

1—电源;2—气源;3—调压表;4—控制箱;5—气路控制;6—程序控制;7—高频发生器;
8—割炬;9—进水管;10—出水管;11—水源;12—工件

1)电源

等离子切割需要陡降外特性的直流电源,其电源的空载电压要高,一般在150~400 V,切割电源有专用的和串联直流弧焊机两种类型。

(1)专用的整流器型电源

专用的切割电源如ZXG2-400型弧焊整流器,其空载电压为300 V,额定电流400 A。LG-400-1型等离子切割机的电源就是选用这种类型的弧焊电源。

目前,国产等离子弧电源的品种日益增多。按额定电流分有100 A及100 A以下,250 A、400 A、500 A和1 000 A等类型。前两种主要用于空气等离子切割。其中100 A以下的也有晶体管逆变式的,还开发出了小电流等离子弧切割和焊条电弧焊两用逆变式电源。

(2)两台以上普通直流弧焊机串联

在没有专用等离子切割电源时,可以将两台以上的直流弧焊机或整流弧焊机串联起来使用,以获得较高的空载电压。一般当两台焊机串联时,切割厚度可达40~50 mm,3台焊机串联时,切割厚度可达80~100 mm。

直流弧焊机的串联运用比较简单,也不必要求是同一型号的焊机,只要都是陡降外特性,工作电流又在额定值范围内就可以。串联的方法:用电缆将前一台的"+"和后一台的"-"连接起来,最后剩下的一个"+"端和一个"-"端分别接到工件和割炬上。需要说明的是,当用AX1-500型直流弧焊机串联作等离子切割电源时,应调整到每台焊机空载电压相等,否则会造成某台直流弧焊机电压反向或为零而影响切割的进行。

2)控制箱

电气控制箱内主要包括程序控制接触器、高频振荡器、电磁气阀、水压开关等。

①程序控制的作用:较完善的控制箱应完成下列程序控制。

接通电源输入回路→通冷却水使水压开关动作，控制线路做好动作准备→接通小气流→接通高频振荡器→接通小电流回路（引弧）→接通切割电流回路，同时断开小电弧电流和高频电流→接通切割气流→停止切割时，全部控制线路复原。

②高频振荡器的作用：高频振荡器是用来引弧的。上述小气流是为了产生小电弧供电离气体的。在钨极与喷嘴间加上一个较低电压（图 2.100），当把高频加在钨极和喷嘴之间时，便引燃了电极和喷嘴间的小电弧。由于电流很小（20～50 A），故喷嘴不致烧毁。小电弧被小气流吹出喷嘴，形成一定长度的焰流，用来在工件上对准切割位置。当在电极与工件间通过大电流（同时接通大气流）后，小电弧便转变成高能量等离子弧，此时高频电路和小电弧电路全部断开，以免烧毁喷嘴。

3）水路系统

等离子切割时必须通冷却水，用以冷却喷嘴、电极，同时还附带冷却限制非转移型弧电流的水冷电阻。水流量应控制在 3 L/min 以上，水压为 0.15～0.2 MPa，水管不应太长，一般工厂的自来水可以满足要求。要求强烈冷却的大功率等离子弧，其水流量应在 10 L/min 以上，可用水泵供应。

为防止工作时未通冷却水而造成烧坏喷嘴的事故，通常需要安装一个水压开关。水压开关出水口孔径应小于进水口孔径，通水时靠进出的压力差将橡皮薄膜顶起，使常开触头接通。断水和水流不足时，触点断开，切割机不能启动或中断正在进行的切割过程。水压开关应装在水路系统的最后，并且位置不宜过低，以防出水胶管被踩踏、受压、受阻，或者高于水压开关的出水胶管中积水形成压力差，使水压开关误动作。

4）气路系统

气体的作用是作为等离子弧的介质压缩电弧，防止钨极氧化和形成隔热层，以保护喷嘴不被烧坏等。稳定地连续供应气体是保证稳定进行等离子切割的重要条件之一。所以必须保证气路系统畅通无阻。输出气体的管路不宜太长，气体工作压力一般调到0.35～0.5 MPa，流量计安装在各气阀的后面，使用的流量不要超过所用流量计刻度的一半，以免电磁气阀接通瞬间冲击损坏流量计。

5）割炬

割炬是产生等离子弧的装置，也是直接进行切割的工具。割炬分小车（自动）割炬和手动割炬。它们的结构相同，只是前者没手柄、操作开关和隔热挡板。图 2.104 所示为典型等离子切割设备，LG-400-1 型等离子弧切割机的手动割炬，它由割炬和手柄组成。

割炬由上、下枪体和喷嘴三部分组成，上枪体包括电极夹头、上冷却套、上螺母、小螺母、上出水管（电缆）等组成；下枪体由下冷却套、圆螺母、进水管等组成。工作气体是通过进气管进入下冷却套，沿枪体内壁切线方向，以螺旋方式由喷嘴喷出。松开上螺母，便可取出电极夹头和电极，小螺母用来夹紧电极，上下冷却套之间用绝缘柱分开。圆螺母用来紧固喷嘴。手柄上装有操作开关和挡板。

喷嘴是等离子弧割炬的核心部分。它的结构形式和几何尺寸对等离子弧的压缩和稳定起主要作用，直接关系到切割能力、切口质量和喷嘴寿命。喷嘴结构中的喷嘴孔直径、压缩孔道长及压缩角这三个尺寸对压缩效果和等离子弧的稳定是很关键的，要有一定的匹配。

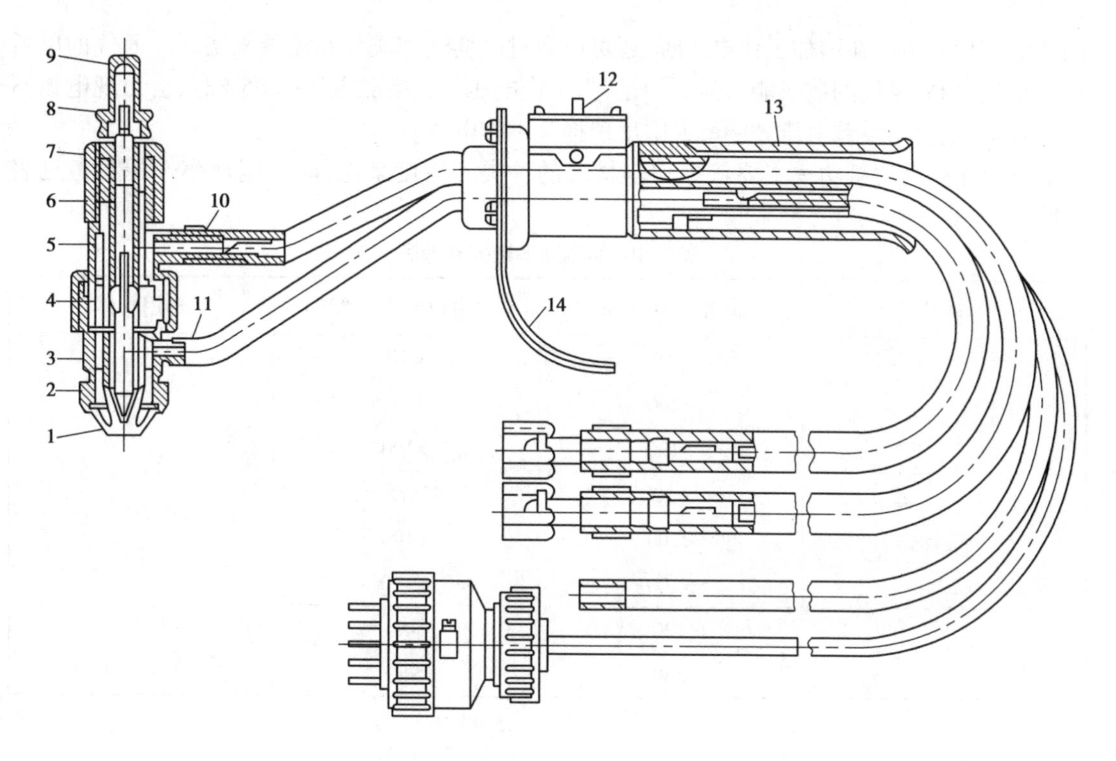

图2.104　等离子切割用的手动割炬

1—喷嘴；2—圆螺母；3—下冷却套；4—绝缘柱；5—上冷却套；6—电极夹头；7—上螺母；8—电极；9—小螺母；10—上出水管（电缆）；11—进水管；12—操作开关；13—手柄；14—挡板

3.等离子弧切割工艺

等离子弧切割的主要工艺参数为空载电压、切割电流和工作电压、气体流量、切割速度、喷嘴到工件距离、钨极端部到喷嘴的距离。

1）空载电压

为使等离子弧易于引燃和稳定燃烧，一般空载电压在150 V以上。切割厚度在20~80 mm时，空载电压须在200 V以上。若切割厚度更大时，空载电压可达300~400 V。由于空载电压较高，需特别注意操作安全。

2）切割电流和工作电压

切割电流和工作电压这两个参数决定等离子弧的功率。提高功率可以提高切割厚度和切割速度。但是，如果单纯增加电流，会使弧柱变粗、割缝变宽，喷嘴也容易烧坏。为防止喷嘴的严重烧损，对不同孔径的喷嘴有其相应的许用极限电流，喷嘴与相应的极限电流见表2.39。

表2.39　喷嘴与相应的极限电流

喷嘴孔直径/mm	2.4	2.8	3.0	3.2	3.5	>4.0
许用最大电流/A	200	250	300	340	360	>400

用增加等离子弧的工作电压来增加功率，往往比增加电流有更好的效果，这样不会降低

喷嘴的使用寿命。在增加工作电压时,还可以通过改变气体成分和流量来实现。氮气的电弧电压比氩气高,氢气的散热能力强。但是,当工作电压超过空载电压的65%时,会出现电弧不稳的现象,故提高空载电压才能最大限度地提高工作电压。

等离子弧的切割功率主要依据切割材料的种类和厚度来选择,切割功率选择参考见表2.40。

表 2.40　切割功率选择参考表

材料	切割厚度/mm	选用切割功率/kW	选用气体
铝	<50	<70	氮气
	<100	<80	
	>100	>100	
不锈钢	<50	<75	
	<100	<100	
	>100	>120	
铜	<20	>50	
	<30	>80	

3)气体流量和切割速度

气体流量和切割速度选择不当,会使切口和工件产生毛刺(或称粘渣、熔瘤),如图2.105所示。

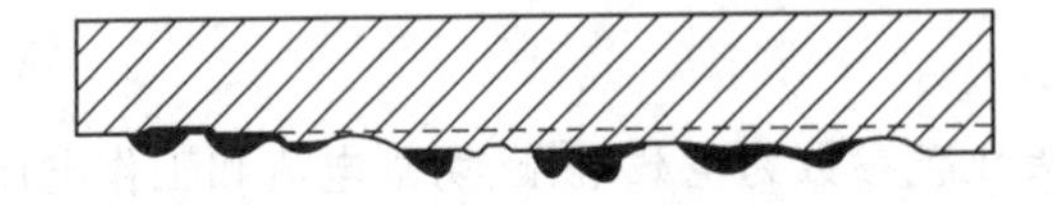

图 2.105　切口底部形成的毛刺

在切割不锈钢时,由于熔化金属流动性差,不易被气流吹掉。又因为不锈钢导热性差,切口底部容易过热,没有被吹掉的熔化金属与切口底部熔合在一起,从而形成不易剔除的非常坚韧的毛刺。毛刺的形成与等离子弧的功率大小有关,但主要与气体流量和切割速度有关。

①气体流量直接影响着切割质量,增加气体流量,总的来说,有利于提高生产率和切割质量。但是气体流量过大,反而会使切割能力减弱。这是因为:一方面高速气流带走了部分热量,另一方面也会造成电弧不稳,影响切割质量。一般切割 100 mm 以下的不锈钢,气体流量为 2 500~3 500 L/h;切割 100~250 mm 的不锈钢,气体流量为 3 000~8 000 L/h,引弧气流量为 400~800 L/h。

②在电弧功率不变的情况下,提高切割速度能提高生产率,并能使割缝变窄,热影响区缩小。合适的切割速度能消除割口背面的毛刺,但切割速度过大,使电弧吹力出现水平分量,使熔化金属沿切口底部向后流,形成毛刺,甚至造成割不透,如图 2.106 所示。但如果切割速度过低,造成切口下端过热甚至熔化,也会造成毛刺。若割件已被切透,又无粘渣,则表明切割速度是正常的。此时切口下部有适当的后拖是允许,表 2.41 列出了切割速度对切割质量的影响。

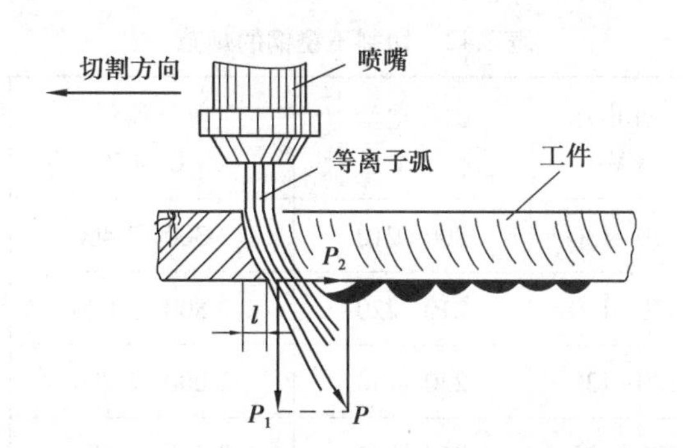

图 2.106　切割速度过大形成毛刺的原因

P—电弧吹力；P_1—电弧吹力的垂直分力；P_2—电弧吹力的水平分力；l—割缝的后拖量

表 2.41　切割速度对切割质量的影响

切割电流/A	工作电压/V	切割速度/($m \cdot h^{-1}$)	割缝宽度/mm	割缝表面质量
160	110	60	5.0	少渣
150	115	80	4.0~5.0	无渣
160	110	104	3.4~4.0	光洁无渣
160	110	110	—	有渣
160	110	115	—	割不透

4)喷嘴与工件的距离

合适的距离既能充分利用等离子弧功率，也有利于操作。一般不宜过大，否则切割速度下降，切口变宽。但距离过小，易引起喷嘴与工件短路。对于切割一般厚度的工件，距离以6~8 mm为宜。当切割厚度较大的工件时，距离可增大到10~15 mm。割炬与切割工件表面应垂直，有时为了有利于排除熔渣，割炬也可以保持一定的后倾角。

5)钨极端部与喷嘴的距离

钨极端部与喷嘴的距离 L_y 称为钨极内缩量，如图2.107所示。钨极内缩量是一个很重要的参数，它极大地影响着电弧压缩效果及电极的烧损。内缩量越大，电弧压缩效果越强。但内缩量太大时，电弧稳定性反而差。内缩量太小，不仅电弧压缩效果差，而且由于电极离喷嘴孔太近或者伸进喷孔，使喷嘴容易烧损，而不能连续稳定地工作。

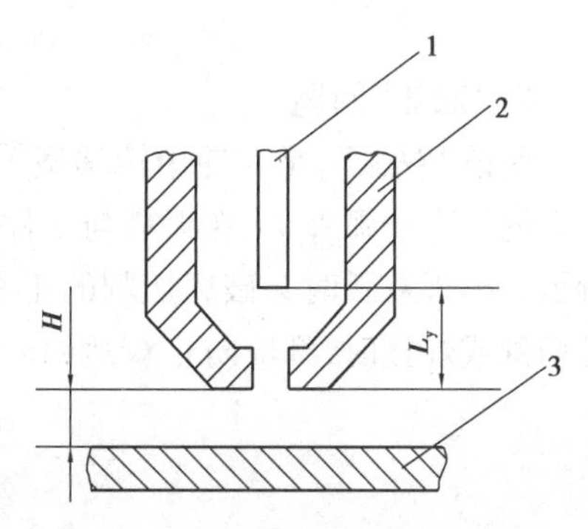

图 2.107　电极内缩量示意图

1—电极；2—喷嘴；3—工件

为提高切割效率，在不致产生“双弧”及影响电弧稳定性的前提下，尽量增大电极的内缩量，一般取8~11 mm为宜。

切割能力和切割质量是上述各参数综合影响的结果。各种材料的切割工艺参数见表2.42—表2.44。

表 2.42　切割不锈钢的规范

割件厚度 /mm	喷嘴孔径 /mm	工作电压 /V	工作电流 /A	氮气流量 /(L·h^{-1})	切割速度 /(m·h^{-1})	割缝宽度 /mm
12	2.8	120~130	200~210	2 300~2 400	130~157	4.2~5
16	2.8	120~130	210~220	2 800~3 000	85~95	4.5~5.5
20	2.8	120~130	230~240	2 600~2 700	70~80	4.5~5.5
25	3.0	125~135	260~280	2 500~2 700	45~55	5~6
30	3.0	125~135	260~280	2 500~2 700	35~40	5.5~6.5
40	3.2	140~145	320~340	2 500~2 700	28~35	6.5~8
45	3.2	145	320~340	2 400~2 500	20~25	6.5~8
100	4.5	140	380	(H_2 和 Ar 混合 35:65)3 000	4.5	—

表 2.43　切割铝和铝合金的规范

厚度 /mm	电焊机串联台数	喷嘴孔径 /mm	空载电压 /V	工作电流 /A	工作电压 /V	氮气流量 /(L·h^{-1})	切割速度 /(m·h^{-1})
12	3	2.8	215	250	125	4 400	>84
21	3	3.0	230	300	130	4 400	75~80
25	3	3.0	230	300	130	4 400	70
34	3	3.2	240	350	140	4 400	35
80	3	3.5	245	350	150	4 400	10

6)"双弧"问题

所谓"双弧",是在使用转移型等离子弧时出现的一种破坏电弧燃烧稳定性的现象。除已存在的等离子弧外,又在喷嘴与工件之间产生另一个电弧。这种现象称作"双弧",如图 2.108 所示。出现双弧时会破坏切割的正常进行,严重时会引起喷嘴的烧损。因此,无论是等离子弧切割或焊接时,都应防止双弧的产生。

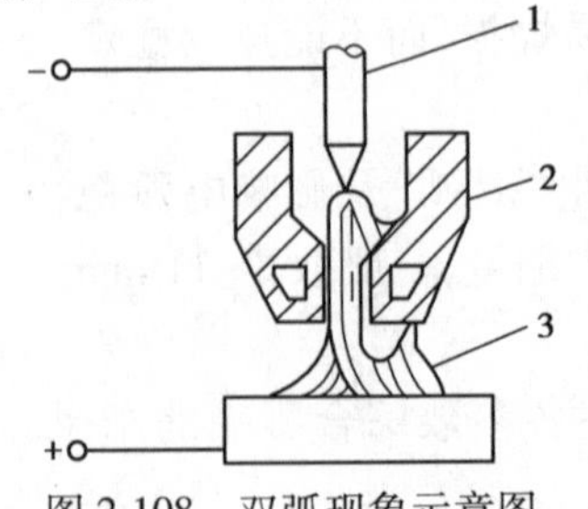

图 2.108　双弧现象示意图

1—电极;2—喷嘴;3—双弧

表2.44　其他各种材料切割规范

材料	割件厚度/mm	喷嘴孔径/mm	工作电压/V	工作电流/A	氮气流量/$(L\cdot h^{-1})$	切割速度/$(m\cdot h^{-1})$
紫铜	18	3.5	96	330	1 570	30
紫铜	38	3.5	106	364	1 570	11.3
铬钼钢	85	3.5	110	300	1 050	5
铸铁	130	4.5	160	355	(H2:Ar=15:85) 2 300	3.6
钼板	5	2.4	85	190	2 200	75
钨板	3	2.4	80	160	1 760	30

产生双弧的原因很多。例如,随着电流增加,弧柱直径增加而无适当气体流量与之配合、喷嘴孔径过小(有时因熔渣堵塞)、孔道长度过长、钨极与喷嘴不同心过大、喷嘴与工件距离过大或过小等,都是可能产生双弧的原因。

因此,为了防止双弧,除设计合理的喷嘴外,还应正确选择切割参数,尤其要保证电流、气流及切割速度匹配得当,同时选择合适的喷嘴到工件的距离。

4.等离子弧切割操作

1)等离子弧切割操作步骤

①割件放在工作台上,使接地线与割件接触良好,开启排尘装置。

②根据切割对象,调整好切割电流、工作电压,检查冷却水系统是否畅通和有否漏水。

③检查控制系统情况,接通控制电源,检查高频振荡器工作情况,调整电极与喷嘴的同心度。

④检查气体流通情况,并调节好气体的压力和流量。

⑤按启动引弧按钮,产生"小电弧",使之与割件接触。

⑥按切割按钮,产生大电弧(切割电弧),待切割件形成切口后,移动割炬,进行正常切割。

⑦切割终了,按停止按钮,切断电源。

2)等离子弧切割注意事项

非转移型等离子弧切割和氧-乙炔气体火焰切割在技术上比较相似,但转移型等离子弧切割由于需要和工件构成回路,工件是等离子弧存在不同缺少的一极。在操作中如果割炬与工件距离过大就要断弧,所以操作起来就不像气体火焰切割那样自由。同时,还由于割炬结构较大,使切割时可见性差,也会给操作带来一定的困难。因此,进行手工等离子弧切割操作时,要注意以下几个问题:

(1)起切方法

切割前,应把切割工件表面的起切点清理好,使其导电良好。切割时应从工件边缘开始,待工件边缘切穿后再移动割炬。若不允许从板的边缘起切,则应根据板的厚度,在板上钻出直径为8~15mm的小孔作为起切点,以防止由于等离子弧的强大吹力,使熔渣四下飞溅,造成熔渣堵塞喷嘴孔或堆积在喷嘴端面上形成"双弧",烧坏喷嘴,使切割难以进行。

(2)切割速度

如前所述,切割速度过大或过小都不能获得质量满意的切口,速度过大会造成切不透。

即使勉强切透,但后拖量太大,也容易造成翻浆而损坏喷嘴。速度过小,势必无谓消耗能量,降低生产率,甚至还会因工件已经切割,阳极斑点向前远离,把电弧柱拉得过长而熄灭,使切割过程中断。掌握好切割速度使其均匀合适是十分重要的。

在起切时,要适时掌握好割炬的移动速度。起切时,工件是冷的,割炬应停留一段时间,使切割件充分预热,待切穿后才能开始移动割炬。但停留时间过长,会使切口过宽。待电弧已稳定燃烧且工件已切透时,割炬应立即向前移动。

(3)喷嘴到工件距离

在整个切割过程中,喷嘴到工件的距离应保持恒定,距离的波动会像切割速度掌握不匀一样,使切口不平整。

(4)割炬角度

等离子弧切割时,通常把割炬置于与工件表面垂直的状态下进行。如果所使用的割炬功率较大,而又是切割直线时,为提高切割效率和质量,可将割炬在切口所在平面内向切割的反向倾斜 0°~45°。切割薄板时,此后倾角可大些。采用大功率切割厚板时,后倾角不能太大。

3)大厚度切割特点

生产中已能用等离子弧切割 100~200 mm 厚的不锈钢,为保证大厚度板切割质量,必须注意以下工艺特点:

①随着切割厚度的增加,所需的功率也要增大、切割 80 mm 以上板材,一般在 50~100 kW。为了减少喷嘴与钨极的烧损,在相同功率时,以提高等离子弧的工作电压为宜。

②随着切割厚度的增加,等离子弧的阳极斑点在切口上跳动的范围加大。一方面使电弧的平均电压增加,另一方面也使电弧不稳定,为此要求采用具有较高空载电压的电源。

③由于切割功率增加,在由小电弧转为切割弧时,电流突变往往会引起电弧中断和喷嘴烧坏的现象。为此可采用电流递增转弧或分级转弧的办法。一般可在切割回路中串入限流电阻(约 0.4 Ω),以降低转弧时的电流值,然后再将电阻短路掉,使之转入正常的切割电流。

④为适应大功率切割的要求,喷嘴孔径和钨极直径都要相应增大。

⑤应具有较大吹力,调节气体流量及改换气体成分,使等离子弧的白亮部分拉长且挺直有力。

⑥切割开始时要有预热,收尾时要等工件完全切透时才能断弧。因此,切割开始与收尾时,割炬要有适当停留时间。预热(用小电流)时间取决于金属的厚度和性质。例如,厚度为 200 mm 的不锈钢,需预热 8~20 s;厚度为 50 mm 时,减少到 2.5~3.5 s。

大厚度工件切割工艺参数见表 2.45。

表 2.45 大厚度材料切割规范表

材料	厚度/mm	空载电压/V	工作电压/V	工作电流/A	功率/kW	切割速度/($m \cdot h^{-1}$)	气体流量				喷嘴直径/mm
							氮/($L \cdot h^{-1}$)	氢/($L \cdot h^{-1}$)	氮/%	氢/%	
铸铁	100	240	160	400	64	13.2	3 170	960	77	23	5
	120	320	170	500	85	10.9	3 170	960	77	23	5.5
	140	320	180	500	90	8.56	3 170	960	77	23	5.5
不锈钢	110	320	165	500	82.5	12.5	3 170	960	77	23	5.5
	130	320	175	500	87.5	9.75	3 170	960	77	23	5.5
	150	320	190	440~480	91	6.55	3 170	960	77	23	5.5

4）等离子弧切割常出现的故障、产生原因及改善措施

等离子弧切割操作时常出现的故障、产生原因及改善措施见表 2.46。

表 2.46　等离子切割常见故障、产生原因及改善措施

故障	产生原因	改善措施
产生“双弧”	电极对中不良	调整电极和喷嘴孔的同心度
	割炬气室的压缩角太小或压缩孔道太长	改进割炬结构尺寸
	喷嘴水冷差	加大冷却水流量
	切割时等离子焰流上翻或是熔渣飞溅至喷嘴	改变割炬角度或先在工件上钻好切割孔
	钨极的内缩量较长，气体流量太小	减小钨极内缩量，增大气体流量
	喷嘴离工件太近	把割炬稍加抬高
小弧引不起来	高频振荡器放电间隙不够	调整高频振荡器放电间隙
	钨极内缩过大或与喷嘴短路	调整钨极内缩量
	未接通引弧气流	检查引弧气流回路
断弧（主要指由小弧转为切割电弧时）	割炬抬得过高（转移型）	适当压低割炬
	工件表面污垢或导线与工件接触不良	切割前把工件表面清理干净或用小弧烧一遍待切的区域、导线与工件接触要良好
	喷嘴压缩孔道太长或喷嘴孔径太小	改变喷嘴的结构尺寸
	气体流量太大	减小气体流量
	钨极内缩量太长	把钨极适当下调
	电源空载电压低	提高电源空载电压或增加电动机串联台数
钨极烧损严重	钨极材料不合适	应采用铈钨极
	气体纯度不够	改用高纯度气体或设法提纯
	电流密度太大	增加钨极直径或减小电流
	气体流量太小	适当加大气体流量
	钨极头部磨得太尖	钨极头部角度增大些
喷嘴使用寿命短	钨极与喷嘴的同心度不良	切割前调好钨极与喷嘴同心度
	气体纯度不高	改用纯度高的气体
	切割电流一定时，喷嘴孔径小或压缩孔道长	改用大一些的喷嘴孔径或适当减小压缩孔道长度
	喷嘴冷却不良	设法加强冷却水对喷嘴的冷却，若喷嘴壁厚，可适当减薄

续表

故障	产生原因	改善措施
喷嘴急速烧坏	主要因产生“双弧”而烧坏	出现“双弧”时,应立即切断电源,然后找出产生“双弧”的原因加以克服
	气体严重不纯,钨极成段烧断致使喷嘴与钨极短路	换用纯度高的气体或增加提纯装置
	操作不慎、喷嘴与工件短路	防止喷嘴与工件短路
	忘记通水或工作时突然断水,转弧时气体流量没有加大或突然停气	最好采用水压开关和电磁气阀,气路最好采用硬橡胶管
切口熔瘤	等离子弧功率不够	适当加大功率
	气体流量过大或过小	把气体流量调节合适
	切割速度过小	适当提高切割速度
	电极偏心或割炬在割缝两侧有倾角时,易在切口一侧造成焊瘤	调整电极同心度,割炬应保持在割缝所在平面内
	切割薄板时在窄边易出现烧瘤	加强窄边的散热
切口太宽	电流太大	适当减小电流
	气体流量不够,电弧压缩不好	适当增加气体流量
	喷嘴孔径太大	适当减小喷嘴孔径
	喷嘴至工件的距离过大	把割炬压低些
切口面不光洁	工件表面有油锈、污垢	切割前把工件清理干净
	气体流量过小	适当加大气体流量
	切割速度和割炬高度不均匀	熟练操作技术
切不透	等离子弧功率不够	增大功率
	切割速度太快	降低切割速度
	气体流量太大	适当减小气体流量
	喷嘴与工件距离太大	把喷嘴压低

5.等离子弧切割安全操作规程

进行等离子弧切割时,应注意下列几个方面的安全问题:

①等离子弧切割时,等离子弧的紫外线辐射强度比一般电弧强烈得多,对人的眼睛及皮肤都有伤害作用,所以焊工必须更好地保护眼睛和皮肤。

②等离子弧切割时,会产生大量的金属蒸气及有害气体。这些蒸气和气体吸入体内会引起不良反应。因此,凡较长期使用等离子弧的工作场地,必须设置强迫抽风或设水工作台。

③等离子弧切割工作电压较高,所用电源空载电压更高。操作时,必须注意安全用电,电源一定要接地,割炬的手把绝缘要可靠。最好将工作台与地面绝缘起来,使用水工作台时,由于操作场地潮湿,更要加倍注意防护。

④等离子弧割炬应保持电极与喷嘴同心,要求供气供水系统密封不漏。为保证工作气体和保护气体供给充足,应设有气体流量调节装置。

⑤尽量采用铈钨极而不采用钍钨极。

⑥切割大量形状规则的工件时,应尽量采用机械自动化操作,焊工可远距离控制,以利于全面防止弧光、噪声、金属粉尘及有害气体对人体的危害。

2.5.3　等离子弧焊接

1.等离子弧焊接原理及特点

1)等离子弧焊接的基本原理

等离子弧焊接是利用特殊结构的等离子弧焊炬所产生的高温等离子弧,并在保护气体的保护下,熔化金属的一种焊接方法。

它所采用的工作气体分为离子气和保护气,如图2.109(a)所示,一般是纯氩或加入少量氢气。等离子弧焊接的功率一般不大于15 kW(等离子弧切割的功率最大可达200 kW)。离子气流远比切割要小,其电弧柔软。

根据不同原理,等离子弧焊接可分为以下3种。

(1)穿透型等离子弧焊接

穿透型等离子弧焊接也称等离子弧穿孔(小孔)焊接。它是采用转移型弧,由于压缩程度较强的等离子弧能量集中,等离子气流喷出速度较大,故穿透力很强,图2.109(a)是这种弧的示意图。

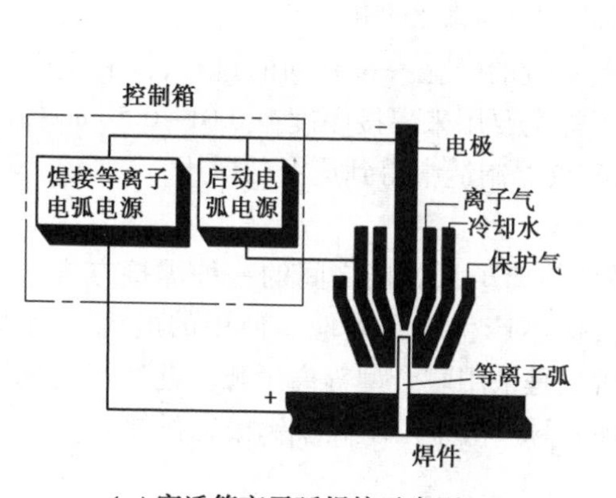

(a)穿透等离子弧焊接示意图

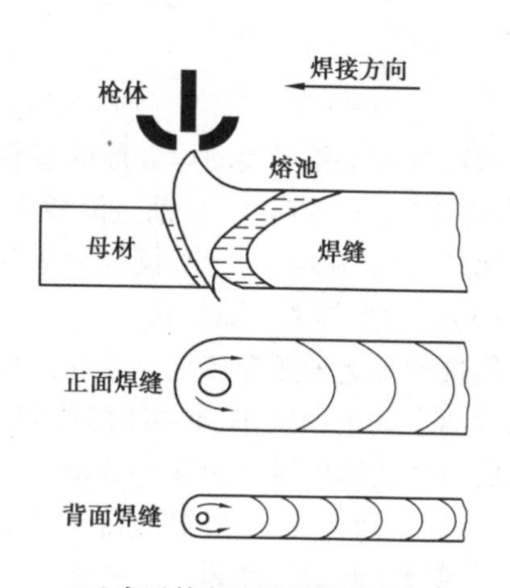

(b)穿透等离子弧焊接过程

图2.109　穿透等离子弧焊接

穿透等离子弧焊接是利用等离子弧本身的高温和冲力,将工件完全熔透并在等离子流的作用下形成一个穿透工件的小孔,并由母材背面喷出,熔化金属被排挤在小孔周围,随着焊枪向前移动,熔化金属依靠其表面张力的承托,沿着等离子弧周围的固体壁向后流动,在母材正面、背两面均形成熔池,就好像在正、背面同时有电弧进行焊接一样,母材在背面也形成有焊波的焊道,如图2.109(b)所示。由于这类电弧刚柔适中,虽能穿透焊件(厚度10 mm以下)但不会形成切割,只在焊接部位穿透一个小孔,即所谓“小孔效应”(小孔面积保持在8 mm^2以下)。稳定的小孔焊接过程是焊缝完全焊透的一个标志,有利于保证焊缝完全焊透。目前,一般大电流等离子弧(100~300 A)焊接大都采用该方法。

穿透等离子弧焊接最适用于焊接 3~8 mm 不锈钢、钛合金(可比不锈钢更厚些),2~6 mm 的低碳钢或低合金钢、铜、镍及镍基合金的不开坡口一次焊透或多层焊第一道焊缝的场合。

(2)微束等离子弧焊接

微束等离子弧的产生与一般等离子弧相同,但其电流仅为 0.1~15 A,由于电流较小,为使电弧稳定燃烧,采用了联合型等离子弧,如图 2.110 所示。即除了在钨极与工件之间的转移弧外,需要在整个焊接过程中始终保持钨极与喷嘴之间的非转移弧,称为“维持电弧”。它不单是为了引出转移弧,更重要的是不断提供足够数量的电离气体,以维持转移型弧。当某种原因使等离子弧中断时,可以依靠维持电弧立即使等离子弧复燃,两个电弧分别由两个电源来供电。

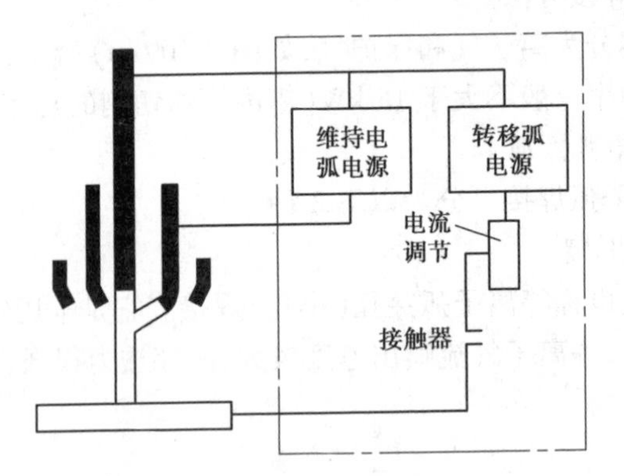

图 2.110　微束等离子焊接的联合型弧

微束等离子弧焊接的焊缝形成过程,仅是一般的熔化——凝固的过程,没有电弧的穿透过程,即无“小孔效应”。目前直流微束等离子焊主要用来焊接厚度在 0.01~0.5 mm 的超薄板和金属丝、箔。在电子工业、仪表工业以及精密仪器制造中得到广泛的应用。

(3)熔透型等离子弧焊接

熔透型等离子弧焊接是介于穿透型和微束等离子弧焊接之间的一种焊接方法。当等离子弧的离子气流量减小,焊接时只熔透焊件,但不产生小孔效应。使用的电流范围为 15~100 A,可焊的焊件厚度为 0.5~3 mm。焊接时也是采用联合型等离子弧。此法与钨极氩弧焊相似,适用于薄板、多层焊缝的盖面及角焊缝的焊接,但生产率高于钨极氩弧焊。

2)等离子弧焊接特点

①由于等离子弧的穿透性强,故对大于 8 mm 或更厚一些的金属焊接可不开坡口,不加填充焊丝。穿透型等离子弧焊接,目前可一次焊透 12 mm 对接不开坡口的不锈钢,水平位置的钛板一次焊透 20 mm。

②可在任意位置焊接不锈钢、钛、镍、铜、钨、钼、钴等金属及蒙乃尔、因科镍等特种金属。

③等离子弧焊因弧柱温度高,能量密度大,故可用比钨极氩弧焊高得多的焊接速度施焊,从而可提高焊接生产率。

④等离子弧的弧态近似圆柱形,挺直度好。因而当焊接过程中弧长波动时,熔池表面的加热面积变化不大,容易获得均匀的焊缝成型。

⑤等离子弧工作稳定,特别是联合型微束等离子弧焊接时,由于电弧仍具有较平的静特性曲线,因此电弧和电源系统仍能建立稳定的工作点,保证焊接过程稳定。在生产中可用小电流(大于0.1 A)等离子弧焊接超薄物件,而钨极氩弧焊则不能。

⑥由于有保护气体的保护,焊后焊缝质量好,热影响区小,变形小。

⑦等离子弧焊接设备较复杂和昂贵,工作地需适当通风和保护。另外,它仅适用于一般对接形式和薄焊件的搭接,其他接头形式则不太适宜。

2.等离子弧焊接工艺参数

由于等离子弧是压缩电弧,其压缩程度的大小将直接影响到弧柱的温度、能量密度,因而影响到穿透能力、熔池的平衡状态以及焊缝成型等。影响等离子弧压缩程度比较敏感的参数有:喷嘴孔径和孔道长度、钨极内缩量、焊接电流、离子气流量以及焊接速度等,应合理地进行选定。

1)喷嘴孔径和孔道长度

在等离子弧焊接生产中,随着焊件厚度的增大,需用的焊接电流也要增大。但对一定的孔径和孔道长度的喷嘴存在一个电流极限值。因而,喷嘴孔径和孔道长度的选定,应根据焊件金属材料的种类和厚度以及需用的焊接电流值来决定。当需用的焊接电流值大时,就必须选用较大的喷嘴孔径和小的孔道长度。

2)钨极内缩量

钨极内缩量对等离子弧的压缩性和熔透能力均有影响。在其他参数和工艺条件不变的情况下,若内缩量小,等离子弧的压缩性就弱,其熔透能力也弱。反之,内缩量过大,等离子弧的压缩性和熔透能力过强,又会造成焊缝成型恶化,产生咬边和反面焊漏等缺陷。钨极内缩量一般取3~6 mm为宜。

3)焊接电流、离子气流量和焊接速度

(1)穿透型等离子弧焊接的主要参数

在穿透型等离子弧焊接时,在一定的喷嘴结构形状和尺寸情况下,等离子弧的主要参数是焊接电流、离子气流量和焊接速度。离子气流量主要影响电弧的穿透能力,焊接电流和焊接速度主要影响焊缝的成型,特别是焊接速度对焊缝成型的影响更显著。

①焊接电流根据焊件厚度来选择,适当提高焊接电流,可提高穿透能力。但是电流过大则“小孔”直径过大;使熔池下坠不能形成焊缝;电流过小则不产生小孔效应。

②离子气流量原则上应保证等离子弧具有一定程度的压缩和最小的机械吹力,即刚能吹透被焊金属。流量过小焊不透,过大会产生咬边,甚至焊穿。

③焊接速度增加,焊件热输入量减小,小孔直径减小,所以焊接速度不宜太快。

(2)主要参数的匹配规律

在生产中,焊接电流、等离子气流量和焊接速度在一定的规范区内可采用多种合理的匹配组合,均能获得满意的焊缝成型。就是说,对于能保证焊缝熔透的可用规范中,每一种焊接电流和等离子气流量的组合,均能找到一个与之相对应的、使熔池中液体金属受力处于平衡的焊接速度。这3个参数相匹配的一般规律是:

①在焊接电流一定时,要增加离子气流量,就要相应地增大焊接速度。

②在离子气流量一定时,要增加焊接速度,就要相应地增大焊接电流。

③在焊接速度一定时,要增加离子气流量,就要相应地减小焊接电流。

如果这三者匹配不当,就会影响到焊缝成型和质量。应当指出,焊接电流、离子气流量和焊接速度之间虽然有多种组合的可能性,但在选定时,应采用能反映等离子弧焊具有高能量密度和高生产率特点的匹配组合。否则,就失去采用这种焊接方法的意义。

4)喷嘴端面到焊件表面距离

喷嘴端面到焊件表面的距离一般保持在 3~5 mm 内,能保证获得满意的焊缝成型和保护效果。距离过大会使熔透能力降低,距离过小将影响到焊接过程中对熔池的观察,并易造成喷嘴上飞溅物的粘污,且易诱发双弧。

5)保护气体

等离子弧焊时,虽然离子气体常用氩气,但由于流量小,不足以对焊接区产生有效地保护作用,因而焊接时要另加保护气体。

目前穿透型等离子弧焊采用的保护气体,根据被焊金属材料不同而有差异。一般焊接不锈钢或镍基高温合金,常选用纯氩或氩中加少量氢的混合气体作为保护气体;焊接钛及其合金,可用纯氩或氩氦混合气体作为保护气体;焊接铜可用氮作为保护气体。

保护气体流量大小,应按焊接具体要求,在 15~25 L/min 内选定。典型等离子焊接工艺参数见表 2.47 和表 2.48。

表 2.47 各种材料等离子弧焊接工艺参数

焊件材料	板厚/mm	焊接速度/(mm·min^{-1})	焊接电流/A	电弧电压/V	气体流量/(L·h^{-1}) 种类	离子气	保护气	坡口形式	工艺特点
低碳钢	3.175	304	185	28	Ar	364	1 680	I	小孔
低合金钢	4.168	254	200	29	Ar	336	1 680	I	小孔
	6.35	354	275	33	Ar	420	1 680	I	小孔
不锈钢	2.46	608	115	30	Ar+$H_2$5%	168	980	I	小孔
	3.175	712	145	32	Ar+$H_2$5%	280	980	I	小孔
	4.218	358	165	36	Ar+$H_2$5%	364	1 260	I	小孔
	6.35	354	240	38	Ar+$H_2$5%	504	1 400	I	小孔
	12.7	270	320	26	Ar			I	小孔
钛合金	3.175	608	185	21	Ar	224	1 680	I	小孔
	4.218	320	175	25	Ar	504	1 680	I	小孔
	10.0	254	225	38	He75%+Ar	896	1 680	I	小孔
	12.7	254	270	36	He50%+Ar	756	1 680	I	小孔
	14.2	178	250	39	He50%+Ar	840	1 680	V	小孔
铜	2.46	254	180	28	Ar	280	1 680	I	小孔
	3.175	254	300	33	He	224	1 680	I	熔透
	6.35	508	670	46	He	140	1 680	I	熔透
黄铜	2.0	508	140	25	Ar	224	1 680	I	小孔
	3.175	358	200	27	Ar	280	1 680	I	小孔
镍	3.175	—	200	30	Ar+$H_2$5%	280	1 200	I	小孔
	6.35		250	30	Ar+$H_2$5%	280	1 200	I	小孔

表2.48　微束等离子弧焊接工艺参数

焊件材料	板厚/mm	喷嘴孔径/mm	接头形式	焊接电流/A	焊接速度/(mm·min^{-1})	离子气流量/(L·min^{-1})	保护气流量/(L·min^{-1})
不锈钢	0.03	0.8	弯边对接	0.3	130	0.3(Ar)	10(Ar+$H_2$1%)
	0.10	0.8	弯边对接	2.5	130	0.3(Ar)	10(Ar+$H_2$1%)
	0.10	0.8	平头对接	1.5	100	0.3(Ar)	10(Ar+$H_2$1%)
	0.4	0.8	平头对接	10	150	0.3(Ar)	10(Ar+$H_2$1%)
	0.8	0.8	平头对接	10	130	0.3(Ar)	10(Ar+$H_2$5%)
钛	0.08	0.8	弯边对接	3	150	0.3(Ar)	10(Ar)
	0.20	0.8	平头对接	7	130	0.3(Ar)	10(Ar)
铜	0.08	0.8	弯边对接	10	150	0.3(Ar)	10(Ar+He75%)
	0.10	0.8	弯边对接	13	200	0.3(Ar)	10(He)

3.等离子弧焊接操作

现以焊接1 mm厚的不锈钢板为例,说明等离子弧焊接操作中应注意的问题。

1)焊前准备

①首先清理焊缝正反面两侧20 mm范围内的油、锈及其他污物,至露出金属光泽,并再用丙酮清洗该区。

②为保证焊接过程的稳定性,装配间隙、错边量必须严格控制,装配间隙为0~0.2 mm,错边量≤0.1 mm。

③进行定位焊,采用表2.49所列的焊接工艺参数进行定位焊,也可采用手工钨极氩弧焊进行定位焊。定位焊缝应以中间向两头进行,焊点间距为60 mm左右,定位焊缝长约5 mm,定位焊后焊件应矫平。

④采用LH-300型自动等离子弧焊机。

表2.49　焊接工艺参数

材料厚度/mm	氩气流量/(L·min^{-1})		焊接电流/A	电弧电压/V	焊接速度/(mm·min^{-1})	钨极直径/mm	喷嘴孔长/喷嘴孔径/mm	钨极内缩量/mm	喷嘴至工件距离/mm
	离子气	保护气							
1	1.9	15	100	19.5	930	2.5	2.2/2	2	3~3.4

2)操作要点及注意事项

薄板的等离子弧焊可不加填充焊丝,一次焊接双面成型。由于板较薄可不用小孔焊接,而采用熔透法焊接。

①将工件水平夹固在定位夹具上,以防止焊接过程中工件的移动。为保证焊透和背面成型,可采用铜垫板。

②调整好焊接的各工艺参数。在焊前要检查气路、水路是否畅通;焊炬不得有任何渗漏;喷嘴端面应保持清洁;钨极尖端包角为30°~45°。

③由于采用不加填充焊丝的焊接，焊缝的熔化区域比较小，等离子弧的偏离，将严重影响背面焊缝的成型和产生未熔合等缺陷，故要求等离子弧严格对中。焊接前要进行调正，可通过引燃维持电弧，通过小弧来对准焊缝。

④引弧焊接，在焊接过程中应注意各焊接工艺参数的变化。特别要注意电弧对中和喷嘴到工件的距离，并随时加以修正。

⑤收弧停止焊接，当焊接熔池达到离焊件端部 5 mm 左右时，应按停止按钮结束焊接。

任务 2.6　其他焊接方法运用

相关知识

2.6.1　埋弧焊工艺

1.埋弧焊工艺特点

1）工作原理

埋弧焊又称熔剂层下自动电弧焊。它是一种电弧在颗粒状焊剂层下燃烧的自动电弧焊接方法，是目前仅次于焊条电弧焊的应用最广泛的一种焊接方法。埋弧焊的焊缝形成过程如图 2.111 所示。

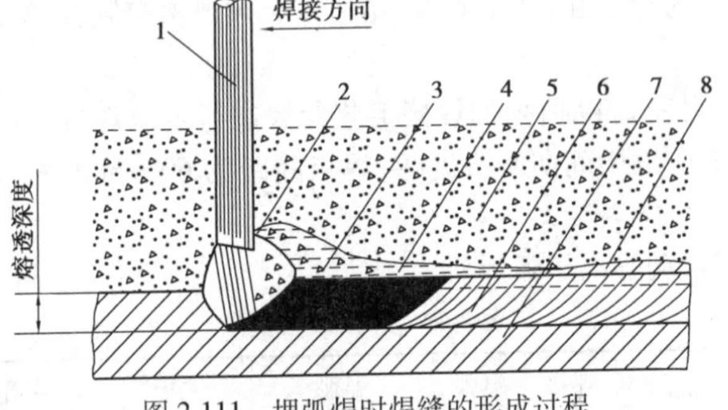

图 2.111　埋弧焊时焊缝的形成过程

1—焊丝；2—电弧；3—熔池金属；4—熔渣；5—焊剂；6—焊缝；7—焊件；8—渣壳

焊接时，在焊接部位覆盖着一层焊剂，焊剂在常温下是不导电的。在开始引弧时，作为电极的焊丝与工件接触，短路后通电，焊丝反抽形成电弧。电弧的辐射热使焊丝末端周围的焊剂熔化，形成液态熔渣，部分焊剂分解蒸发成气体。气体排开熔渣，使熔渣在电弧周围形成一个封闭的空腔，使电弧与外界空气隔绝。

电弧在空腔内稳定燃烧，焊丝便不断熔化，并以熔滴落下，与焊件被熔化的液态金属混合形成焊接熔池。随着焊接过程的进行，电弧向前移动，焊接熔池随之冷却而凝固形成焊缝。密度较轻的熔渣浮在熔池表面，冷却后形成渣壳。去除渣壳后就能得到一个具有良好力学性能、外表光滑平整的焊缝。

埋弧自动焊与焊条电弧焊的主要区别在于：它的引弧、维持电弧稳定燃烧和送进焊丝、电弧的移动以及焊接结束时填满弧坑等动作，全部是利用机械自动进行的。埋弧焊有半自动埋弧焊和自动埋弧焊两类。半自动埋弧焊时，焊丝的送进由送丝装置经专用的软管送到焊枪，而焊接速度及焊接方向由焊工手握焊枪控制。自动埋弧焊时，焊丝送进及焊接电弧的移动都由机械操纵。有些自动焊机将两根焊丝或多根焊丝同时送入焊接电弧区，这就是多丝埋弧焊。它可以进一步提高熔敷速度和焊接速度。采用带状电极的带极埋弧焊常用于堆焊耐磨、耐蚀材料。此外，还有窄间隙埋弧焊、预热焊丝埋弧焊等多种方法。这些埋弧焊方法，其基本工作原理都是相同的。

2）工艺特点

埋弧焊与焊条电弧焊相比有如下优点：

①生产效率高：埋弧焊时，焊丝从导电嘴伸出的长度较短，故可以使用较大的电流。因而，使埋弧焊在单位时间内的熔化量显著增加。另外，埋弧焊的电流大、熔深也大的特点，保证了对较厚的焊件不开坡口也能焊透，可大大提高生产效率。

②焊接接头质量好：埋弧焊工艺参数稳定，焊缝的化学成分和力学性能比较均匀。焊缝外形平整光滑，由于是连续焊接、中间接头少，因此不容易产生缺陷。

③节约焊接材料和电能：由于熔深大，埋弧焊时可不开坡口或少开坡口，减少了焊缝中焊丝的填充量。这样既节约了焊丝和电能，又节省了由于加工坡口而消耗的金属。同时，由于熔剂的保护，金属的烧损和飞溅明显减少，完全消除了焊条电弧焊中焊条头的损失。另外，埋弧焊的热量集中，利用率高，在单位长度焊缝上所消耗的电能大大降低。

④降低劳动强度：焊接电弧在焊剂层下，没有弧光外露，产生的烟尘及有害气体较少。自动埋弧焊时，焊接过程机械化，操作较简便，焊工的劳动强度比焊条电弧焊时大为减轻。

埋弧焊与焊条电弧焊相比，具有的缺点：

①只适用于平焊或倾斜度不大的位置上进行焊接。

②焊接设备较为复杂，维修保养的工作量大。对于单件或批量较小，焊接工作量并不太大的场合，辅助准备工作量所占比例增加，限制了它的应用。

③仅适用于长焊缝的焊接。并且由于需要导轨行走，故对于一些形状不规则的焊缝无法焊接。

④当电流小于100 A时，电弧稳定性不好，不适合焊接薄板。

⑤由于熔池较深，对气孔敏感性较大。

⑥焊工看不见电弧，不能判定熔深是否足够，不能判断焊道是否对正焊缝坡口，容易产生焊偏和未焊透，不能及时调整焊接工艺参数。

3）应用范围

（1）焊缝类型和厚度

埋弧焊可用于对接、角接和搭接接头。埋弧焊可焊接的材料厚度范围很大，除了厚度5 mm以下的材料由于容易烧穿而用得不多外，较厚的材料可采用适当的坡口，采用多层焊的方法都可以焊接。

（2）材料种类

埋弧焊可焊接低碳钢、低合金钢、调质钢和镍合金，可焊接奥氏体耐蚀和耐热不锈钢。但是焊接时，要严格控制热输入量，以免造成耐蚀性能的严重下降。紫铜可以采用埋弧焊和埋弧堆焊。但埋弧焊不适用于铝、钛等氧化性能强的金属和合金。

因此,埋弧焊在造船、锅炉、桥梁、起重机械及冶金,化工机械制造中被广泛应用。

2.埋弧焊工艺参数

1)焊缝成型系数和熔合比

焊缝形状是对焊缝金属的横截面而言,不同的工艺参数将获得不同的焊缝形状,焊缝形状对焊缝的质量有很大的影响。有两个参数要特别提出,即焊缝成型系数和熔合比。

(1)焊缝成型系数

熔焊时,在单道焊缝横截面上焊缝宽度(B)与焊缝计标厚度(H)之比值,即 $\varphi=B/H$ 称为焊缝成型系数,如图 2.112 所示。

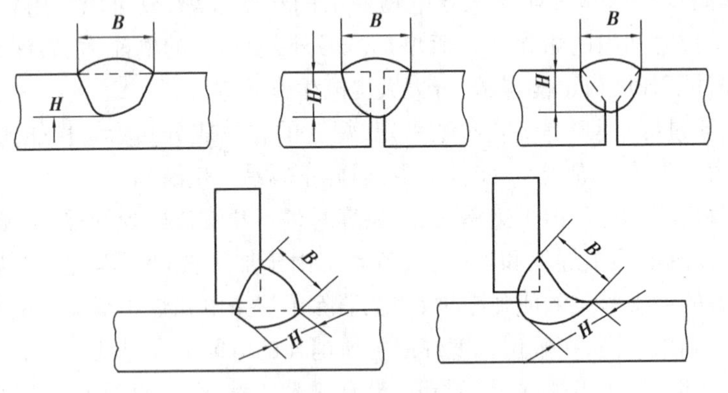

图 2.112 焊缝成型系数的计算

焊缝成型系数过小的焊缝,表示焊缝窄而深。这样的焊缝容易产生气孔、夹渣甚至裂纹。因此,在选择埋弧焊工艺参数时,要注意控制焊缝的成型系数,一般以 1.3~2 为宜。这时,对熔池中气体的逸出以及防止夹渣或裂纹等缺陷是有利的。

(2)熔合比

基本金属熔化的横截面 F_m 与焊缝横截面积(F_m+F_t)的比值称为焊缝的熔合比(r),即

$$r=\frac{F_m}{F_m+F_t}\times 100\%$$

式中 F_t——焊缝中填充金属的横截面积(图 2.113)。

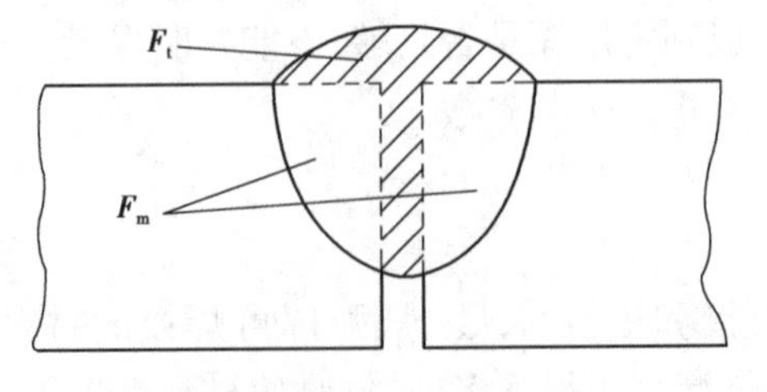

图 2.113 熔合比的计算

熔合比实际上就是母材在焊缝中所占的比例。它主要影响焊缝的化学成分和力学性能。由于熔合比的变化反应了母材金属在整个焊缝金属中所占比例发生了变化。这就导致焊缝成分,组织和性能的变化。例如,母材中的含碳量和硫、磷杂质的含量比焊丝高,合金元素含

量与焊丝也有差别，所以熔合比大的焊缝，由母材带入焊缝的碳量和杂质就多，容易对焊缝产生不良影响。熔合比的数值变化范围较大，可在 10%～85%内变化，而埋弧焊的变化范围一般在 60%～70%。

焊缝的成型系数 φ 和熔合比 r 数值的大小，主要取决于焊接工艺参数的选择。

2）埋弧焊工艺参数选择

埋弧自动焊最主要的工艺参数是焊接电流、电弧电压和焊接速度，其次是焊丝直径、焊丝伸出长度、焊剂粒度和焊剂层厚度、焊丝倾斜和焊件倾斜等。所有这些参数，对焊缝成型和焊接质量都有不同程度的影响。

（1）焊接电流

焊接电流是埋弧焊最重要的焊接参数，它决定焊接熔化速度、熔深和母材熔化量。

在其他条件不变时，增加焊接电流，则焊缝厚度和余高都增加，而焊缝宽度几乎保持不变（或略有增加），如图 2.114 所示。这是因为：

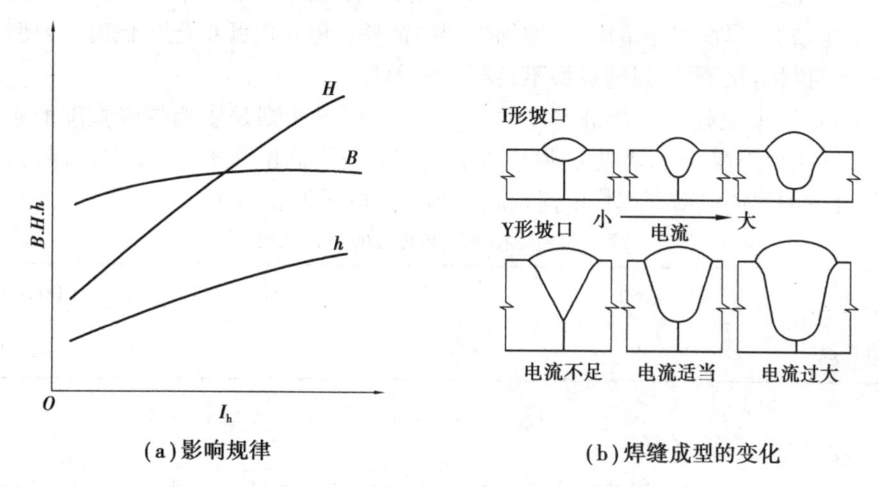

（a）影响规律　　（b）焊缝成型的变化

图 2.114　焊接电流对焊缝成型的影响

①焊接电流增加时，电弧的热量增加，因此熔池体积和弧坑深度也增加，所以冷却下来后焊缝厚度（熔深）就增加。

②焊接电流增加时，焊丝的熔化量也增加，因此焊缝余高也增加。

③焊接电流增加时，一方面电弧截面略有增加，导致熔宽增加；另一方面是电流增加促使弧坑深度增加。由于电压没有变化，因此弧长不变，导致电弧深入熔池，使电弧摆动范围缩小，则促使熔宽减小。由于两者的作用，因此实际上熔宽几乎保持不变。

电流过大，容易产生咬边或成型不良，使热影响区增大，甚至造成烧穿。电流过小，焊缝厚度减小，容易产生未焊透，电弧稳定性也差。所以要正确选择焊接电流。

（2）电弧电压

电弧电压与弧长成正比，在其他条件不变时，电压增大（即弧长增加）使焊缝宽度显著增加，而焊缝余高和焊缝厚度略为减小，焊缝变得平坦，如图 2.115 所示。

电弧电压增大，即意味着电弧长度增加，因此电弧摆动范围扩大而导致焊缝宽度增加。然而，电弧长度增加后，电弧热量损失加大，所以用来熔化母材和焊丝的热量减小，使得相对焊缝厚度和余高略有减小。

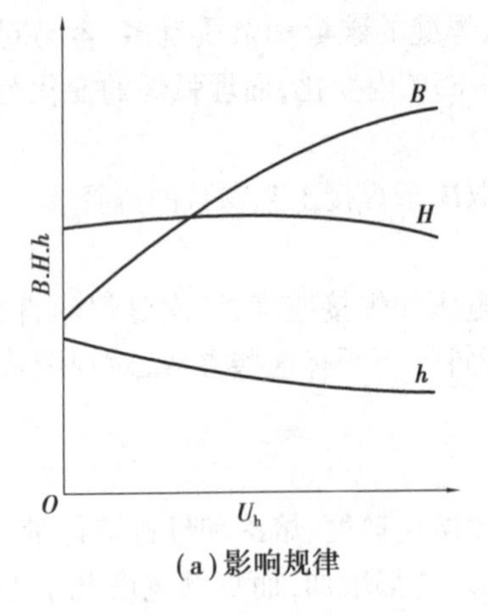

(a)影响规律

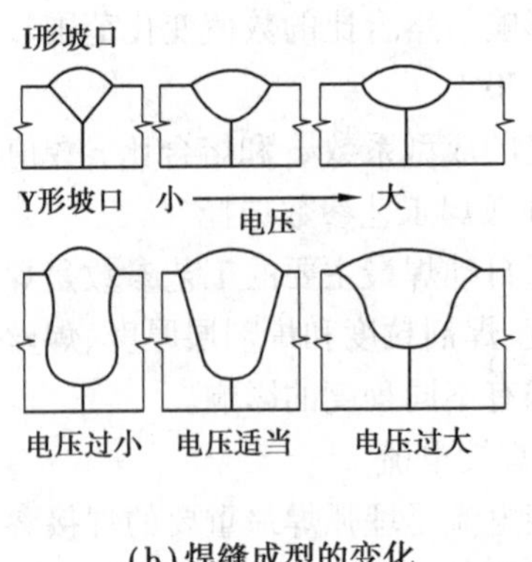

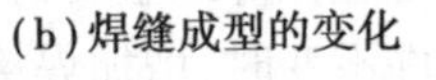

(b)焊缝成型的变化

图 2.115　焊接电压对焊缝成型的影响

电弧电压增加，焊剂熔化量增多，增加焊剂的消耗。但在电弧电压过低时，会使焊缝变得窄而高，造成母材熔化不足，焊缝成型不良和脱渣困难。

从上述可见，电流是决定焊缝厚度的主要因素，而电压则是影响焊缝宽度的主要因素。为了保证焊缝成型美观，所以在提高焊接电流的同时要提高电弧电压，使它们保持合适的比例，以获得合适的焊缝成型。焊接电流与相应的电弧电压见表 2.50。

表 2.50　焊接电流与相应的电弧电压

焊接电流/A	600~700	700~850	850~1 000	1 000~1 200
电弧电压/V	36~38	38~40	40~42	42~44

(3)焊接速度

焊接速度对焊缝厚度和焊缝宽度有明显影响，如图 2.116 所示。当焊接速度增加时，焊缝厚度和焊缝宽度都大为下降。这是因为焊接速度增加时，焊缝中单位时间内输入的热量减少了。当焊速过高时，则会造成未焊透、咬边、焊缝粗糙不平等缺陷。适当降低焊接速度，熔池体积增大，存在时间变长，有利于气体浮出，减小气孔生成的倾向。但是，过低的焊接速度会形成易裂的“蘑菇形”焊缝或产生烧穿、夹渣、焊缝不规则等缺陷。

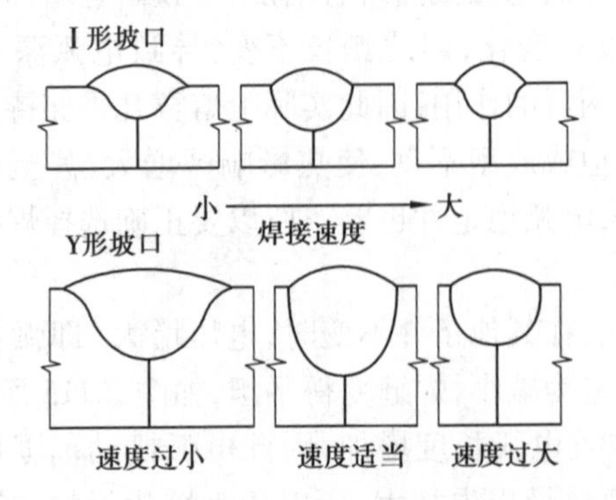

图 2.116　焊接速度对焊缝成型的影响

（4）焊丝直径

焊丝直径主要影响焊缝厚度。当焊接电流一定时，减小焊丝直径，电流密度增加，电弧吹力增大，使焊缝厚度增大，成型系数减小。故使用同样大小的电流时，直径小的焊丝可以得到较大的焊缝厚度。不同直径焊丝适用的焊接电流范围见表 2.51。

表 2.51　不同直径焊丝适用的焊接电流范围

焊丝直径/mm	2	3	4	5
焊接电流/A	200～400	350～600	500～800	700～1 000

焊丝越粗，允许采用的焊接电流也越大，生产率就越高。目前焊接中厚板采用直径 4 mm 的焊丝较为普遍。

（5）焊丝伸出长度

一般将导电嘴出口到焊丝端部定为伸出长度。伸出长度加大时，焊丝受电流电阻热的预热作用增强，焊丝的熔化速度加快，结果使焊缝厚度变浅，余高增大；伸出长度太短时，容易烧坏导电嘴。碳钢焊丝直径适用的伸出长度范围见表 2.52。

表 2.52　碳钢焊丝直径适用的伸出长度范围

焊丝直径/mm	2	3	4	5
伸出长度/mm	15～20	25～35	25～35	30～40

（6）焊剂粒度和堆高

焊剂颗粒度增加，熔宽增大，焊缝厚度减小。但是，焊剂颗粒度过大不利于熔池保护，易产生气孔。相反，小颗粒焊剂的堆积密度大，使电弧的活动性降低，获得较大的焊缝厚度和较小的焊缝宽度。

另外使用高硅含锰酸性焊剂焊接比用低硅碱性焊剂更能得到比较光洁平整的焊缝。因为前者在金属凝固温度时的黏度以及黏度随温度的变化都有利于焊缝的成型。焊剂堆积的高度称为堆高。堆高合适时，电弧完全埋在焊剂层下，不会出现电弧闪光，保护良好。如果堆高过厚，电弧受到焊剂层的压迫，透气性变差，使焊缝表面变得粗糙，易造成成型不良。一般堆高在 2.5～3.5 mm 内比较合适。

（7）焊丝倾角

焊接时，焊丝相对工件倾斜，使电弧始终指向待焊部分，这种焊接方法叫前倾焊，如图 2.117（c）所示。前倾时，焊缝成型系数增加，适于焊接薄板。因为前倾时电弧力对熔池金属后排作用减弱，熔池底部液体金属增厚，阻碍了电弧时母材的加热作用，故焊缝厚度减小。同时，电弧对熔池前部未熔化母材预热作用加强，因此焊缝宽度增加，余高减小。焊丝后倾时［图 2.117（a）］情况与上述相反。在采用正常速度焊接时，一般均采用焊丝垂直位置［图 2.117（b）］。

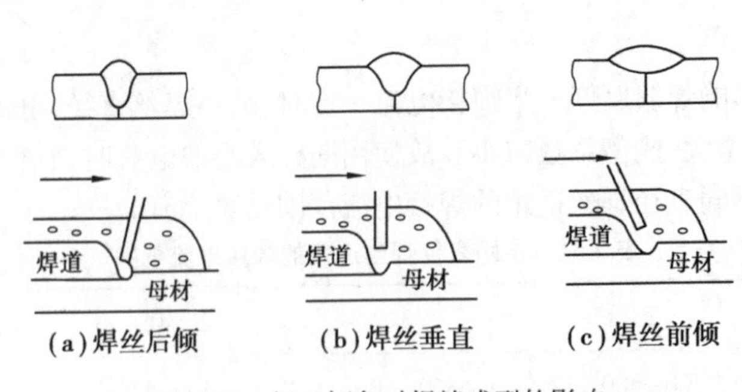

图 2.117　焊丝倾角对焊缝成型的影响

(8)焊件倾斜

①当进行上坡焊时[图 2.118(a)],熔池液体金属在重力和电弧作用下流向熔池尾部,电弧能深入到熔池底部,因而焊缝厚度和余高增加。同时,熔池前部加热作用减弱,电弧摆动范围减小,因此焊缝宽度减小。上坡焊角度越大,影响也越明显,上坡角度 $\alpha>6°\sim12°$时,成型会恶化,如图 2.118(c)所示。因此埋弧自动焊时,实际上尽量避免采用上坡焊。

②下坡焊情况正好相反[图 2.118(b)],即焊缝厚度和余高略有减小,而焊缝宽度略有增加。因此,倾角 $\alpha<6°\sim8°$的下坡焊可使表面焊缝成型得到改善。若下倾角过大,则会导致未焊透和熔池铁水溢流,使焊缝成型恶化,如图 2.118(d)所示。

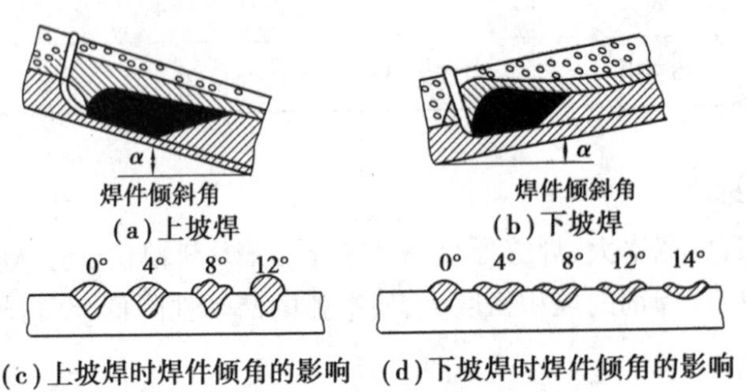

图 2.118　焊件位置对焊缝成型的影响

(9)坡口形状

当其他条件不变时,增加坡口深度和间隙时,焊缝厚度略有增加,焊缝宽度略有减小,余高和焊缝熔合比显著减小,如图 2.119 所示(注:图中阴影部分为焊条熔敷金属占的面积)。因此,开坡口通常是控制余高和调整焊缝熔合比最好的方法。

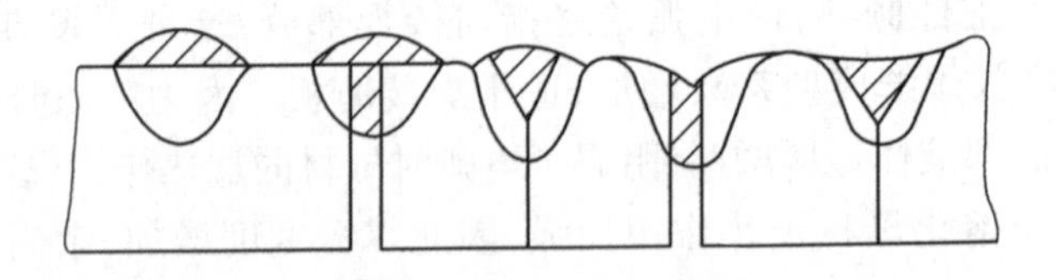

图 2.119　装配间隙与坡口角度对焊缝成型的影响

常见板厚的埋弧自动焊双面焊工艺参数见表 2.53。

表2.53　埋弧自动焊双面焊工艺参数

板厚/mm	坡口形式	焊接位置	焊接电流/A	电弧电压/V	焊丝直径/mm	焊接速度/(m·h^{-1})
6~10	I形	正	550~600	35±1	4	35~39
		反	550~600			
10~12		正	600~650	35±1	4	35
		反	600~650			28~35
14~16		正	650~750	38±1	4	25~30
		反	650~750			25~28
14	V形	正	650±25	37±1	4	25±2
		反	680±25			
16		正	680±25	37±1	4	25±2
		反	680±25			27±2
18		正	650±25	35±1	4	25±2
		正	725±25	38±1		28±2
		反	680±25	37±1		28±2
20		正	650±25	35±1	4	25±2
		正	725±25	38±1		28±2
		反	680±25	37±1		28±2

3.埋弧焊焊接坡口的基本形式和尺寸

埋弧自动焊由于使用的焊接电流较大，对于12 mm以下的板材，可以不开坡口，采用双面焊接，以达到全焊透的要求，厚度大于12~20 mm的板材，为了达到全焊透，在单面焊后，焊件背面应清根，再进行焊接。

对于厚度较大的板材，应开坡口进行焊接，坡口形式与焊条电弧焊基本相同。但由于埋弧焊的特点，应采用较厚的钝边，以免烧穿。埋弧焊焊接接头的基本形式与尺寸，应符合国家标准(GB/T 985.2—2008)的规定。

2.6.2　气焊、气割原理、设备工具及材料

1)气体火焰

(1)气体

气焊、气割用的气体可分为两类：助燃气体——氧气；可燃气体——乙炔、液化石油气。

①氧气：它是一种无色、无味、无毒的气体，其分子式为O_2。在标准状态下，氧气的密度为1.429 kg/m^3，比空气重(空气为1.29 kg/m^3)。氧气本身不能燃烧，但它是一种活泼的助燃气体。

氧气的化学性质极为活泼，它能与自然界的大部分元素(除惰性气体和金、银、铂外)相结合，称为氧化反应。而激烈的氧化反应就是燃烧。氧的化合能力随着压力的加大和温度的升

高而增强。高压氧与油脂类等易燃物质接触就会发生剧烈的氧化反应而迅速燃烧,甚至爆炸,因此使用中要注意安全。

氧气的纯度对气焊、气割的质量和效率有很大的影响,因此,焊接用氧气纯度一般应不低于99.2%。

②乙炔:它是一种无色而有特殊臭味的气体,是一种碳氢化合物,其分子式为C_2H_2。在标准状态下,密度为1.17 kg/m³,比空气略轻。

乙炔是可燃性气体,它与空气混合燃烧时所产生的火焰温度为2 350 ℃,而与氧气混合燃烧时所产生的火焰温度可达3 000~3 300 ℃。因此,能够迅速熔化金属进行焊接与切割。

乙炔的完全燃烧按下列反应式进行:

$$2C_2H_2 + 5O_2 \longrightarrow 4CO_2 + 2H_2O$$

由反应式知道1个体积的乙炔完全燃烧需要2.5个体积的氧气。所以气焊、气割时,氧气的消耗量比乙炔大。

乙炔也是一种具有爆炸性危险的气体,纯乙炔当压力为0.15 MPa,温度为580 ℃时就可能发生爆炸。乙炔与空气或氧气混合时,在空气中浓度2.5%~80%,在氧气中浓度达2.8%~93%范围时,遇到明火就会立刻发生爆炸。乙炔与铜或银长期接触会产生一种爆炸性的化合物,即乙炔铜和乙炔银,当它们受到剧烈振动或者加热到110~120 ℃时就会引起爆炸。所以凡与乙炔接触的器具设备禁止用纯铜制造,只准用含铜量不超过70%的铜合金制造。

由于乙炔受压会引起爆炸,因此不能加压,直接装瓶来储存。但是利用乙炔可以大量溶解在水和丙酮中的特性储存。特别是在丙酮中溶解量特别大,1 L丙酮可溶解25 L乙炔。工业上将乙炔灌装在盛有丙酮和多孔物质的容器中,称为溶解乙炔(瓶装乙炔)进行储运,既方便又经济。

③液化石油气:它是裂化石油的副产品,其主要成分是丙烷(C_3H_8)、丁烷(C_4H_{10})、丙烯(C_3H_6)等碳氢化合物的混合物。在正常温度和大气压力下,组成液化石油气的这些碳氢化合物以气体状态存在。但是,只要加上不大的压力(一般为0.8~1.5 MPa),即变成液体,因此,便于装入瓶中储存和运输。

工业上一般都使用液体状态的石油气。液化石油气在气态时,是一种略带臭味的无色气体,在标准状态下,石油气的密度为1.8~2.5 kg/m³,比空气重,因此漏泄出来的石油气容易存积在低洼处。

组成液化石油气的几种成分都能和空气或氧气形成具有爆炸性的混合气,但爆炸混合比值的范围比较窄,因此比乙炔要安全得多。

液化石油气燃烧后,火焰温度可达2 800~2 850 ℃,比乙炔火焰的温度低。因此用于气割时,金属的预热时间要长,但切割质量容易保证,切口表面质量比较好,另外液化石油气达到完全燃烧时所需的氧气量比乙炔所需氧气量要大。因此采用液化石油气代替乙炔后,氧气消耗量要多。

虽然乙炔气的发热量比液化石油气高,但乙炔生产要消耗电石,而生产电石要消耗大量电力,且电石是重要的合成化学原料,因此乙炔逐渐被液化石油气代替,特别是气割中积极推广液化石油气等代用气体。

(2)氧-乙炔火焰

乙炔与氧混合燃烧形成的火焰叫氧-乙炔焰。氧-乙炔焰的外形、构造及温度分布是由氧气和乙炔混合的比值大小决定的。按比值大小的不同，可得到性质不同的3种火焰：碳化焰、中性焰和氧化焰，如图2.120所示。各种火焰的特点见表2.54。

表2.54　氧-乙炔火焰种类及特点

火焰种类	火焰形状	$[O_2][C_2H_2]$	特点	火焰温度
碳化焰	整个火焰长而软，焰芯较长，呈白色，外围略带蓝色，内焰呈蓝色，外焰呈橙黄色。乙炔过多时，还会冒黑烟	<1	乙炔过剩，火焰中有游离状态碳及过多的氢，焊接时会增加焊缝含氢量。焊接低碳钢会有渗碳现象，适用于高碳钢、铸铁及硬质合金堆焊	2 700~3 000 ℃
中性焰	焰心为尖锥形，呈明亮白色，轮廓清楚，内焰呈蓝白色，外焰与内焰无明显的界限，从里向外，由淡紫色变为橙黄色	1~1.2	氧与乙炔充分燃烧，没有过剩的氧和乙炔，内焰具有一定的还原性，适用于一般低碳钢、低合金钢和有色金属	3 050~3 150 ℃
氧化焰	焰心缩短，短而尖，内焰和外焰没有明显的界限，好像由焰心和外焰两部分组成。外焰也较短带蓝紫色，火焰笔直有劲，并发出“嘶、嘶”的响声	>1.2	火焰有过剩的氧，并具有氧化性。焊钢件时，焊缝易产生气孔和变脆，一般只用于焊接黄铜，锰钢及镀锌铁皮	3 100~3 300 ℃

氧-乙炔焰的温度与混合气体的成分有关，随着氧气比例的增加，火焰温度增高。另外，还与混合气体的喷射速度有关，喷射速度越高则火焰温度越高，衡量火焰温度一般以中性焰为准。火焰的温度在沿长度方向和横方向上都是变化的，沿火焰轴线的温度较高，越向边缘温度越低，沿火焰轴线距焰芯末端以外2~4 mm处的温度为最高。如图2.121所示。各种金属材料气焊火焰的选择可参考表2.55。

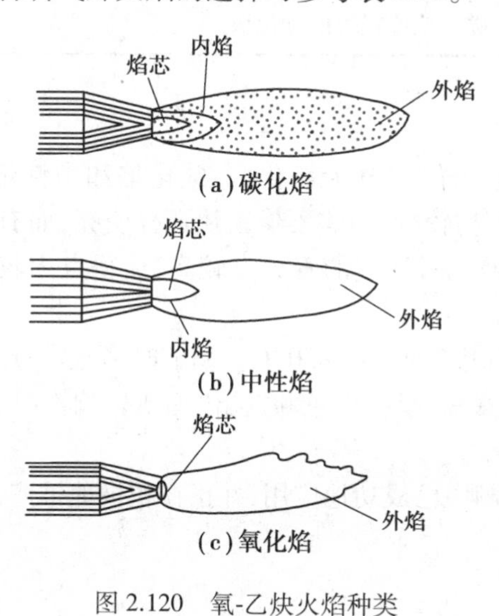

(a)碳化焰

(b)中性焰

(c)氧化焰

图2.120　氧-乙炔火焰种类

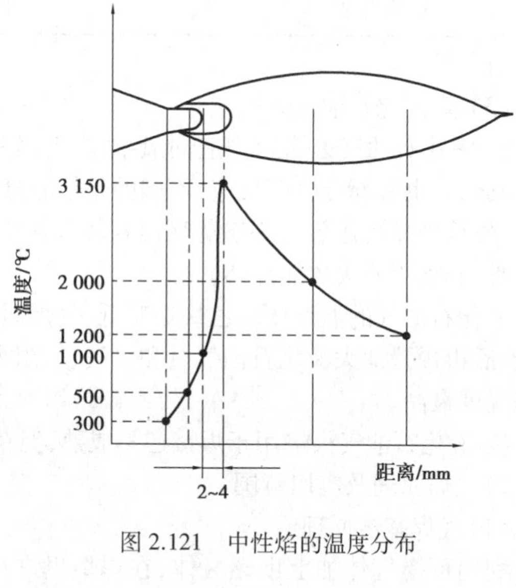

图2.121　中性焰的温度分布

表 2.55　各种金属材料气焊时采用的火焰

焊件材料	火焰种类
低碳钢	中性焰
中碳钢	中性焰或乙炔稍多的中性焰
高碳钢	乙炔稍多的中性焰或轻微的碳化焰
低合金钢	中性焰
紫钢	中性焰
青铜	中性焰或轻微的氧化焰
黄铜	氧化焰
铝及铝合金	中性焰或乙炔稍多的中性焰
不锈钢	中性焰或乙炔稍多的中性焰
铅、锡	中性焰或乙炔稍多的中性焰
锰钢	轻微氧化焰
镍	中性焰或轻微的碳化焰
铸铁	碳化焰或乙炔稍多的中性焰
镀锌铁皮	氧化焰
高速钢	碳化焰或轻微的碳化焰
硬质合金	碳化焰或轻微的碳化焰

(3)氧-液化石油气火焰

氧-液化石油气火焰的构造同氧-乙炔火焰基本一样，也分为氧化焰、碳化焰和中性焰3种。其焰心也有部分分解反应，不同的是焰心分解产物较少，内焰不像乙炔那样明亮，而有点发蓝，外焰则显得比氧乙炔焰清晰而且较长。由于液化石油气的着火点较高，使得点火较乙炔困难，必须用明火才能点燃。

液化石油气的温度比氧乙炔焰略低，气焊温度可达2 800~2 850 ℃。调节时，先送一点氧气，然后再慢慢加大液化石油气量和氧气量，当火焰最短，呈蓝白色并发出“呜、呜”响声时，该火焰温度最高。

氧-液化石油气火焰用于焊接还不成熟，但在气割中已成功地应用，并正在积极地推广。

2)气焊原理及应用范围

(1)气焊基本原理

利用可燃气体加上助燃气体，在焊炬里进行混合，并使它们发生剧烈的氧化燃烧，然后用氧化燃烧的热量去熔化工件接头部位的金属和焊丝，使熔化金属形成熔池，冷却后形成焊缝。

(2)气焊的特点

①优点：

a.由于填充金属的焊丝是与焊接热源分离的，因此焊工能够控制热输入量、焊接区温度、焊缝的尺寸和形状及熔池黏度。

b.由于气焊火焰种类是可调的，因此，焊接气氛的氧化性或还原性是可控制的。

c.设备简单、价格低廉、移动方便，在无电力供应的地区可以方便地进行焊接。

②缺点：

a.热量分散，热影响区及变形大。

b.生产率较低，除修理外不宜焊接较厚的工件。

c.因气焊火焰中氧、氢等气体化熔与金属发生作用，会降低焊缝性能。

d.不适于焊难熔金属和"活泼"金属。

e.难以实现自动化。

(3)应用范围

气焊主要应用于有色金属及铸铁的焊接和修复，碳钢薄板的焊接及小直径管道的制造和安装。另外，由于气焊火焰调节方便灵活，因此在弯曲、矫直、预热、后热、堆焊、淬火及火焰钎焊等各种工艺操作中得到应用。

3)气割原理及应用范围

(1)气割基本原理

利用可燃气体加上氧气混合燃烧的预热火焰，将金属加热到燃烧点，然后加大氧气以便将金属吹开。加热—燃烧—吹渣过程连续进行，并随着割炬的移动而形成割缝。

(2)气割的特点

①优点：

a.切割效率高，切割钢的速度比其他机械切割方法快。

b.机械方法难以切割的截面形状和厚度，采用氧-乙炔焰切割比较经济。

c.切割设备的投资比机械切割设备的投资低，切割设备轻便，可用于野外作业。

d.切割小圆弧时，能迅速改变切割方向。切割大型工件时，不用移动工件，借助移动氧-乙炔火焰，便能迅速切割。

e.可进行手工和机械切割。

②缺点：

a.切割的尺寸公差，劣于机械方法。

b.预热火焰和排出的赤热熔渣存在发生火灾以及烧坏设备和烧伤操作工的危险。

c.切割时，燃气的燃烧和金属的氧化，需要采用合适的烟尘控制装置和通风装置。

d.切割材料受到限制(如铜、铝、不锈钢、铸铁等)不能用氧-乙炔焰切割。

(3)应用范围

气割的效率高，成本低，设备简单，并能在各种位置进行切割和在钢板上切割各种外形复杂的零件，因此，广泛地用于钢板下料、开焊接坡口和铸件浇冒口的切割，切割厚度可达300 mm以上。

由于金属的切割性能，气割主要用于各种碳钢和低合金钢的切割。其中淬火倾向大的高碳钢和强度等级较高的低合金钢气割时，为避免切口淬硬或产生裂纹，应采取适当加大预热火焰功率和放慢切割速度,甚至切割前对钢材进行预热等措施。

任务 2.7　焊接应力与变形

相关知识

在物体受到外力作用时,内部横截面上产生内力大小与外力相等,物体单位横截面积所受的内力,称为应力。

焊接构件由焊接而产生的内应力称为焊接应力。按作用的时间分类,分为焊接瞬时应力和焊接残余应力。焊接瞬时应力是焊接过程中某一瞬时的焊接应力,它随着时间而变化。焊接残余应力是焊后残留在焊件内的焊接应力。

金属受到外力作用时,要产生变形。外力作用时产生的变形分为弹性变形和塑性变形两种。弹性变形是外力去除后能够恢复的那部分变形。塑性变形是外力去除后不能恢复的那部分变形,也就是永久变形。

焊接变形是焊件由焊接而产生的变形(包括尺寸和形状的改变)。焊后,焊件(或结构)残留的变形称为焊接残余变形,简称焊接变形。

2.7.1　焊接应力与变形的产生

焊接过程是局部的不均匀加热过程,但为了便于了解焊接应力与变形产生的原因,可先分析均匀加热时引起应力与变形的原因。

1.均匀加热时引起应力与变形的原因

整体均匀加热的杆件在不同拘束条件下,产生应力、变形的情况是不同的。

1)能自由膨胀和收缩的无拘束状态

金属材料如果在整体均匀加热和冷却过程中,能完全自由热胀冷缩。那么在加热过程中产生变形(伸长),不产生应力;冷却之后,恢复到原来的尺寸,没有残余变形[图 2.122(a)],也没有残余应力。例如,炉中钎焊的简单焊件。

2)杆件两端完全固定,不能膨胀也不能收缩的刚性拘束状态

如果只考虑杆件的纵向变形和应力,并假设杆件在加热膨胀时受到纵向压缩而不产生弯曲,那么杆件被加热到一定温度以上时,杆件不能膨胀伸长而产生压缩塑性变形,杆件塑性压缩后的长度与原来一样,如图 2.122(b)所示。因此,杆件加热时长度方向没有变形(即长度不变),杆件内部受压应力。冷却时,杆件不能从加热时的长度(即原始长度)收缩,而由刚性拘束拉住它。因此,冷却到室温,杆件的长度仍然不变,即杆件没有变形;但杆件内部产生相当大的拉应力,并且残留下来成为残余应力。例如,焊接刚性固定的焊件。

3)有一定程度的拘束状态

此种情况如图 2.122(c)所示,杆件在加热时,不能自由膨胀伸长,虽然也能伸长一点,但仍然要发生压缩塑性变形。因此,杆件在加热时有一定变形(伸长),并有压应力。杆件冷却时,能有一定程度的收缩(缩短),但不能自由收缩,因为有一定程度的刚性拘束拉着它。因

此，杆件冷却后有一定的变形（缩短），并残留下来成为残余变形；同时还产生一定的拉应力，也残留下来成为残余应力。焊接时一般就是这种情况，在焊接加热区的周围有母材冷金属的一定程度的拘束作用。焊接之后产生一定的残余变形，冷却时产生一定的焊接应力，焊后残留在焊件内成为焊接残余应力。

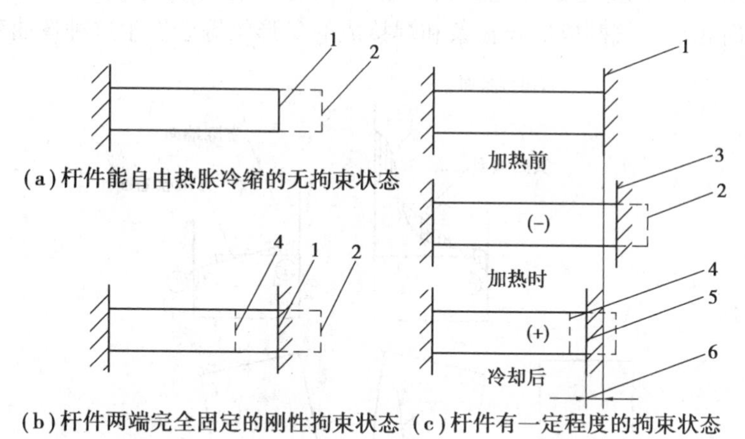

图 2.122　均匀加热时引起的应力与变形

1—杆件加热前的长度；2—杆件加热时自由膨胀伸长的长度；3—加热时产生压缩塑性变形后的长度；4—冷却时能自由收缩时的长度；5—冷却时不能自由收缩时的长度；6—冷却后的变形（杆件长度缩短）

由此分析可知，焊接变形和焊接应力都是由于焊接时局部的不均匀加热引起的。焊接时，加热区金属在周围母材金属一定程度的拘束作用下，不能自由地热胀冷缩；在加热时发生压缩塑性变形，在冷却时若能够收缩就产生焊接变形，若不能自由地收缩就产生焊接应力。当焊件拘束度较小时，冷却时能够比较自由地收缩，则焊接变形较大而焊接应力较小；反之，若焊件拘束度较大或外加较大刚性拘束时，冷却时不能自由地收缩，则焊接变形很小而焊接应力很大。这就是焊接应力与变形的关系。

2.不均匀加热时引起应力与变形的原因

对于焊接加热区金属而言，可以认为是均匀加热，上述把它看成是杆件，仅分析其长度方向尺寸的改变，这是焊接变形的一种。对于焊接构件而言，焊接当然是局部的不均匀加热，除了引起尺寸改变之外，还会引起构件形状的改变，这是另一类焊接变形。

1）长板条一侧加热产生的应力与变形

现在分析金属长板条受不均匀加热时所产生的焊接变形与应力。采用长度比宽度大得多的长板条，可根据平面假设原理（即当构件受纵向力或弯矩作用而变形时，在构件中的截面始终保持是平面）来进行分析。

如图 2.123（b）所示，在长板条右侧加热，T 为加热温度分布曲线。金属在加热时的伸长量与温度成正比，因此长板条端面自由伸长后形成与温度分布曲线相似的曲面。根据平面假设原理和内应力平衡原理，在长板条金属内部互相联系的拘束作用下实际端面应该是如图 2.123（b）所示的斜平面；加热时的应力（纵向应力）也如图 2.123（b）所示，长板条两侧受压应力。中间受拉应力，在加热一侧产生压缩塑性变形，其余为拉伸或压缩弹性变形。长板条加热时产生，如图 2.123（b）所示的弯曲变形。

冷却时温度回到原始温度，在自由收缩条件下，弹性变形部分回到原始端面位置，而发生压缩塑性变形部分，自由收缩后比原始长度还短，“自由收缩面”如图 2.123(c)所示。同样，根据平面假设原理和内应力平衡原理，长板条实际端面应该是如图 2.123(c)所示的斜平面。冷却到室温后，长板条的内应力(纵向应力)如图 2.123(c)所示，两侧受拉应力，中间受压应力，单边加热的长钢板条，除了加热边的纵向缩短外，还产生如图 2.123(c)所示的玩去残余变形，方向与加热时相反。气割成的长板条和焊接成的 T 形梁等会发生这种弯曲变形。

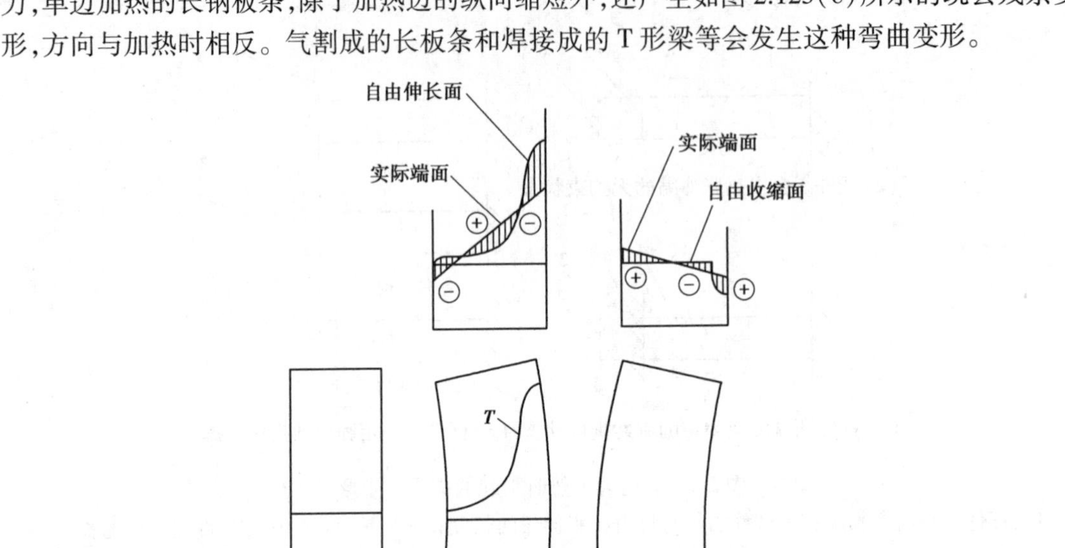

图 2.123　长板条右侧受热的焊接应力与变形

⊕表示拉应力　⊖表示压应力

2)对接接头 Y 形坡口焊接后的角变形

对接接头 Y 形坡口的焊缝，在焊缝正面较宽，在根部较窄。因此，冷却时焊缝横向收缩变形在焊件厚度方向上不均匀，焊缝横截面上部横向收缩变形大，下部与根部横向收缩变形小。这样就造成了构件平面的偏转，产生了角变形，如图 2.124 所示。

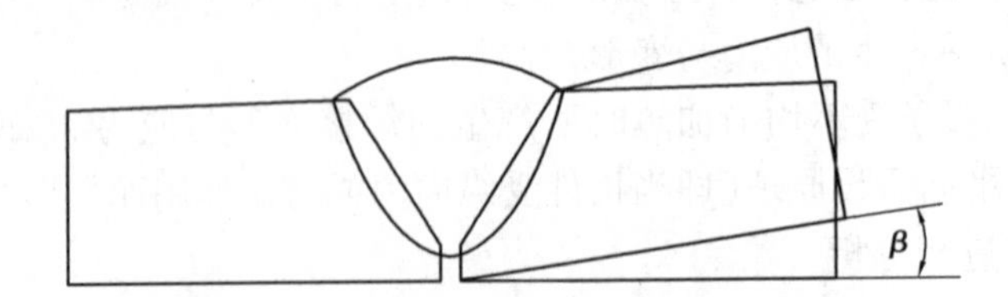

图 2.124　对接接头的角变形

2.7.2　焊接变形

1.焊接变形的种类

焊接变形是焊接残余变形的简称，即由于焊接而产生的焊后残留于焊件中的变形。焊接变形主要有收缩变形、弯曲变形(也叫挠曲变形)、角变形、波浪变形和扭曲变形等几种。

1)收缩变形

焊接时,工件仅局部受热,温度分布极不均匀。温度较高部分的金属由于受到周围温度较低金属的牵制,不能自由膨胀而产生压缩塑性变形,致使焊接接头焊后冷却过程中发生缩短现象,这种现象称为收缩变形。沿焊缝长度方向的缩短叫纵向收缩;垂直焊缝方向的缩短叫横向收缩。

2)弯曲变形

长构件因不均匀加热和冷却于焊后两端挠起的变形,称弯曲变形,又称挠曲变形。这是由于结构上焊缝布置不对称或断面形状不对称,焊缝的纵向收缩或横向收缩所产生的变形,如图 2.125 所示。

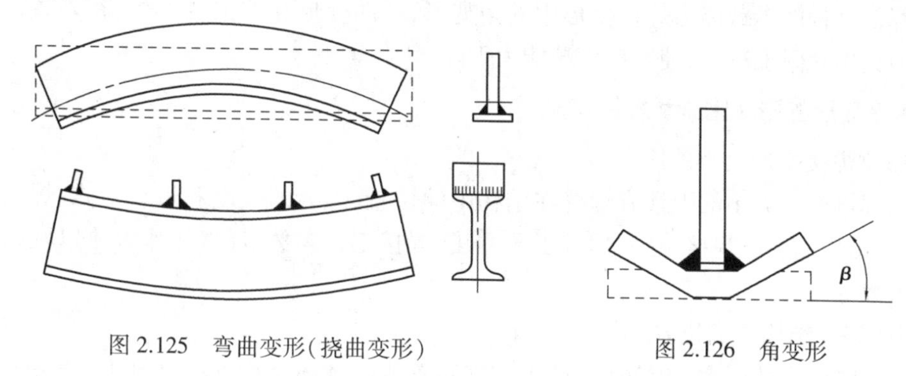

图 2.125　弯曲变形(挠曲变形)

图 2.126　角变形

3)角变形

焊接时由于焊接区沿板材厚度方向不均匀的横向收缩而引起的回转变形,如图 2.124、图 2.126 所示。一般这是由于焊缝横截面形状沿厚度方向不对称或施焊层次不合理,致使焊缝在厚度方向上横向收缩量不一致所产生的变形。

4)波浪变形

薄板焊接时,因不均匀加热,焊后构件呈波浪状变形,或由几条相互平行的角焊缝横向收缩产生的角变形而引起的波浪状变形,如图 2.127 所示,也有称翘曲变形。

5)扭曲变形

由于装配不良,施焊程序不合理等,焊后构件发生扭曲,称为扭曲变形。产生这种变形的原因与焊缝角变形沿长度上的分布不均匀性及工件的纵向错边有关。图 2.128 所示的变形是因为角变形沿着焊缝上逐渐增大,使构件扭转。

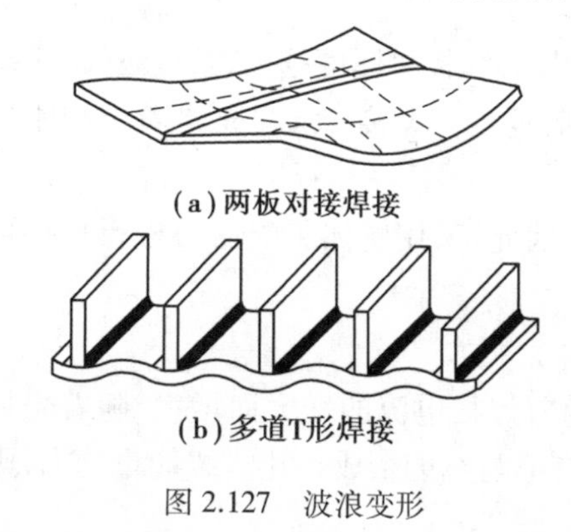

图 2.127　波浪变形

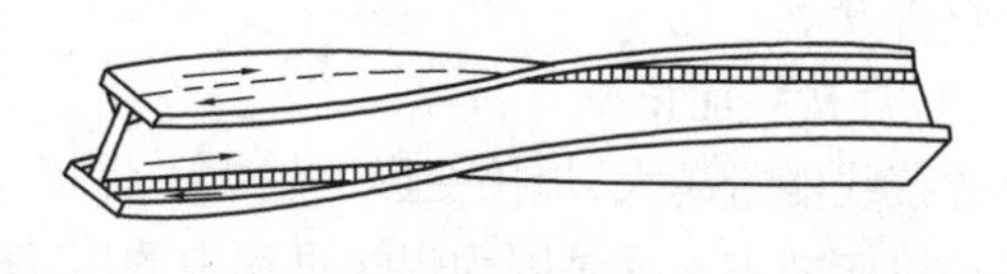

图 2.128　扭曲变形

此外,焊接变形还有错边变形等。错边变形是两块板材于焊接过程中因刚度或散热程度不等所引起的纵向或厚度方向上位移不一致造成的变形。

2.焊接变形的危害

焊接变形对焊接结构的制造和使用的影响主要有:

①降低结构形状尺寸精度和美观。

②组件部件焊接后产生的变形,降低整体结构的组对装配质量,甚至发生强力组装,从而影响焊接质量。

③矫正变形要降低生产率,增加制造成本,并降低接头性能。

④降低结构的承载能力焊接变形中的角变形、弯曲变形和波浪变形等,在外载作用下会引起应力集中和附加应力,使结构承载能力下降。

3.焊接变形的影响因素和控制措施

1)影响焊接变形大小的因素

影响焊接变形大小的因素有焊缝在结构中的位置、焊缝的长度和坡口形式、焊接结构的刚性、焊接结构的装配焊接顺序、焊接工艺方法、焊接工艺参数、焊接操作方法以及结构材料的膨胀系数等。

(1)焊缝在结构中的位置

在焊接结构刚性不大、焊缝在结构中对称布置或焊缝在结构的中性轴上、焊缝截面重心与接头截面重心在同一位置(即焊缝截面上下左右均对称)、施焊顺序与方向合理时,主要产生纵向缩短和横向缩短。

焊缝在结构中布置不对称时,则焊后要产生弯曲变形,弯曲方向朝向焊缝较多的一侧。

焊缝偏离结构中性轴时,则焊后要产生弯曲变形,弯曲方向朝向焊缝一侧,焊缝偏离结构中性轴越远,则越容易产生弯曲变形。

(2)焊缝的长度和坡口形式

焊缝截面越大,焊缝长度越长,则引起的焊接变形越大。Y 形坡口的焊缝和角焊缝横向收缩要产生角变形。坡口角度越大,角变形也越大。Y 形(V 形)坡口比 U 形坡口角变形大;X 形(双 Y 形)坡口比 Y 形坡口角变形小;X 形坡口比双 U 形坡口角变形大;I 形坡口角变形最小。坡口的根部间隙越大,则变形越大。

(3)焊接结构刚性

结构刚性是指结构抵抗变形的能力。结构截面积越大,板材厚度越大,长度越短,则结构刚性越大。结构刚性越大,板材厚度越大,则焊接变形越小。焊接变形总是沿着结构刚性最小的方向进行。

一般来说,结构整体刚性总是比部件的刚性大。因此,采用整体装配后再进行焊接可以减小焊缝变形。

(4)焊接线能量

焊接线能量越大,焊接变形也越大。焊接变形随着焊接电流的增大而增大,随着焊接速度的加快而减小。这是因为焊接过程中的压缩塑性变形与线能量成正比。线能量越大,则压缩塑性变形越大,焊接变形也就越大。

由于埋弧自动焊的线能量比焊条电弧焊大,因此在焊件形式尺寸及刚性拘束相同条件下,埋弧自动焊产生的变形比焊条电弧焊大。CO_2 气体保护焊和氩弧焊产生的变形比焊条电弧焊小。一般来说,气焊、电渣焊的焊接变形大,电弧焊引起的变形较小。电子束焊和激光焊的变形极小。

单道焊、大电流慢速摆动焊的线能量大,引起的焊接变形比多层多道焊、小电流快速不摆动焊大。对称的焊缝对称施焊时,可以减小焊接变形或不产生某种变形。长度 1 m 以上长焊缝,直通焊[图 2.129(a)]变形最大;从中间向两端逐段倒退焊法[图 2.129(c)]变形最小;从中间向两端焊[图 2.129(b)]也能减小变形。

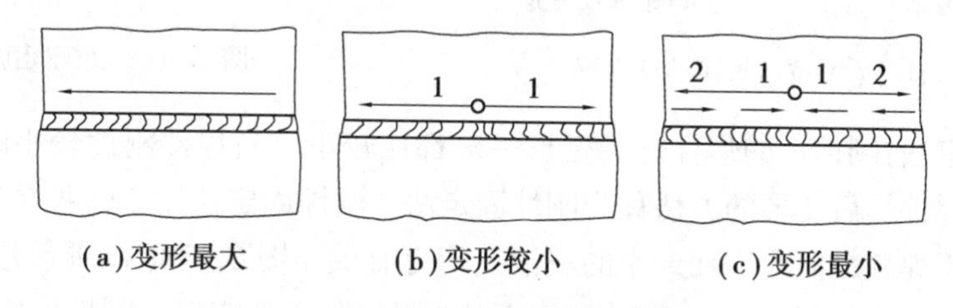

图 2.129　长焊缝的焊接方向和顺序
(图上数字为焊接顺序)

此外,结构材料的线膨胀系数大(如不锈钢),热胀冷缩量大,引起的焊接变形也大。因此,要控制焊接变形,就要针对各种因素采取必要的措施。

2)控制焊接变形的措施

(1)设计措施

①选用合理的焊缝尺寸和形状,在满足结构承载能力的前提下,应采用尽量小的焊缝尺寸,如角焊缝用小的焊脚尺寸。坡口形式应选用焊缝金属少的坡口形式,尽可能减少焊缝的长度。

②尽可能减少焊缝数量。

③合理地安排焊缝的位置。焊缝应尽可能对称于结构截面中性轴布置,或使焊缝尽可能接近中性轴,如图 2.130(b)所示。

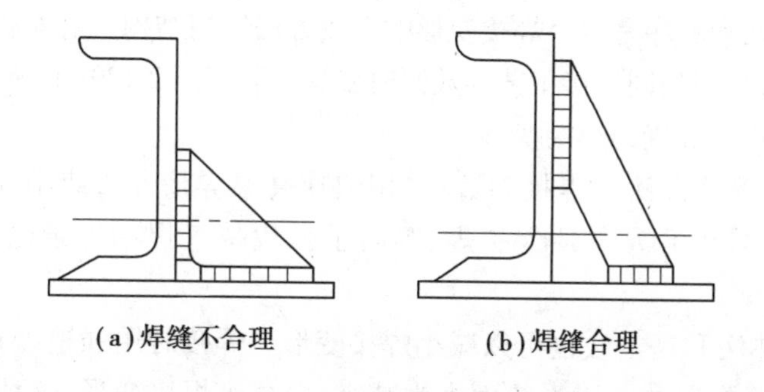

图 2.130　合理安排焊缝位置

(2)工艺措施

①反变形法:在焊接前对焊件施加具有大小相同、方向相反的变形,以抵消焊后发生变形的方法,称为反变形法。图 2.131 所示为反变形法的示例。反变形法只要积累实践经验数据,

是能够很好地控制焊接变形,这是一种用于生产行之有效的措施。装配间隙有时也要采用反变形,如图 2.132 所示。反变形法主要用来减小角变形和弯曲变形。

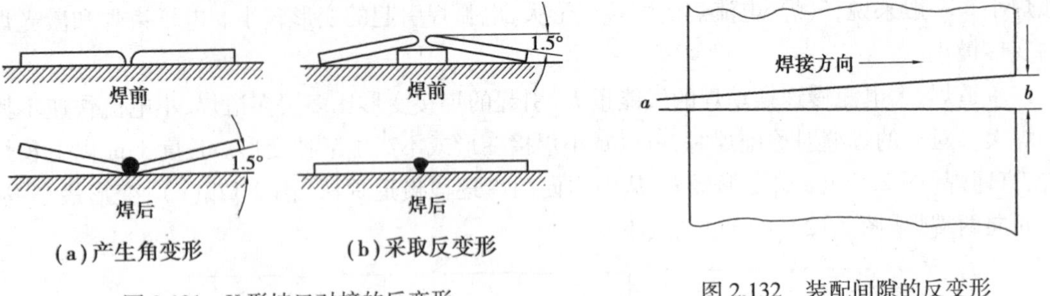

图 2.131　Y 形坡口对接的反变形

图 2.132　装配间隙的反变形

②刚性固定法:刚性大的焊件焊后变形一般都比较小。当焊件刚性较小时,利用外加刚性拘束来减小焊件焊后变形的方法称为刚性固定法。刚性固定法用于薄板是很有效的,特别是用来防止由于焊缝纵向收缩而产生的波浪变形更有效。图 2.133(a)所示是用重物固定的刚性固定方法。图 2.133(b)所示是利用夹具刚性固定防止角变形。刚性固定法焊后的应力大,不适用于容易裂的金属材料和结构的焊接。

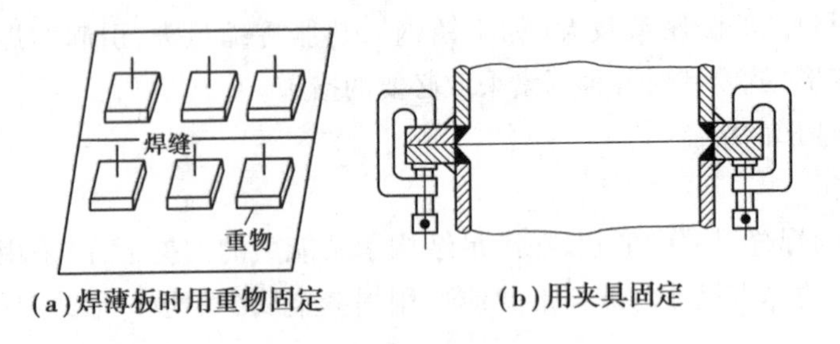

图 2.133　刚性固定法

③选择合理的装焊顺序:尽可能采用整体装配后再进行焊接方法。对于不能进行整体装配后焊接的大型构件和形状复杂构件,可把结构适当地分成若干部件,分别单独进行焊接,然后再装配焊接成整体。

合理的焊接方向和顺序是减小焊接变形的有效方法。当结构具有对称布置的焊缝时,应尽量采用对称焊接,采用相同焊接工艺参数同时施焊。采用图 2.129(c)所示从中间向两端逐步退焊法能有效减小长焊缝的焊接变形。

④选择合理的焊接方法和焊接参数:采用快速高温焊接方法或小线能量(热输入)可以减小焊接变形。采用 CO_2 气体保护焊、等离子弧代替气焊和焊条电弧焊,可以减小变形量。

此外,还有散热法和锤击法也可以减小焊接变形。焊接时用强迫冷却的方法将焊接区的热量散走,使焊缝附近的金属受热面大为减小,以减小焊接变形,这种方法称为散热法。图2.134所示 3 种用散热法减小焊接变形的方法。散热法常用于不锈钢焊接,但不适用于淬硬倾向大的易淬火钢的焊接。由于焊接变形主要是因焊缝发生横向和纵向收缩所引起,因此对焊缝及其周围区域进行适当锤击使其展宽展长以补偿焊缝之收缩,也可以减小焊接变形。

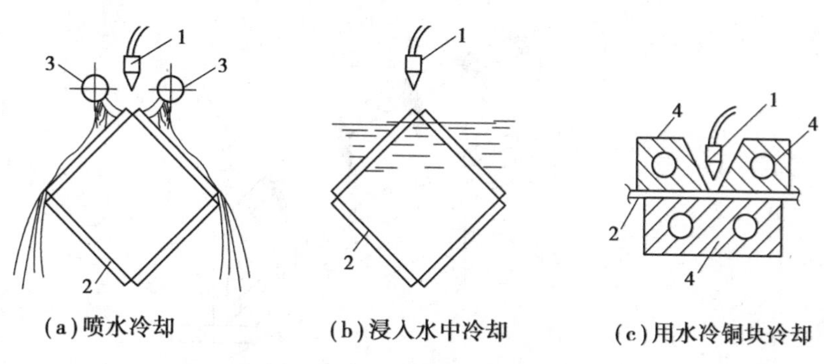

图2.134　用散热法减小焊接变形

1—焊炬;2—焊件;3—喷水管;4—水冷铜块

4.矫正焊接变形的方法

生产中常用的矫正焊接变形的方法主要有机械矫正法和火焰矫正法两种。

1)机械矫正法

机械矫正是将焊件中尺寸较短部分通过施加外力的作用,使之产生塑性延展,从而达到矫正变形的目的。图2.135所示是一种机械矫正的方法。波浪变形主要是由于焊缝区的纵向收缩引起的。因此,沿焊缝进行锤击,可以使焊缝得到延伸,从而达到消除薄板焊后产生的波浪变形。

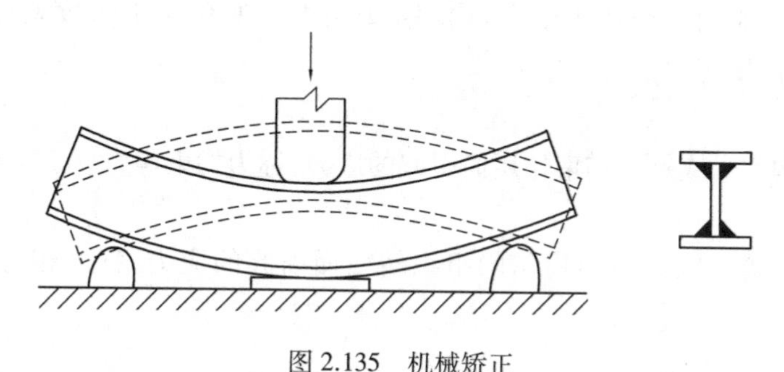

图2.135　机械矫正

机械矫正法是通过冷加工塑性变形来矫正变形的。因此,要损耗一部分塑性。故机械矫正法通常适用于低碳钢等塑性好的金属材料。

2)火焰矫正法

火焰矫正是将焊件中尺寸较长部分通过火焰局部加热,利用加热时发生的压缩塑性变形和冷却时的收缩变形,从而达到矫正变形的目的。火焰加热采用一般的气焊焊炬。加热用火焰一般用中性焰。火焰矫正时的加热温度最低可到300 ℃,最高温度要严格控制,不宜超过800 ℃。对于低碳钢和普遍低合金高强度钢,加热温度为600~800 ℃。

火焰加热的方式有3种:点状加热、线状加热和三角形加热。点状加热时点的直径一般不小于15 mm,点与点之间距离一般在50~100 mm。对于薄板的波浪变形,可在凹凸部位的四周进行点状加热。线状加热多用于变形量较大或刚性较大的构件,有时也用于厚板变形矫正,线状加热温度为500~600 ℃。三角形加热常用于矫正厚度较大、刚性较大构件的弯曲变形。例如,T形梁焊后产生上拱,可在立板上用三角形加热矫正,如图2.136所示。

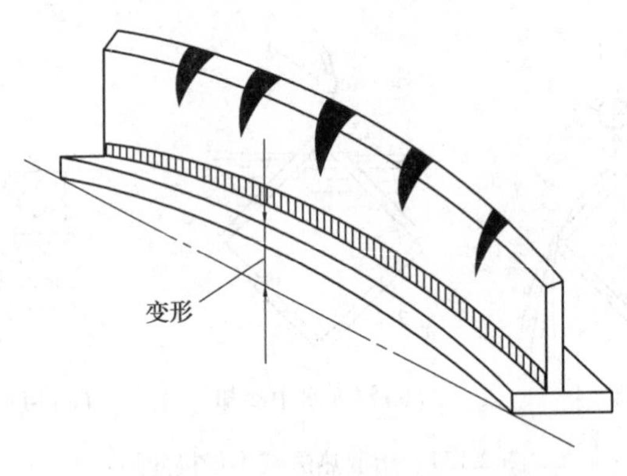

图 2.136　T 形梁的上拱三角形加热矫正法

火焰矫正法适用于低碳钢、16Mn 等不易淬火钢构件；不适用于淬硬倾向大的易淬火钢，也不适用于奥氏体不锈钢。

2.7.3　焊接残余应力

1.焊接残余应力的分类

1)按应力产生的原因分类

(1)热应力

焊接是不均匀加热和冷却过程，焊件内部主要由于受热不均匀、温度差异所引起的应力，称为热应力，又称温度应力。

(2)拘束应力

主要由于结构本身或外加拘束作用而引起的应力，称为拘束应力。

(3)相变应力

主要由于焊接接头区产生不均匀的组织转变而引起的应力，称为相变应力，又称组织应力。

(4)氢致集中应力

主要由于扩散氢聚集在显微缺陷处而引起的应力，称为氢致集中应力。

在这四种残余应力中以热应力和相变应力为主。因此内应力按产生的原因可以分为热应力(温度应力)和相变应力(组织应力)两大类。

2)按应力在空间的方向分类

(1)单向应力

在焊件中沿一个方向存在的应力，称为单向应力，又称线应力。例如，焊接薄板的对接焊缝及在焊件表面上堆焊时产生的应力。

(2)双向应力

作用在焊件某一平面内两个互相垂直的方向上的应力，称为双向应力，又称平面应力。它通常发生在厚度为 15~20 mm 的中厚板焊接结构中。

(3)三向应力

作用在焊件内互相垂直的三个方向的应力，称为三向应力，又称体积应力。例如，焊接厚板的对接焊缝和互相垂直的三个方向焊缝交汇处的应力。

金属受热和冷却时产生的体积膨胀和收缩都是三个方向的，因此严格地讲，焊件中产生的残余应力总是三向应力。但当在一个或两个方向上的应力值很小可以忽略不计时，就可以认为它是双向应力或单向应力。

2.焊接应力对结构的影响

①焊接应力会引起热裂纹和冷裂纹。

②焊接残余应力促使接触腐蚀介质的结构在使用时容易发生应力腐蚀，产生应力腐蚀裂纹，也会引起应力腐蚀低应力脆断。

③焊接残余应力的存在，提高了结构在使用时的应力水平。在厚壁结构的焊接接头区和立体交叉焊缝交汇处等部位，存在三向焊接残余应力，会使材料的塑性变形能力降低。总之，焊接残余应力会降低结构的承载能力。

④有较大的焊接残余应力的结构，在长期使用中，由于残余应力逐渐松弛、衰减会产生一定程度的变形。有焊接残余应力的构件，在机械加工之后，原来平衡的应力状态改变了，导致切削加工后构件形状发生变化，从而影响构件机械加工精度和尺寸稳定性。

⑤在结构应力集中部位、结构刚性拘束大的部位、或焊接缺陷较多部位，存在拉伸焊接残余应力会降低结构使用寿命，并易导致低应力脆断事故的发生。

因此，对于塑性较差的高强钢焊接结构，低温下使用的结构，刚性拘束度大的厚壁容器，存在较大的三向拉伸残余应力的结构，焊接接头中存在着难以控制和避免的微小裂纹的结构，有产生应力腐蚀破坏可能性的结构，以及对尺寸稳定性和机械加工精度要求较高的结构，通常均应采取消除焊接残余应力的措施，以提高结构使用寿命，并防止低应力脆性破坏事故的发生。

同时也要说明，在低碳钢、16Mn 等一般性结构中存在的焊接残余应力对结构使用的安全性影响并不大。所以对于这样的结构，焊后可以不必采取消除残余应力的措施。

3.减小焊接应力的措施

在结构设计和焊接方法确定的情况下，通常采用工艺措施来减小焊接应力。

1）采用合理的焊接顺序和方向

①应尽量使焊缝的纵向收缩和横向收缩比较自由，不受到较大的拘束。例如，图 2.137 所示的钢板拼接，应先焊错开的短焊缝，后焊直通的长焊缝，使焊缝有较大的横向收缩自由。焊对接长焊缝时，采用由中央向两端施焊法，焊接方向指向自由端，使焊缝两端能较自由地收缩。分段退焊法虽能减小焊接变形，但焊缝横向收缩受阻较大，焊接应力也较大。

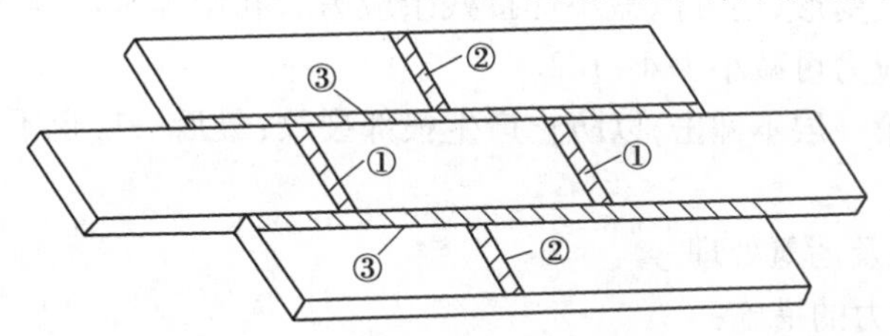

图 2.137　按焊缝布置确定焊接次序

②应先焊结构中收缩量最大的焊缝。因为先焊的焊缝收缩时受阻最小，故焊接应力也较小。例如，结构上既有对接焊缝也有角接焊缝时，应先焊对接焊缝，因为对接焊缝的收缩量比

角焊缝大。

③焊接平面上交叉焊缝时，应采用保证交叉点部位不易产生缺陷、刚性拘束较小的焊接顺序。例如，T形焊缝和十字形焊缝应按图2.138(a)(b)(c)所示的顺序焊接；图2.138(d)为不合理的焊接顺序。

此外，还应先焊在工作时受力较大的焊缝，使焊接应力合理分布。

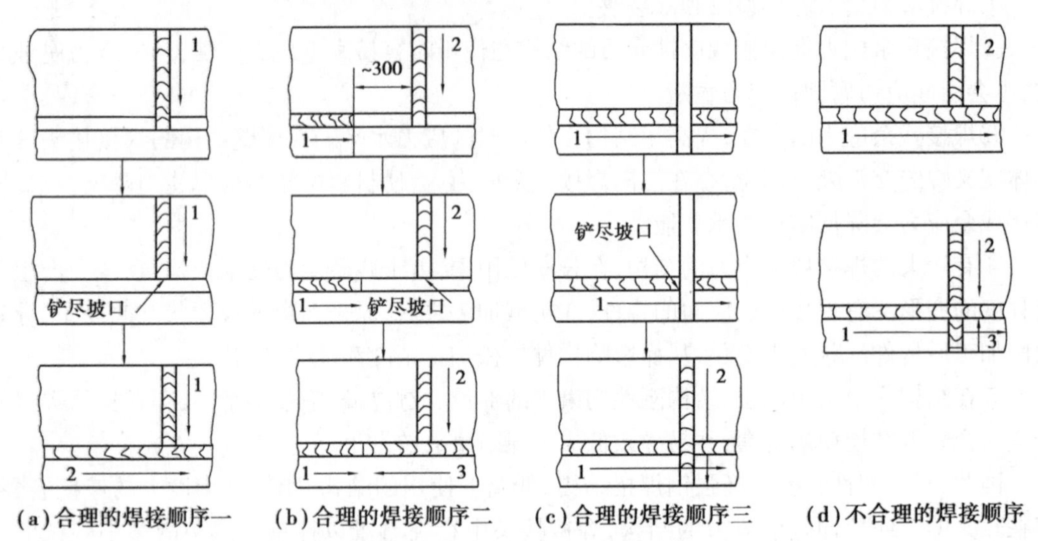

图2.138　交叉焊缝的焊接顺序

2)采用较小的焊接线能量

小线能量可以减小不均匀加热区的范围及焊缝收缩量，从而减小焊接应力。采用较小线能量和合理的焊接操作方法，对减小焊接应力有一定的效果。例如，采用多层多道焊，小电流快速不摆动焊法代替单道焊，大电流慢速摆动焊法等。

3)采用整体预热法

焊件内由焊接加热引起的温差越大，焊接残余应力也越大。整体预热可以减小焊接接头区与结构整体温度之间的差别，使加热和冷却时不均匀膨胀和收缩有所减小，从而使不均匀塑性变形尽可能减小，达到减小焊接应力的目的。预热温度越高，则焊接应力越小。预热法通常用于低合金高强度结构钢的焊接，不适用于不锈钢的焊接。

4)锤击法

焊接每条焊道之后，用一定形状的小锤迅速均匀地轻敲焊缝金属，使其横向有一定的展宽，这样可以减小焊接变形，还可以减小焊接残余应力。利用锤击焊缝来减小焊接残余应力是行之有效的方法，应力可减小1/4~1/2。

多层多道焊时，第一层不锤击，以防止产生根部裂纹；最后一层也不锤击，以免影响焊缝表面质量。

5)减少氢的措施及消氢处理

减小氢致集中应力的措施：

①选用低氢型碱性焊条和碱性焊剂。

②焊条和焊剂应在规定的较高烘干温度下严格烘干。

③清除焊丝和坡口表面及两侧的水汽与油、锈蚀。

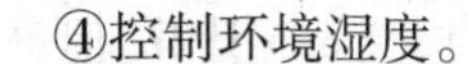

④控制环境湿度。

⑤焊接后应对焊缝进行消氢处理。焊后立即加热到 250～350 ℃，保温 2～6 h，使焊缝中的扩散氢逸出焊缝表面。这样可以大大降低氢致集中应力，避免产生冷裂纹（氢致延迟裂纹）。

此外，减小焊接应力还可以采用加热减应区法。选择结构的适当部位进行加热，使之伸长。加热区的伸长带动焊接部位，使其产生一个与焊缝收缩方向相反的变形，然后再焊接原来刚性很大的焊缝。在冷却时，加热区的收缩与焊缝的收缩方向相同，可使焊缝的焊接应力减小。这个加热区俗称“减应区”，如图 2.139 所示。带轮轮辐、轮缘断裂常用此法焊补，如图 2.140 所示。用加热减应区法可以焊接一些刚性比较大的焊缝，能取得降低焊接应力、防止裂纹的良好效果。

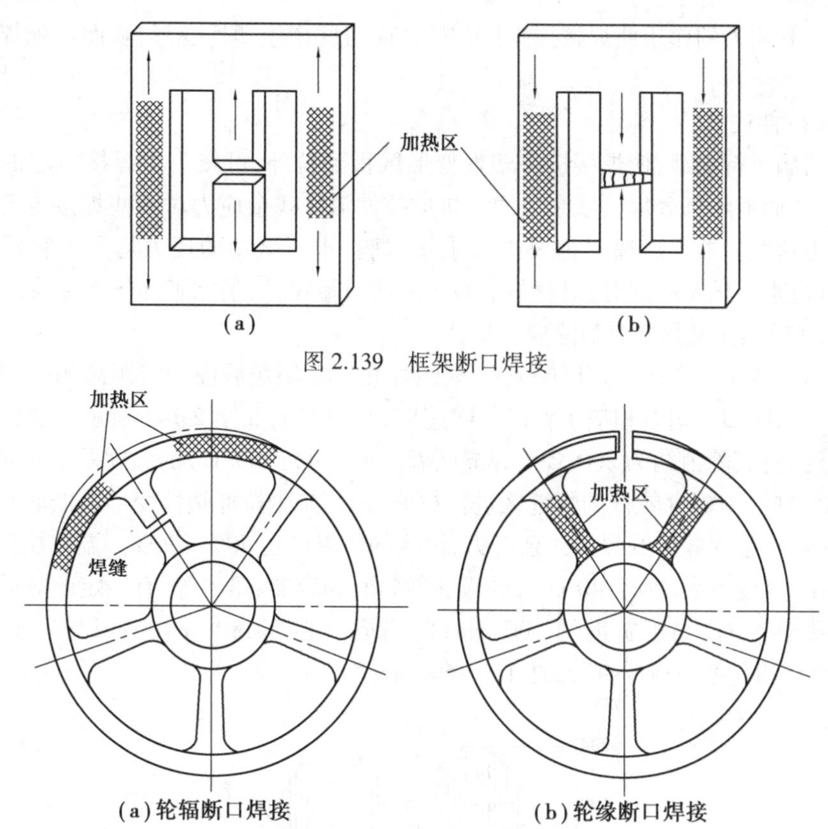

图 2.139　框架断口焊接

图 2.140　轮辐、轮缘断口焊接

4.消除焊接残余应力的方法

消除焊接残余应力的方法有热处理法和加载法两大类。

1）热处理法

通过消除应力退火或高温回火（对易淬火钢说的，焊后产生淬硬组织时）的焊后热处理方法，利用高温时金属材料屈服点下降和蠕变现象来松弛焊接残余应力。所谓蠕变现象是指金属材料在高温下强度较低，当受一定应力作用时，发生变形量随时间而逐渐增大的现象。有时消除应力退火与高温回火不分。生产中有整体热处理和局部热处理两种。局部热处理只对焊缝及其附近的局部区域进行热处理。

消除应力退火（或者说高温回火）是将构件缓慢地均匀加热到一定温度（对于碳钢和低

合金钢为600~650 ℃),然后保温一段时间(随厚度而定,钢按每毫米1~2 min计算,但最短不小于30 min,最长不必超过3 h),最后随炉冷却或冷却到300~400 ℃后出炉在空气中冷却。消除应力退火一般能消除残余应力80%~90%以上。局部高温回火消除应力的效果不及整体热处理。高温回火是生产中应用最广泛的行之有效的消除残余应力的方法。同一种金属材料,回火温度越高,保温时间越长,残余应力就消除得越彻底。

对于有回火脆性的材料或有再热裂纹倾向的材料,选择的加热温度要避开回火脆性温度或产生再热裂纹的温度。例如含钒低合金钢在600~620 ℃回火后,塑性、韧性下降(回火脆性),因此回火温度选550~560 ℃。

2)加载法

加载法是利用力的作用使焊接接头拉伸残余应力区产生塑性变形,从而松弛焊接残余应力的方法。

(1)机械拉伸法

对焊接结构进行加载,使焊接接头塑性变形区得到拉伸,可减小由焊接引起的局部压缩塑性变形量,从而消除部分焊接残余应力。机械拉伸消除残余应力对一些焊接压力容器特别有意义。因为这些容器焊后通常都要进行水压试验,水压试验的压力均大于容器的工作压力,所以在进行水压试验的同时,对材料进行了一次机械拉伸,消除了部分焊接残余应力。

(2)温差拉伸法(又称低温消除应力法)

在焊缝两侧各用一个适当宽度的氧-乙炔炬加热。在焊炬后面一定距离用一根带有排孔的水管进行喷水冷却。焊炬和喷水管以相同速度向前移动,如图2.141所示。这样就形成了一个两侧温度高(其峰值约为200 ℃)、焊缝区温度低(约为100 ℃)的温度差。两侧金属受热膨胀(沿焊缝纵向)对温度较低的焊缝区进行拉伸,使其产生拉伸塑性变形以抵消原来的压缩塑性变形,从而松弛焊缝区的焊接残余应力,消除的效果可达50%~70%。温差拉伸法适用于焊缝比较规则、厚度不大(小于40 mm)的板、壳结构,如容器、船舶等,有一定的应用价值。温差拉伸法主要参数有:焰炬宽度约100 mm,两焰炬中心距180 mm,焰炬与喷水管距离为130 mm,焰炬移动速度与板厚有关,在150~600 mm/min。

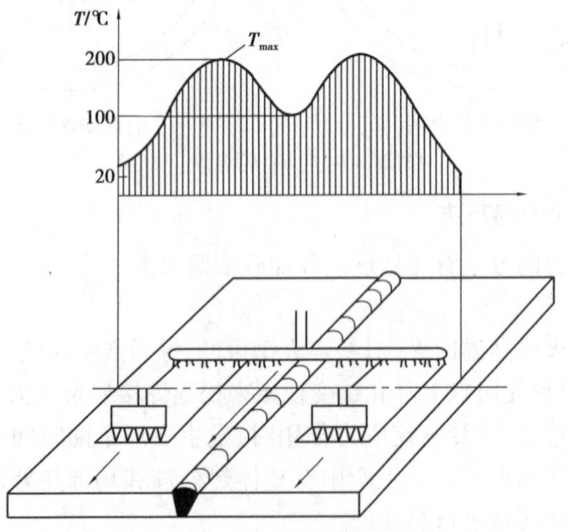

图2.141　温差拉伸法

(3)振动法

在结构中拉伸残余应力区施加振动载荷,使振源与结构发生稳定的共振。利用稳定共振所产生的变载应力,使焊接接头拉伸残余应力区产生塑性变形,从而松弛焊接残余应力。试验证明,当变载荷达到一定数值,经过多次循环加载后,结构中的残余应力逐渐降低。

职业功能 3

常用金属材料的焊接

本部分为焊工(中级)国家职业技能标准中的职业功能 3,主要涉及低合金结构钢的焊接、珠光体型耐热钢的焊接、低温钢的焊接、奥氏体不锈钢的焊接,共 4 个工作任务。

工作内容

任务 3.1　低合金结构钢的焊接
任务 3.2　珠光体型耐热钢的焊接
任务 3.3　低温钢的焊接
任务 3.4　奥氏体不锈钢的焊接

常用金属材料在日常生活的应用非常广泛,金属的焊接性是指金属材料对焊接加工的适应性。适应性是指材料在一定的焊接工艺条件下(焊接方法、焊接材料、焊接工艺参数及结构形式等)获得优质焊接接头的难易程度。

金属焊接性主要包括两个方面的内容:一是结合性能,指在一定的焊接工艺条件下,一定金属形成焊接缺陷的敏感性,主要是指获得优质致密、无缺陷焊接接头的能力;二是使用性能,指在一定的焊接工艺条件下,一定金属的焊接接头对使用性要求的适应性。其中包括常规的力学性能、低温韧性、抗脆断性能、高温蠕变、疲劳性能、持久强度、耐磨性能以及耐蚀性能等金属焊接性的内容是多方面的,影响焊接性的因素主要包括焊接方法、构件类型、使用要求、金属材料的种类及化学成分。

评定焊接性的准则主要包括:一是评定焊接接头产生工艺缺陷的倾向,为制定出合理的焊接工艺提供依据;二是评定焊接接头能否满足结构使用性的要求。对于评定焊接接头工艺缺陷的敏感性,在一般情况下,主要是进行抗裂性试验,包括热裂纹试验、冷裂纹试验、再热裂纹试验和层状撕裂试验等。对于评定焊接接头或结构的使用性能,试验内容更为复杂,主要取决于结构的工作条件和设计上提出的具体要求。

任务3.1　低合金结构钢的焊接

相关知识

3.1.1　低合金结构钢概述

使用在机械零件和各种工程材料的钢材都称为结构钢。最早使用的结构钢是碳素钢，低合金结构钢是在碳素结构钢的基础上添加一定数量的合金元素来达到所需技术要求的一些钢材。低合金结构钢中合金元素的含量一般小于5%，用以提高钢的强度并保证具有一定的塑性和韧性。利用焊接来制造金属结构的低合金结构钢可以分为两大类：强度用钢和专业用钢。在强度用钢中，低合金高强度结构钢应用最广泛，简称低合金高强度钢，或者简称普低钢。专业用低合金用钢包括锅炉用碳素钢和低合金结构钢（GB 713—2014）见表3.1；船体用结构钢（GB 712—2011）见表3.2；桥梁用钢（YB/T 10—1981，GB 714—2015）见表3.3等。

表3.1　锅炉用钢和压力容器钢板标准化学成分

钢种	牌号	化学成分（质量分数，%）							
		C	Mn	Si	S	P	Cu	Cr	Ni
锅炉用钢	20g	≤0.20	≤0.50～0.90	0.15～0.30	≤0.035	≤0.035	≤0.30	≤0.30	≤0.30
压力容器用钢	20R	≤0.26	≤0.40～0.90	0.15～0.30	≤0.035	≤0.035	≤0.30	≤0.30	≤0.30

表3.2　船体用结构钢化学成分

强度级别和质量等级	化学成分（质量分数，%）							
	C	Mn	Si	P	S	Als	Nb	V
A32，A36，A40 D32.D36，D40 E32，E36，E40	≤0.18	0.90～1.60	≤0.50	≤0.035	≤0.035	≥0.015	0.02～0.05	0.05～0.10
F32，F36，F40	≤0.16	0.90～1.60	≤0.50	≤0.025	≤0.025	≥0.015	0.02～0.05	0.05～0.10

表3.3　桥梁用结构钢的牌号和化学成分

牌号	等级	统一数字代号	化学成分（质量分数，%）					
			C	Si	Mn	P	S	Als
Q235q	C	U32353	≤0.20	≤0.30	0.40～0.70	≤0.035	≤0.035	—
	D	U32354	≤0.18	≤0.30	0.50～0.80	≤0.025	≤0.025	≥0.015

续表

牌号	等级	统一数字代号	化学成分(质量分数,%)					
			C	Si	Mn	P	S	Als
Q345q	C	L13454	≤0.20	≤0.60	1.00~1.60	≤0.035	≤0.035	—
	D	L13454	≤0.18	≤0.60	1.20~1.60	≤0.025	≤0.025	≥0.015
	E	L13455	≤0.17	≤0.50	1.20~1.60	≤0.020	≤0.015	≥0.015
Q370q	C	L13703	≤0.18	≤0.50	1.20~1.60	≤0.035	≤0.035	—
	D	L13704	≤0.17	≤0.50	1.20~1.60	≤0.025	≤0.025	≥0.015
	E	L13705	≤0.17	≤0.50	1.20~1.60	≤0.020	≤0.015	≥0.015
Q420q	C	L14203	≤0.18	≤0.50	1.20~1.60	≤0.035	≤0.035	—
	D	L14204	≤0.17	≤0.60	1.30~1.70	≤0.025	≤0.025	≥0.015
	E	L14205	≤0.17	≤0.60	1.30~1.70	≤0.020	≤0.015	≥0.015

3.1.2 低合金结构钢的分类

1.低合金高强度钢

低合金高强度钢按屈服点等级分为Q295、Q345、Q390、Q420和Q460五种级别,按质量等级分为A、B、C、D、E五级。按热处理状态又分为热轧及正火钢、低碳调质钢、中碳调质钢。国内外常见的低合金高强度钢的牌号见表3.4。

表3.4 国内外常见的低合金高强度钢

类型	屈服强度/MPa	国内外常用钢牌号
热轧及正火钢	295~490	09Mn2(Cu),09Mn2Si,16Mn(Cu),14MnNb,15MnV,16MnNb,15MhTi(Cu),15MnVN,18MnMoNb,14MnMoV
低碳调质钢	490~980	14MnMoVN,14MnMoNbB,HT-80,Welten-80C,HY-80,NS-63,HY-130,HP9-4-20,HQ70,HQ80,HQ100,HQ130
中碳调质钢	880~1 176	35CrMoA,35CrMoVA,30CrMnSiA,30CrMnSiN2A,40CrMnSiMoA,40CrNiMoA,34CrNi3MoA,4340,H-11

1)热轧及正火钢

热轧及正火钢的屈服强度为295~490 MPa,在热轧及正火状态下使用,属于非热处理强化钢,应用越来越广泛。

2)低碳调质钢

低碳调质钢的屈服强度为490~980 MPa,使用在调质状态下,属于热处理强化钢。它既具有较高强度,又有较好的塑性和韧性,可以直接在调质状态下焊接,焊后不需要调质处理。这类钢主要应用于大型工程机械、压力容器及潜艇制造。

3）中碳调质钢

中碳调质钢的屈服强度一般在880～1 176 MPa，钢中含碳量较高（0.25%～0.5%），中碳调质钢一般都在退火状态下焊接，焊后进行调质处理，常用于强度要求很高的产品或部件，如火箭发动机壳体、飞机起落架等。

2.低合金专业用钢

根据对不同使用性能的要求，低合金专业用钢可分为珠光体耐热钢、低温钢和低合金耐蚀钢3种。

1）珠光体耐热钢

以Cr、Mo为基础的低、中合金钢，随着工作温度的提高，还可以加入V、W、Nb、B等合金元素，具有较好的高温强度和高温抗氧化性，主要用于工作温度为500～600 ℃的高温设备，如热动力设备和化工设备等。常用的钢材牌号有12CrMo、15CrMo、20CrMo、12Cr1MoV、12Cr2MoWVB、12MoVWBSiRe等。

2）低温钢

大部分是一些含有Ni或无Ni的低合金钢，一般在正火或调质状态下使用，低温韧性要求比较高，对强度无特殊要求。主要用于各种低温装置和严寒地区的一些工程结构，如液化石油气、天然气的储存容器等。常见的钢材牌号有09Mn2VDR、09MnCuTiRe、06MnNb、06AlCuNbN、16MnDR、15MnNiDR、09MnNiDR等。

3）低合金耐蚀钢

除具有一般的力学性能外，必须具有耐蚀性能。主要用于大气、海水、石油等腐蚀介质中工作的各种焊接结构，应用最广泛的为耐大气和海水腐蚀用钢。化工、石油耐蚀钢要求能抗氢、氮、氨及硫化氢等，强度不高，主要钢材牌号有15MnCrAlTiRE、08AlMoV、09AlVTiCu、12AlMoV、15Al3MoWVTi等；海水、大气耐蚀钢材的牌号主要有14MnPNbRE、09MnCuPTi、08MnPRe、12MnCuCr、15MnCuCr、09Mn2Cu、16MnCu等。

3.1.3　低合金结构钢的焊接性

低合金结构钢主要是指低合金高强度钢，低合金高强度钢与低碳钢相比，热影响区容易淬硬，对氢的敏感性强。当焊接接头承受较大的应力时，容易产生各种裂纹。而且在焊接热循环作用下，可使焊接热影响区的组织性能发生变化，增大了脆性破坏的倾向，因此低合金高强度钢焊接时的主要问题是焊接裂纹和粗晶脆化。

1.焊接裂纹

1）冷裂纹倾向

由于低合金高强度钢是在碳钢的基础上加入少量的合金元素，这些合金元素对焊接性有一定的影响，明显影响到热影响区和焊缝区的淬硬倾向，因此容易产生冷裂纹，且往往是延迟裂纹。低合金高强度钢最容易产生冷裂纹，主要发生在强度级别较高的厚板钢材结构中。屈服点在295～390 MPa的普通低合金高强度钢基本上属于热轧钢，碳当量约为0.4%，冷裂倾向不大。正火钢由于含有的合金元素较多，热裂倾向有所增加，随着强度级别、碳当量及板厚的增大，其淬硬性及冷裂倾向也增大，需要根据实际情况，采取预热、控制线能量、降低含氢量及焊后热处理等措施，以防止冷裂纹的产生。

2）热裂纹倾向

通常情况下，热轧及正火钢焊接时，热裂倾向比较小。但是当钢材中碳、硫偏高或铜、磷、镍等同时存在，或在焊接厚板的工艺参数、焊缝成型系数控制不当时，热裂倾向比较大。

3）再热裂纹倾向

含有钒、钛、铬、锰、硼、铝等沉淀强化的合金元素结构钢，还会产生再热裂纹的倾向。此外大型厚板结构的角接头、十字形接头、T形接头，还有可能会产生层状撕裂。

2.粗晶脆化

低合金高强钢热影响区产生的魏氏组织或淬硬组织，是焊接接头中冲击韧性最低的脆性区。粗晶脆化产生的原因主要有两个：一是线能量过大导致粗晶区晶粒长大或出现魏氏组织等而降低韧性；二是线能量过小使得粗晶区中马氏体淬硬组织比例增大而降低韧性。因此，对于不同的钢种，应分别合理地选择工艺参数。

3.1.4　低合金结构钢的焊接工艺

1.焊接工艺要点

1）焊前准备

严格控制焊接材料及母材的硫、磷含量，对于有淬硬倾向的钢种，要严格控制焊缝的含氢量，清理焊丝及坡口边缘的油污，并且按规定烘干焊条。对焊接坡口及两侧应严格清除水、油、锈及其他污物，焊丝应严格脱脂、除锈，尽量减少氢的来源。坡口加工时，对于强度级别较高的钢材，火焰切割应注意边缘的软化或硬化。为防止切割裂纹，可采用与焊接预热温度相同的温度预热后进行焰切。组装时，应尽量减小应力。对低碳调质钢，严禁在非焊接部位随意引弧。焊接用 CO_2 保护气体的纯度（体积分数）应不低于99.5%，并选择有加热能力的流量计使用。评定一种钢的焊接性，直接的方法是进行焊接性试验。对于碳钢和低合金结构钢来说，还有一种间接的估算方法，即碳当量法。钢与钢的化学成分是不相同的，这种钢这种元素含量多，那种钢那种元素含量多，碳当量是其中一种比较方法。所谓碳当量，就是把钢中合金元素（包括碳）的含量按其作用换算成碳的相当含量。可作为评定钢材焊接性的一种参考指标。对于碳钢和低合金结构钢的碳当量，国际焊接学会推荐的计算公式见表3.5。

表3.5　碳当量计算公式

碳当量计算公式	适用范围
国际焊接学会（IIW）推荐 CE=C+Mn/6+(Cr+Mo+V)/5+(Cu+Ni)/15(%)	中高强度的非调质低合金高强度钢 $\omega_c \geqslant 0.18\%$　$\sigma_b = 500 \sim 900$ MPa
日本工业标准（JIS）规定 C_{eq}(JIS)=C+Mn/6+Si/24+Ni/40+Cr/5+Mo/4+V/14(%)	调质低合金高强度钢　$R_m = 500 \sim 1\,000$ MPa 化学成分 $\omega_c \leqslant 0.20\%$、$\omega_{si} \leqslant 0.55\%$、$\omega_{Mn} \leqslant 1.5\%$、$\omega_{Cu} \leqslant 0.5\%$、$\omega_{Ni} \leqslant 2.5\%$、$\omega_{Cr} \leqslant 1.25\%$、$\omega_{Mo} \leqslant 0.7\%$、$\omega_V \leqslant 0.1\%$、$\omega_B \leqslant 0.006\%$

续表

碳当量计算公式	适用范围
美国焊接学会(AWS)推荐 C_{eq}(AWS)=C+Mn/6+Si/24+Ni/15+Cr/5+Mo/4+Cu/13+P/2(%)	碳钢和低合金高强钢　化学成分 ω_c<0.6%、ω_{Mn}<1.6%、ω_{Ni}<3.3%、ω_{Cr}<1.0%、ω_{Mo}<0.6%、ω_{Cu}=0.5%~1%、ω_P=0.05%~0.15%

2)预热

通过预热,可以防止冷裂纹、热裂纹和热影响区出现淬硬组织。预热温度取决于钢材的化学成分、板厚、焊接结构形状、拘束度和环境温度等。随着碳当量、板厚、结构拘束度的增加和环境温度的降低,预热温度要相应提高。表3.6为几种低合金结构钢的预热温度。

表3.6　低合金结构钢的预热和焊后热处理工艺参数

强度等级/MPa	钢号	预热温度	焊后处理工艺参数	
			手工电弧焊	电渣焊
295	09Mn2 09MnV 09Mn2Si	不预热 (板厚≤16 mm)	不用热处理	
345	16Mn 14MnNb	100~150 ℃ (板厚≥30 nun)	600~650 ℃回火	900~930 ℃正火 600~650 ℃回火
390	15MnV 15MnTi 16MnNb	100~150 ℃ (板厚≥28 mm)	550 ℃或 650 ℃回火	950~980 ℃正火 550 ℃或650 ℃回火
420	15MnVN 14MnVTiRe	100~150 ℃ (板厚≥25 mm)		950 ℃正火 650 ℃回火
490	14MnMoNb 18MnMoNb	≥200 ℃	600~650 ℃回火	550~980 ℃正火 600~ 650 ℃回火

3)焊后热处理

焊接后立即对焊件(整体或局部)加热到150~250 ℃或保温,使其缓慢冷却,以防止淬硬冷裂的措施。低合金结构钢的焊接,焊后热处理主要是进行消氢处理,使焊缝中的扩散氢逸出焊缝表面的一种工艺措施。消氢处理通常指焊后将焊接热影响区加热到250~350 ℃,保温2~6 h,消氢的效果比低温后热处理好。多数情况下,低合金结构钢不需要进行焊后热处理,只有钢材强度等级较高、电渣焊接头或厚壁容器等才采用焊后热处理。在进行焊后热处理时要注意:对于有回火脆性的材料,要避开出现脆性的温度区间;对含有一定量的铜、钼、钛、钒的低合金钢消除应力退火时要注意防止再热裂纹的产生；不要超过母材的回火温度，以免影响母材性能等。

2.焊接材料的选择

低合金结构钢焊接材料的选择，要综合考虑焊缝金属的韧性、塑性及抗裂性，并按照等强度原则进行选取。焊缝强度过高，会导致焊缝的塑性、韧性及抗裂性能的降低。对强度级别较高的低合金高强钢应选用塑性、韧性及抗裂性能好的碱性焊条，考虑焊缝的塑性和韧性，可选用比母材低一级强度的焊条。关于酸性、碱性焊接材料的选用，低合金高强度结构钢的焊接一般采用碱性焊接材料，对于次要结构，也可以采用酸性焊接材料。特殊情况下，可以选用铬镍（奥氏体）不锈钢焊条。

3.焊接热输入的影响

焊接热输入是焊接电弧的移动热源给予单位长度焊缝的热量，它是与焊接区冶金、力学性能有关的重要参数之一。

$$E = \frac{\eta 0.24IU}{v}$$

式中 E——焊接热输入（J/cm）；

I——焊接电流（A）；

U——电弧电压（V）；

v——焊接速度（cm/s）；

η——焊接中热量损失的系数。

对于热轧的普通低合金高强度结构钢，碳当量小于 0.4%，焊接时一般对热输入不加限制。对于低淬硬倾向的钢，碳当量为 0.4%~0.6%，焊接时对热输入要适当加以控制。对于焊接低碳调质钢，焊接热输入要严格控制。随着低合金高强度钢强度级别的提高，碳当量的增大，焊接热输入的控制要求越加严格。

3.1.5 典型低合金结构钢的焊接

1.16Mn 钢的焊接

1）16Mn 钢的成分、性能

16Mn 钢含碳量为 0.12%~0.20%，含锰量 1.20%~1.60%；屈服点 345 MPa，抗拉强度 470~630 MPa。它比 Q235 多加入约 1%的锰，屈服点提高 40%左右，而且冶炼、加工性能和焊接性能都比较好，是我国目前产量最大、应用最广的低合金钢。它广泛用于制造压力容器、锅炉、石油储罐、船舶、桥梁、车辆及各种工程机械。16Mn 钢的成分和性能符合 Q345-A 的标准。16Mn 钢碳当量为 0.32%~0.47%，焊接性较好。16Mn 钢焊接前一般不必预热。厚度大的、刚性大的结构在低温下焊接时需要预热见表 3.7。

表3.7　不同环境温度下焊接16Mn钢的预热温度

板厚/mm	不同气温下的预热温度
16以下	不低于-10 ℃不预热 -10 ℃ 以下预热100~150 ℃
16~24	不低于-5 ℃不预热 -5 ℃以下预热100~150 ℃
25~40	不低于0 ℃不预热,0 ℃以下预热100~150 ℃
40以上	均预热100~150 ℃

2)16Mn钢的常用焊接方法

常用的焊接方法都可用于16Mn钢的焊接。

①焊条电弧焊时,应采用强度等级为E50的结构钢焊条。应用最多的是碱性焊条E5015(J507)和E5016(J506);对于要求不高的构件,也可采用酸性焊条E5003(J502)。

②埋弧自动焊不开坡口时,可以采用H08MnA焊丝配合焊剂431(HJ431);开坡口时应采用H10Mn2焊丝配合焊剂431。

③CO_2气体保护焊时,采用的焊丝牌号为H08Mn2SiA。用CO_2气体保护焊焊接16Mn钢时,焊缝含氢量低,抗裂性能好。

④电渣焊时,焊丝采用H08MnMoA,焊剂采用HJ431。

⑤氩弧焊时,焊丝采用H10MnSi。由于16Mn钢在冶炼过程中是采用铝、钛等元素脱氧的细晶粒钢,在不预热时,可选用较大的线能量焊接,避免出现淬硬组织。

2.15MnV和15MnTi钢的焊接

1)15MnV和15MnTi的成分、性能

15MnV和15MnTi属于Q390-A钢。它们分别是在16Mn钢的基础上加入0.04%~0.12%的V和0.12%~0.20%的Ti。钒和钛的加入,提高了钢的强度,同时又细化晶粒,减小钢的过热倾向。

15MnV和15MnTi钢碳的质量分数的上限比16Mn钢低0.02%,所以具有良好的焊接性。当板厚小于32 mm,在0 ℃以上焊接时,原则上可不预热。当板厚大于32 mm或在0 ℃以下施焊时,应预热到100~150 ℃,焊后进行550~560 ℃的回火热处理。

2)15MnV和15MnTi的常用焊接方法

常用的焊接方法都可用于15MnV和15MnTi钢的焊接。

①焊条电弧焊时,对于厚度不大、坡口不深的结构,可采用E5015(J507)焊条;厚度较大的结构应采用E5515-G(J557)焊条。对于不重要的结构,也可采用E5003(J502)焊条。

②埋弧自动焊时,对于厚度较小、焊后不回火的焊件,可采用H08MnA焊丝配合焊剂431;对于厚度较大或坡口较深的焊缝,应采用H10Mn2或H08Mn2SiA焊丝配合焊剂431或焊剂350;对于特大厚度深坡口的焊缝可采用H08MnMoA焊丝配合焊剂431或焊剂350。

③CO_2气体保护焊时,焊丝采用H08Mn2SiA。

④氩弧焊时,焊丝采用H08Mn2SiA。

⑤电渣焊时,焊丝采用H08Mn2MoVA,焊剂采用HJ431。15MnTi是正火状态下使用的钢种,Ti起弥散强化作用,因而对热的敏感性较大,适宜采用较小的焊接线能量。

3.18MnMoNb 钢的焊接

1)18MnMoNb 钢的成分、性能

18MnMoNb 钢碳的质量分数为 0.17%~0.23%,锰的质量分数为 1.35%~1.65%,钼的质量分数为 0.45%~0.65%,Nb 的质量分数为 0.025%~0.050%;屈服点不小于 490 MPa,抗拉强度不小于 635 MPa,是中温厚壁压力容器和锅炉用钢,可工作于 450 ℃以下的各种温度。我国曾用此钢制造了大、中型压力容器、中温压力容器、锅炉及水轮机主轴等产品。

①18MnMoNb 钢的使用状态为正火加回火(950~980 ℃正火,保温时间 1.5~2 min/mm;600~650 ℃回火,保温时间 5~7 min/mm),对于板厚特别大的,为保证综合力学性能,可在调质状态使用。

②18MnMoNb 钢的碳的质量分数较高,合金元素的质量分数也较多,碳当量 0.48%~0.63%,按平均质量分数计算碳当量为 0.56%。18MnMoNb 的焊接性较差,焊接时具有一定的淬硬冷裂倾向。因此,焊前需要预热,预热温度为 180~ 250 ℃。焊后或中断焊接时,应立即进行 250~350 ℃后热处理。

③环境温度不太低时,18MnMoNb 钢可以不预热进行气割,切口具有良好的机械加工性能。18MnMoNb 钢卷板和校圆需加热进行,具有满意的热成型性能。18MnMoNb 钢组装定位焊前应局部预热到 180 ℃以上,否则会在热影响区产生微裂纹。此外,根据 18MnMoNb 钢的再热裂纹敏感性试验,18MnMoNb 钢属于稍有再热裂纹倾向的钢种。

2)18MnMoNb 钢的常用焊接方法

在压力容器、锅炉的焊接生产中,18MnMoNb 钢常用的焊接方法是焊条电弧焊、埋弧自动焊和电渣焊等。

①焊条电弧焊时,焊条常用 E7015-D2(J707),也可用 E6015-D1(J607),焊前严格按规定参数烘干,并严格清理坡口及两侧的锈、水、油污,以免由氢引起冷裂。

②埋弧自动焊时,焊丝采用 H08Mn2MoA,焊剂采用 HJ250。焊接时层间温度控制在 250~300 ℃。

③电渣焊时,焊丝采用 H10Mn2MoA 或 H10Mn2MoVA,焊剂采用 HJ431。为保证接头性能和质量,焊接线能量要选择得当。线能量过小,接头容易出现淬硬组织而降低韧性,引起裂纹;线能量也不能过大,否则容易引起粗晶脆化。焊条电弧焊时,焊接线能量一般在20 kJ/ cm以下;埋弧自动焊时,焊接线能量在 35 kJ/ cm 以下。18MnMoNb 钢焊后一般要进行热处理。电渣焊焊后进行 950~980 ℃正火,630~670 ℃回火。焊条电弧焊或埋弧自动焊后,进行回火或消除应力热处理,其加热温度为 600~640 ℃。

焊接低合金高强度钢常用的焊条、焊丝及焊剂的选用见表 3.8。

表 3.8 热轧和正火高强度钢常用的焊接材料

强度等级 σ_s/MPa	钢号	焊条	埋弧焊		电渣焊		CO_2 保护焊焊丝
			焊丝	焊剂	焊丝	焊剂	
295	09Mn2 09Mn2Si 09MnV	E4303 E4301 E4316 E4315	H08A H08MnA	HJ431			H08Mn2SiA

续表

强度等级 σ_s/MPa	钢号	焊条	埋弧焊		电渣焊		CO_2 保护焊焊丝
			焊丝	焊剂	焊丝	焊剂	
345	16Mn 14MnNb		I 形坡口对接	HJ431	H08MnMoA	HJ431 HJ360	H08Mn2SiA
			H08A				
		E5003	中板开坡口对接				
		E5001	H08MnA				
		E5016 E5015	H10Mn2 H10MnSi				
			厚板深坡口	HJ350			
			H10Mn2				
390	15MnV 15MnTi 16MnNb	E5003 E5001	I 形坡口对接 H08MnA	HJ431	H08Mn2MoVA	HJ431 HJ360	H08Mn2SiA
		E5016	中板开坡口对接	HJ431			
		E5015	H10Mn2				
		E5516-G	H10MnSi				
		E5515-G	H08Mn2Si				
			厚板深坡口	HJ350			
			H08MnMoA	HJ250			
420	15MnVN 14MnVTiRe	E5516-G E5515-G E6016-D1 E6015-D1	H08MnMoA H04MnVTiA	HJ431 HJ350	H10Mn2MoVA	HJ431 HJ360	
490	14MnMoV 18MnMoNb	E6016-D1 E6015-D1 E7015-D2 E7015-G	H08Mn2MoA H08Mn2MoVA	HJ250 HJ350	H10Mn2MoA H10Mn2MoVA	HJ431 HJ360 HJ350 HJ250	

任务 3.2　珠光体型耐热钢的焊接

相关知识

3.2.1　珠光体型耐热钢的概述

具有足够的高温强度和较好的抗高温氧化性能的钢叫耐热钢。耐热钢按正火组织（供货状态下的组织）可分为珠光体钢、马氏体钢、铁素体钢和奥氏体钢等。珠光体型耐热钢有15Mo、12CrMo、15CrMo、12Cr1MoV、12Cr2MoWVB、12MoVWBSiRe 等。马氏体型耐热钢有1Cr13、2Cr13、1Cr5Mo、4Cr9Si2、1Cr11MoV、1Cr12Mo 等。铁素体型耐热钢有 00Cr12、1Cr17 等。奥氏体型耐热钢有 0Cr18Ni9、0Cr23Ni13、0Cr25Ni20、1Cr18Ni9Ti、1Cr18Ni11Nb 等，按合金元素质量分数分类：分为低合金耐热钢，其合金系有 Mo、Cr-Mo、Mo-V、Cr-Mo-V、Mn-Mo-V、Mn-Ni-Mo 和 Cr-Mo-Ti-B 等；中合金耐热钢，其合金系有 Cr-Mo、Cr-Mo-V、Cr-Mo-Nb 和 Cr-Mo-W-V-Nb 等高合金耐热钢，其合金系有 Cr-Ni、Cr-Ni-Ti、Cr-Ni-Mo、Cr-Ni-Nb、Cr-Ni-Mo-Nb、Cr-Ni-Mo-V-Nb 和 Cr-Ni-Si 等。

在高温、高压蒸气的运行条件下，碳钢的最高工作温度为 450 ℃，质量分数约为 0.5% 钼的钢（0.5Mo 钢）的最高工作温度为 500 ℃。当工作温度超过 500 ℃时，应采用各种类型的铬钼钢或铬钼钒钢。各种耐热钢在不同运行条件下允许的最高使用温度见表 3.9。

表 3.9　几种耐热钢在不同运行条件下允许的最高使用温度　　单位：℃

钢种 运行 条件	0.5Mo	1.25Cr-0.5Mo1 Cr-0.5Mo	2.25Cr-1Mo1 Cr-MoV	2Cr-MoWVTi5 Cr-0.5Mo	9Cr-1Mo9 Cr-MoV	12Cr-MoV	18-8CrNi(Nb)
高温高压蒸气	500	550	570	600	620	650	760
常规炼油工艺	450	530	560	650	700	—	750
合成化工工艺	410	520	560	600	700	—	800
高压加氢裂化	300	340	400	600	—	—	500

3.2.2　珠光体耐热钢的特性

珠光体耐热钢是以铬、钼为主要合金元素的低合金耐热钢，其供货状态（正火或正火加回火）组织是珠光体（或珠光体加铁素体），故称珠光体耐热钢。珠光体耐热钢的特性通常用高温强度和高温抗氧化性两种指标来表示。

1.高温强度

普通碳素钢长时间在温度超过400 ℃情况下工作时，在不太大的应力作用下就会破坏。因此低碳钢不能用来制造工作温度大于400 ℃的容器等设备。珠光体耐热钢在500~600 ℃时仍保持有较高的强度。衡量高温强度的指标有蠕变强度和持久强度两个。

①蠕变强度在高温下钢的强度较低，当受一定应力的作用时，会发生变形量随时间而逐渐增大的现象，称为蠕变。蠕变强度是钢在一定温度下，在规定的时间内产生一定的微量变形（例如1%）时的应力。

②持久强度钢在一定温度下，经规定的时间（例如104 h或105 h）发生断裂的应力，称为持久强度。将Mo、W、V、Ti、Nb、B等合金元素加入钢中，能提高钢的室温和高温强度。

2.高温抗氧化性

钢在560 ℃以下生成的氧化物是Fe_2O_3和Fe_3O_4，结构致密，对钢有良好的保护作用；在560 ℃以上生成的氧化物主要是FeO，结构疏松，氧极易穿过，使基体继续氧化。提高钢抗氧化性能的最有效途径是加入Cr、Si、Al等合金元素，生成非常致密的Cr_2O_3、SiO_2、Al_2O_3保护膜，可以防止内部金属氧化。所以，Cr和Mo是珠光体耐热钢的主要合金元素，如12CrMo、15CrMo等。Cr能提高钢的高温抗氧化性能，还有利于高温强度。Mo能显著提高钢的高温强度。钢中的C能与Cr生成Cr_3C_2，从而降低钢中铬的含量，这将降低钢的高温抗氧化性。因此，珠光体耐热钢的碳的质量分数都小于0.25%。V等合金元素能与C形成稳定的碳化物，降低碳的有害作用，从而提高钢的高温强度。所以，珠光体耐热钢中往往加入一定量的V，如12CrMoV钢。耐热钢中的V的质量分数一般不超过0.5%，基本上为0.25%~0.35%，质量分数过高反而会降低钢的蠕变强度。

3.2.3　珠光体耐热钢的焊接性

1.珠光体耐热钢的焊接性主要存在两个问题

1）淬硬倾向较大，易产生冷裂纹

珠光体耐热钢中含有一定量的铬和钼及其他合金元素，因此，在焊接热影响区有较大的淬硬倾向，焊后在空气中冷却，热影响区常会出现硬脆的马氏体组织；在低温焊接或焊接刚性较大的结构时，易产生冷裂纹。

2）焊后热处理过程中易产生再热裂纹

珠光体耐热钢含有Cr、Mo、V、Ti、Nb等强烈的碳化物形成元素，从而使焊接接头过热区在焊后热处理（高温回火或称消除应力退火）过程中易产生再热裂纹（或称消除应力处理裂纹）。

此外，某些珠光体耐热钢及其焊接接头，当存在一定量的残余元素（如P、As、Sb、Sn等）

时,温度在 350~500 ℃长期运行过程中,会发生剧烈脆化现象(称回火脆性)。

2.防止再热裂纹的主要措施

①严格限制母材和焊接材料的合金成分,采用高温塑性高于母材的焊接材料。

②将预热温度提高到 250 ℃以上,层间温度控制在 300 ℃左右。

③采用合理的热处理方法,避免的在敏感温度区间停留时间较长。

④采用较低的线能量,减小焊接过热区的宽度,细化品粒。

3.2.4 珠光体耐热钢的焊接工艺要点

1.焊条的选择

为了保证焊缝金属的耐热性能,进行焊条电弧焊前选择焊条是根据母材的化学成分,而不是根据母材的力学性能。选用的钼和铬钼珠光体耐热钢焊条的 Cr、Mo 等合金元素应与母材相当或略高于母材。珠光体耐热钢焊条选用示例见表 3.10。此外,还可选用奥氏体不锈钢焊条,焊后一般可不做热处理。

表 3.10 常用珠光体耐热钢的焊接材料

钢号	焊条电弧焊	埋弧自动焊		CO_2 气体保护焊	氩弧焊
	焊条	焊丝	焊剂	焊丝	焊丝
12CrMo	R207	H08CrMoA H13CrMoA	HJ350	H08CrMnSiMo	H08CrMoA
15CrMo	R307	H13CrMoA	HJ350	H08CrMnSiMo	H13CrMoA
12CrMoV	R317	H08CrMoVA	HJ350	H08CrMoMnSiV	H08CrMoVA

2.焊前预热

预热是避免生成淬硬组织、减小焊接应力、防止产生焊接冷裂纹的有效措施之一。由于铬钼珠光体耐热钢的淬硬冷裂倾向较大,因此预热是焊接铬钼珠光体耐热钢的重要工艺措施。不论是定位焊还是焊接过程中,都应预热,并保持略高于预热温度的层间温度。预热温度根据钢的化学成分、接头的拘束度和焊缝金属的含氢量来选定。铬钼珠光体耐热钢的焊前预热温度见表 3.11。预热作为焊接工艺的重要组成部分,应与层间温度和焊后热处理一并考虑。研究证明,对于铬钼珠光体耐热钢的焊接,为了防止冷裂纹的产生,规定较高的预热温度是必要的。但预热温度并非越高越好。用钨极氩弧焊打底和 CO_2 气体保护焊时,可以降低预热温度或不预热。

表 3.11 铬钼珠光体耐热钢的焊前预热和焊后热处理表

钢号	预热温度/℃	焊后热处理温度/℃
12CrMo	200~250	650~700
15CrMo	200~250	670~700
12Cr1MoV	250~300	710~750

续表

钢号	预热温度/℃	焊后热处理温度/℃
12Cr2Mo	250~350	720~750
12Cr2MoWVB	250~300	760~780
12Cr3MoVSiTiB	300~350	740~760
12MoVWBSiRe	200~300	750~770

在大型焊接结构的制造中,对焊件进行局部预热可以取得与整体预热相近的效果。但必须保证预热宽度大于所焊壁厚的4倍,且至少不小于150 mm,保证焊件内外表面均达到预热温度。

3.焊后保温及缓冷

从焊接结束到焊后热处理装炉这段时间内,铬钼珠光体耐热钢焊接接头产生裂纹的危险性最大。因此,焊后应立即用石棉布覆盖焊缝及热影响区保温,使其缓慢冷却。防止接头裂纹的简单而可靠的措施是将接头按层间温度(预热温度上限)保温2~3 h的低温后热处理,可基本上消除焊缝中的扩散氢。

4.焊后热处理

铬钼珠光体耐热钢焊后应立即进行高温回火,以防止产生延迟裂纹,消除焊接残余应力和改善接头组织与性能。对于铬钼珠光体耐热钢,焊后热处理的目的不仅是消除焊接残余应力,而且更重要的是改善接头组织,提高接头的综合力学性能,包括提高接头的高温蠕变强度和组织稳定性,降低焊缝及热影响区的硬度等。焊后热处理温度见表3.11。

拟定焊后热处理温度应综合考虑以下情况:接头组织的改善;焊接残余应力降低到尽可能低的水平;加热温度应尽量避开消除应力裂纹(再热裂纹)倾向敏感的温度范围,避开回火脆性敏感的温度范围,规定在危险温度范围内较快的加热速度。

此外,铬钼珠光体耐热钢焊接时,控制线能量。采用较小的线能量,有利于减小焊接应力,细化晶粒,改善组织,提高冲击韧性。

3.2.5 珠光体耐热钢的焊接方法

一般的焊接方法均可焊接珠光体耐热钢。焊条电弧焊和埋弧自动焊用得多,用CO_2气体保护焊也日益增多,电渣焊在大断面焊接中应用;在焊接重要的高压管道时,常用钨极氩弧焊打底焊,再用焊条电弧焊或熔化极气体保护焊盖面焊。

1.埋弧自动焊

在压力容器、管道、梁柱结构及汽轮机转子等结构的焊接中得到了广泛的应用。埋弧焊不能用于全位置焊,对小直径管和薄壁构件也不适用。

2.焊条电弧焊

这是仅次于埋弧自动焊应用较广的焊接方法之一。

①在珠光体耐热钢焊接时,选用低氢型药皮碱性焊条是防止焊接冷裂纹的主要措施之一。但碱性焊条药皮容易吸潮,而焊条药皮和焊剂中的水分是氢的主要来源。因此,焊条、焊

剂在使用前要严格按规范烘干,随用随取。此外还必须清理坡口及两侧的锈、水、油污。

②U 形坡口用于壁厚较厚的珠光体耐热钢管道的对接焊接。U 形坡口要求对口间隙严格(2~3 mm),因为间隙对根部焊接质量有较大的影响。带垫圈的 V 形坡口的优点是根部间隙大,便于运送焊条,能保证根部焊透。但必须注意垫圈与管道之间的间隙应小于 0.5~1.0 mm,否则焊缝根部两侧容易产生裂纹。

3.钨极氩弧焊

这也是珠光体耐热钢管道常用的焊接方法之一。既可以用作打底焊,也可以用于整个焊缝的焊接。现在全位置自动脉冲钨极氩弧焊已应用于珠光体耐热钢管道的焊接。钨极氩弧焊打底焊时的坡口不留间隙,焊接时可以用填充焊丝,也可以不用填充焊丝。钨极氩弧焊(TIG)打底焊的工艺参数见表 3.12。当珠光体耐热钢母材铬的质量分数超过 3%时,焊缝背面也应通氩气保护,以改善焊缝成型,防止焊缝表面氧化。钨极氩弧焊电弧气氛具有超低氢的特点,焊接珠光体耐热钢时可以降低预热温度,有时甚至可以不预热。

表 3.12 TIG 打底焊的工艺参数

管子规格	钨极直径/mm	钨极伸出长度/mm	焊接电流/A	喷嘴直径/mm	填充焊丝直径/mm	氩气流量/($L \cdot min^{-1}$)
小直径薄壁管	2.5	5~6	90~110	8	2.4	8~12
大直径厚壁管	2.5	6~8	110~130	8	2.4	10~15

4.电渣焊

电渣焊在珠光体耐热钢厚壁容器的生产中得到稳定的应用。电渣焊接头晶粒十分粗大,对于一些重要焊接结构,焊后必须经正火处理,以细化晶粒,提高缺口冲击韧性。此外,珠光体耐热钢也可以采用 CO_2 气体保护焊。常用珠光体耐热钢 CO_2 气体保护焊用的焊丝见表 3.10。

3.2.6 典型珠光体耐热钢的焊接

1.12CrMo 钢的焊接

12CrMo 钢的最高工作温度为 535 ℃,在 480~540 ℃长期时效后,其力学性能和组织性能均有足够的稳定性。当温度超过 550 ℃时,蠕变极限开始明显下降。12CrMo 钢具有良好的焊接性,可通过焊条电弧焊、埋弧自动焊、气体保护焊及氧-乙炔气焊等方法进行焊接,常用钢管壁温度小于 540 ℃的锅炉受热面管及蒸气参数为 510 ℃的高、中压蒸汽导管。

1)焊接材料的选择

焊条电弧焊可采用 R202、R207 焊条进行焊接。R202 为交、直流两用酸性焊条,能进行全位置焊接,可用于焊接工作温度 510 ℃以下的 12CrMo 钢的蒸气管道和过热器等。R207 为碱性焊条,施焊时采用直流反接短弧操作,可进行全位置焊接,可用来焊接工作温度在 510 ℃以下的 12CrMo 珠光体耐热钢的高温高压锅炉管道、化工容器等构件。采用气焊和埋弧自动焊时,应采用 H12CrMo 焊丝,焊前应将焊丝表面的油污和铁锈等杂质清除干净。

2)焊件表面的清理

焊前应将焊件表面的铁锈、油污、水分等杂质清理干净,否则会对焊接接头性能产生一定的影响。

3)预热

在0 ℃以上焊接时,只有在壁厚大于16 mm时才预热,预热温度为150~200 ℃;在0 ℃以下焊接时,任何壁厚的结构均须预热到250~300 ℃。

4)焊后热处理

焊条电弧焊一般需要680~720 ℃的加热和15~60 min保温回火处理,回火处理后冷却到室温。气焊后的结构件最好先进行930~950 ℃的加热和15~30min保温的正火处理,然后再进行回火处理。

2.12CrMoV钢的焊接

12CrMoV钢是我国最广泛使用的珠光体耐热钢之一,主要用于制造壁厚温度小于580 ℃的高压、超高压锅炉过热管、联箱和主蒸气管道等。这种钢的焊接性良好采用氧-乙炔气焊、焊条电弧焊、埋弧自动焊和电阻焊等焊接方法均可得到良好的焊接质量。

1) 焊接材料的选择

焊条电弧焊一般采用R317碱性低氢型焊条,采用直流反接电源,尽量短弧操作。气焊时采用H08CrMoV焊丝,气焊火焰选择中性焰或轻微碳化焰,以防止合金元素的烧损。埋弧自动焊选用H08CrMoV焊丝并配用焊剂350。氩弧焊时选用TIG-R31焊丝。

2)焊件表面的清理

焊接前应将焊件表面上的油污、铁锈和水分等杂质清理干净。

3)预热

12CrMoV耐热钢焊前一般预热温度为200~300 ℃,小口径薄管壁可以不预热。

4)焊后热处理

在一般情况下,用R317焊条电弧焊时,需要经过720~750 ℃的回火处理。气焊时焊接接头焊后要做1 000~1 020 ℃的正火处理,然后再进行720~750 ℃的回火处理。

3.10CrMo910钢的焊接

10CrMo910钢供货状态是940~960 ℃正火加740~760 ℃回火的调质状态,其组织为铁素体加碳化物。这种钢具有良好的焊接性,可以采用焊条电弧焊、埋弧自动焊、气体保护焊氧-乙炔气焊、闪光对焊等焊接工艺。

1)焊接材料的选择

一般情况下,焊条电弧焊可选用R407焊条,也可采用R317焊条。气焊时采用H08CrMoV焊丝,选用中性焰,以防止合金元素的烧损。气体保护焊时,一般选用TIG-R40焊丝。

2)焊件表面的清理

焊前应将焊件表面上的油污、铁锈和水分等杂质清理干净。

3)预热

10CrMo910钢的预热温度为250~300 ℃。

4）焊后热处理

气焊后的焊接接头采用940~960 ℃正火加740~760 ℃回火的热处理工艺，回火保温时间为30 min。焊条电弧焊后的焊接接头应采用740~760 ℃和保温40~60 min的回火处理。

任务3.3　低温钢的焊接

相关知识

3.3.1　低温钢概述

低温钢是指在-10~-196 ℃应用的合金钢，低于-196 ℃（直到-273 ℃）以下使用的钢称为超低温钢。主要性能特点是在低温工作条件下具有足够的强度、塑性和韧性，同时具有良好的加工性。主要用于制造石油化工业中的低温设备，如液化石油气和液化天然气等的储存和运输的容器、管道等。低温钢的钢种很多，包括从低碳铝镇静钢、低合金高强度钢、低镍钢，直到镍（Ni）含量为9%的钢。

低温钢大部分是接近铁素体型的低合金钢，其含碳量较低，主要通过加入Al、V、Nb、Ti和稀土（RE）等元素固溶强化和细化晶粒，再经过正火、回火处理获得晶粒细而均匀的组织，以得到良好的低温韧性。如果在钢中加入Ni，可提高钢的强度，同时又可进一步改善低温韧性，但在提高Ni的同时要相应降低含碳量和严格控制S、P含量，以充分发挥Ni的有利作用。

3.3.2　低温钢的分类

对低温钢性能的要求，主要是要保证在使用温度下具有足够的低温韧度与抗脆性破坏的能力。随着温度下降到某一较低温度时，钢材断裂会从韧性转变为脆性，冲击韧度突然大幅下降到很低，此温度称为转脆温度。钢材的转脆温度应低于最低工作温度，以防止发生脆性破坏。因此对于低温钢，低温下的缺口韧性是最重要的性能。各国通常都规定出了在最低使用温度下的冲击韧度。对于低温用钢，虽然也有强度要求，但强度要求不是主要的，并且希望屈服点与抗拉强度的比值不应偏高。

1）按使用温度等级分类

分为-50~-90 ℃、-100~-120 ℃和-196~-273 ℃等级的低温钢。常用低温钢的类型及适用温度范围如图3.1所示。

2）按合金元素含量和组织分类

分为低合金铁素体低温钢、中合金低温钢和高合金奥氏体低温钢。

3）按有无Ni、Cr元素分类

分为无Ni、Cr低温钢和含Ni、Cr低温钢。

4）按热处理方法分类

分为非调质低温钢和调质低温钢。

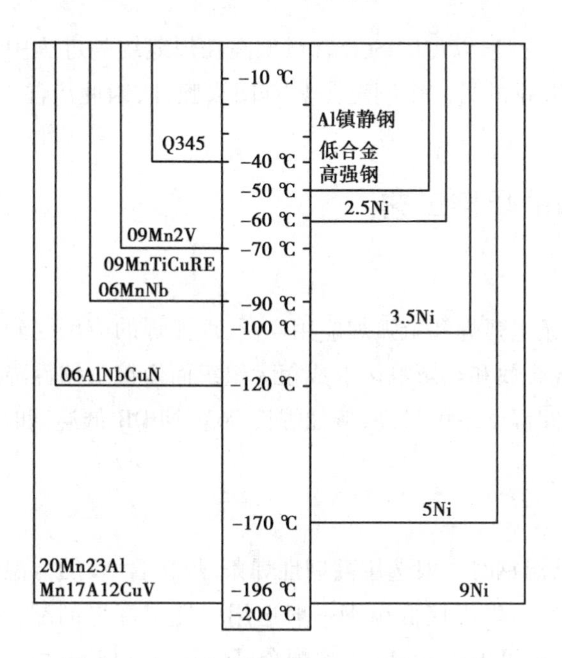

图 3.1　常用低温钢的类型及适用温度范围

3.3.3　低温钢的焊接性

1.无 Ni 低温钢的焊接性

无 Ni 低温钢即铁素体型低温钢：其中 ω_c = 0.06%～0.20%，合金元素总量≤5%，碳当量为 0.27%～0.57%，焊接性良好。在室温下焊接不易产生冷裂纹，在板厚小于 25 mm 时焊前不需预热；板厚超过 25 mm 或接头刚性拘束较大时，应预热 100～150 ℃，注意预热温度（不可超过 200 ℃）过高会引起热影响区晶粒长大而降低韧性。

2.含 Ni 低温钢的焊接性

含 Ni 较低的低温钢，如 2.5Ni 和 3.5Ni 钢，虽然加入 Ni 提高了钢的淬透性，但由于含碳量限制的较低，冷裂倾向并不严重。薄板焊接时可不预热，厚板焊接时需要进行 100 ℃预热。

含 Ni 高的低温钢如 9Ni 钢，淬硬性很大，焊接时热影响区产生马氏体组织是不可避免的，但由于含碳量低，并采用奥氏体焊接材料，因此冷裂倾向不大。但焊接时应注意以下几个问题：

1）正确选择焊接材料

9Ni 具有较大的线膨胀系数，选择的焊接材料必须使焊缝与母材线膨胀系数大致相近，以免因线膨胀系数差别太大而引起焊接裂纹。通常选用镍基合金焊接材料，焊后焊缝组织为奥氏体组织，低温韧性好，且线膨胀系数与 9Ni 钢接近。

2）避免磁偏吹现象

9Ni 钢具有强磁性，采用直流电源焊接时会产生磁偏吹现象，影响焊接质量。防治措施是焊前避免接触强磁场；尽量选用可以采用交流电源的镍基焊条。

3）焊接热裂纹

Ni 能提高钢材的热裂纹倾向，焊接含 Ni 钢时要注意焊接热裂纹。因此应该严格控制钢材及焊接材料中的S、P含量，以免因S、P含量偏高在焊缝结晶过程中形成低熔点共晶，而导致形成结晶裂纹。含Ni钢的另一个问题是具有回火脆性，因此应注意这类钢焊后回火的温度和控制冷却速度。

3.3.4 低温钢的焊接工艺

1.焊接方法

焊接低温钢时，焊条电弧焊和氩弧焊应用广泛，埋弧焊的应用受到限制，而气焊和电渣焊一般不用。为避免焊缝金属和热影响区形成粗大组织而使接头韧性降低，焊接热输入不能过大，多层焊要控制焊道间温度不可过高，例如焊接06MnNbDR低温钢时，焊道间温度不可超过300 ℃。

2.焊接材料

焊条电弧焊焊接低温钢时一般选用高韧性焊条，焊接含Ni的低温钢所用焊条的含Ni量应与母材相当或稍高；埋弧焊焊接低温钢一般选用中性熔炼焊剂配合Mn-Mo焊丝或碱性熔炼焊剂配合含Ni焊丝，也可采用C-Mn焊丝配合碱性非熔炼焊剂，由焊剂向焊缝过渡微量Ti、B合金元素，以保证焊缝获得良好的低温韧性。

国内研制的低温钢焊条牌号以W×××表示，其具体内容如下：

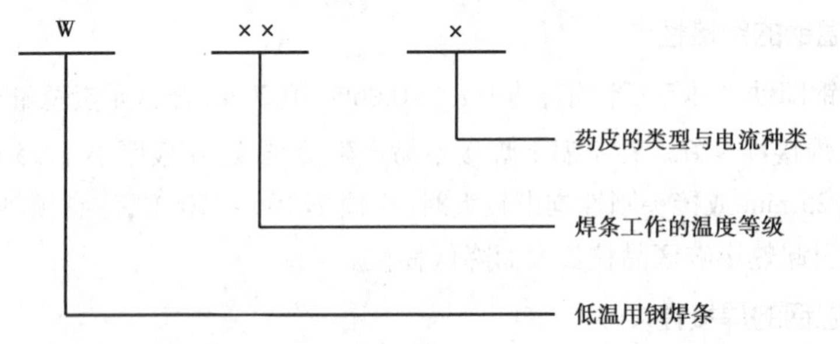

3.3.5 低温钢的焊接方法

为减小热输入，焊条电弧焊通常采用小直径焊条（一般不大于4 mm）、用尽量小的焊接电流，采用多层多道焊，每一焊道焊接时采用快速不摆动的操作方法。

快速多道焊可避免焊道过热，多层焊时后续焊道对前焊道的再次加热作用可细化晶粒。

低温钢焊条电弧焊平焊时的焊接参数见表3.13。其他位置焊接时焊接电流应减小10%。

在横焊、立焊和仰焊时，为保证焊缝成型并与母材充分熔合，可进行必要地摆动，例如采用“之”字形运条方法，但应控制电弧在坡口两侧的停留时间，收弧时要将弧坑填满。

表3.13　低温钢焊条电弧焊平焊时的焊接参数

焊缝金属类型	焊条直径/mm	焊接电流/A	焊接电压/V
铁素体-珠光体型	3.2	90~120	23~24
	4.0	140~180	24~26
Fe-Mn-Al 奥氏体型	3.2	80~100	23~24
	4.0	100~120	24~25

低温钢由于碳的质量分数低,塑性和韧性好,焊后淬硬倾向和冷裂倾向小,具有良好的焊接性。3.5Ni 钢板厚 25 mm 以上,且刚性较大时,焊前要预热至 150 ℃,其余钢种可不预热。

低温钢焊接时,关键是要保证焊缝区和粗晶区的低温韧性。为避免焊缝金属和过热区形成粗晶组织而降低低温韧性,要采用小线能量。焊接电流不宜大,宜用快速焊条不摆动、多层多道焊,以减轻焊道过热,并通过后续焊道的重热作用细化晶粒。多道焊时要控制层间温度(道间温度),不大于 200~300 ℃。埋弧自动焊时,焊接线能量应控制在 28~45 kJ/cm。焊条电弧焊和埋弧自动焊的主要工艺参数可参考表 3.14。焊后进行热处理,以细化晶粒,改善焊接接头的低温韧性;并消除焊接残余应力,以降低低合金低温用钢焊接结构的脆断倾向。焊前预热和焊后热处理温度见表 3.15。

表3.14　低温钢焊接工艺参数

焊缝金属类型		焊条(焊丝)直径/mm	焊接电流/A	电弧电压/V
焊条电弧焊	铁素体-珠光体型	3.2	90~120	—
		4	140~180	—
埋弧自动焊	-40 ℃	2	260~400	36~42
		5	750~820	35~43
	-70 ℃	3	320~450	32~38

表3.15　低温钢焊前预热与焊后热处理

钢号	焊前预热		焊后热处理温度/℃
	板厚/mm	预热温度/℃	
09MnD	—	—	500~620
16MnD 16MnDR	≥30	≥50	600~640
09MnNiD 09MnNiDR 15MnNiDR			540~580
07MnNiCrMoVDR	16~30	≥60	550~590
	>30~40	≥80	
	>40~50	≥100	
3.5Ni	>25	150	600~625

焊接低温钢用的焊条见表3.16。低温钢焊条牌号中,“W”表示低温钢焊条;第一、第二位数字组合“60”或“70”表示最低使用温度为-60 ℃或-70 ℃,“10” 表示最低使用温度为-100 ℃;第三位数字“7” 表示低氢钠型药皮,直流反接。焊接-40 ℃级的16MnDR低温钢可采用高韧性结构钢焊条J506RH或J507RH。

表3.16 低温钢焊条选用

低温钢钢号	低温钢焊条牌号	焊条型号	熔敷金属主要成分/%
16MnD 16MnDR	J506RH	E5016-G	
	J507RH	E5015-G	
09MnD 15MnNiDR	W607	E5015-G	$\omega_C \leqslant 0.07, \omega_{Mn} = 1.2 \sim 1.7, \omega_{Ni} = 0.6 \sim 1.0$
09MnTiCuRe 09Mn2VDR	W707	—	$\omega_C \leqslant 0.10, \omega_{Mn} \approx 2.0, \omega_{Cu} \approx 0.7$
09MnNiD	W707Ni	E5515-Cl	$\omega_C \leqslant 0.12, \omega_{Mn} \leqslant 1.25, \omega_{Ni} 2.0 \sim 2.75$
09MnNiDR 06MnNb3.5Ni	W107	E5015-C2L	$\omega_C \leqslant 0.05, \omega_{Mn} 0.5 \sim 1.0, \omega_{Ni} 3.1 \sim 3.7$

焊接低温钢结构,还应注意避免焊接缺陷(如弧坑、咬边、未焊透和焊缝成型不良等),并应及时修补;否则低温时因钢材对缺陷和应力集中的敏感性大,而增大低温脆性破坏倾向。

任务3.4 奥氏体不锈钢的焊接

相关知识

3.4.1 奥氏体不锈钢概述

奥氏体不锈钢的主要合金元素是铬和镍,也称铬镍奥氏体不锈钢,应用十分广泛。焊接接头在焊接状态下具有良好的塑性和韧性。但由于奥氏体不锈钢的导热系数小,熔点低,线膨胀系数大,在相同的焊接规范下,被加热到600 ℃以上时,焊缝金属高温停留时间长,易形成粗大的铸态组织,并产生较大的应力和变形。残余应力的存在会导致焊接热应力裂纹和应力腐蚀开裂。因此,如果选择的焊接材料或焊接工艺不当,会出现晶间腐蚀或热裂纹等缺陷。

3.4.2 奥氏体不锈钢的分类

1.不锈钢的分类

不锈钢有两种分类法。一种是按合金元素的特点,划分为铬不锈钢(以铬作为主要合金元素)和铬镍不锈钢(以铬和镍作为主要合金元素)。另一种是按正火状态下钢的组织状态,划分为马氏体不锈钢、铁素体不锈钢、奥氏体不锈钢和奥氏体-铁素体型不锈钢等。

1）马氏体不锈钢

这类钢的铬质量分数较高（13%~17%），碳的质量分数也较高（0.1%~1.1%）。属于此类钢的有1Cr13、2Cr13、3Cr13、4Cr13等，其中以2Cr13应用最广。此类钢具有淬硬性，在温度不超过30 ℃时，在弱腐蚀介质中有良好的耐腐蚀性；对淡水、海水、蒸汽、空气也有足够的耐腐蚀性；在热处理（如调质）后有很好的力学性能。此类钢多用于制造力学性能要求较高、耐腐蚀性要求相对较低的零件，例如汽轮机叶片、医疗器械等。

2）铁素体不锈钢

这类钢的铬的质量分数高（13%~30%），碳的质量分数较低（低于0.15%）。此类钢的耐酸能力强，有很好的抗氧化能力，强度低，塑性好，主要用于制作化工设备中的容器、管道等，广泛用于硝酸、氮肥工业中。属于此类钢的有00Cr12、1Cr17、1Cr17Mo、00Cr27Mo、00Cr30Mo2等，常用1Cr17。

3）奥氏体不锈钢

奥氏体不锈钢是目前工业上应用最广的不锈钢。它以铬、镍为主要合金元素，它有更优良的耐腐蚀性；强度较低，而塑性、韧性极好；焊接性能良好。主要用作化工容器、设备和零件等。奥氏体不锈钢化学成分类型有Cr18%-Ni9%（通常称18-8不锈钢）、Cr18%-Ni12%、Cr23%-Ni13%、Cr25%-Ni20%等。属于奥氏体不锈钢有0Cr18Ni9、00Cr19Ni10、1Cr18Ni9、1Cr18Ni9Ti、0Cr18Ni10Ti、0Cr18Ni11Nb、1Cr18Ni12、0Cr18Ni12Mo2Ti、0Cr23Ni13、0Cr25Ni20等。常用有1Cr18Ni9Ti、Cr25Ni20等。

2.不锈钢的物理性能与焊接有关的物理性能

①不锈钢的热导率低于碳钢，尤其是奥氏体不锈钢的热导率约为碳钢的1/3。

②不锈钢的电阻率高，尤其奥氏体不锈钢的电阻率约为碳钢的5倍。

③奥氏体不锈钢的线膨胀系数比碳钢约大50%，马氏体不锈钢和铁素体不锈钢的线膨胀系数大体上与碳钢相等。

④奥氏体不锈钢的密度大于碳钢，马氏体不锈钢和铁素体不锈钢的密度稍小于碳钢。

⑤奥氏体不锈钢没有磁性，马氏体不锈钢和铁素体不锈钢有磁性。

3.不锈钢的力学性能

几种常用的典型的不锈钢力学性能与低碳钢和16Mn钢的力学性能进行比较见表3.17。

表3.17　不锈钢力学性能（与低碳钢、16Mn比较）

钢号	热处理	力学性能			
		σ_b/MPa	$\sigma_{0.2}$/MPa	δ_5/%	HB
1Cr13	淬火950~1 000 ℃，油冷 回火700~750 ℃，快冷（退火800~900 ℃，缓冷）	≥539	≥343	≥25	≥159
2Cr13	淬火920~980 ℃，油冷 回火600~750 ℃，快冷（退火800~900 ℃，缓冷）	≥637	≥441	≥20	≥192
3Cr13	淬火920~980 ℃，油冷 回火600~750 ℃，快冷（退火800~900 ℃，缓冷）	≥735	≥539	≥12	≥217
1Cr17	退火780~850 ℃，空冷	≥451	≥206	≥22	≥183

续表

钢号	热处理	力学性能			
		σ_b/MPa	$\sigma_{0.2}$/MPa	δ_5/%	HB
0Cr18Ni9	固溶 1 010~1 150 ℃,快冷	≥520	≥206	≥40	≤187
1Cr18Ni9	固溶 1 010~1 150 ℃,快冷	≥520	≥206	≥40	≤187
1Cr18Ni9Ti	固溶 1 030~1 100 ℃,快冷	≥520	≥206	≥40	≤187
1Cr18Ni12	固溶 1 010~1 150 ℃,快冷	≥481	≥177	≥40	≤187
0Cr23Ni13	固溶 1 030~1 150 ℃,快冷	≥520	≥206	≥40	≤187
0Cr25Ni20	固溶 1 030~1 180 ℃,快冷	≥520	≥206	≥40	≤187
Q235-A		375~460	≥235	≥26	
20	910 ℃,正火	≥410	≥245	≥25	
16Mn(Q345-A)		470~630	≥345	≥21	

4.不锈钢的耐腐蚀性能

金属腐蚀介质的化学及电化学作用而损坏的现象称为腐蚀。不锈钢的腐蚀形式有均匀腐蚀(整体腐蚀)、晶间腐蚀、点腐蚀、缝隙腐蚀和应力腐蚀等。

3.4.3　奥氏体不锈钢的焊接性

奥氏体不锈钢焊接容易造成焊接接头抗晶间腐蚀和应力腐蚀能力的降低。

1.晶间腐蚀

奥氏体不锈钢接头在腐蚀介质中易产生沿晶粒边界的晶间腐蚀,奥氏体不锈钢对晶间腐蚀的敏感程度与其成分、所受的热循环温度以及时间有关。18-8 型奥氏体不锈钢在 450~850 ℃温度区间停留一段时间后,会在晶界处析出富铬的碳化物,造成晶粒表层的含铬量下降,形成贫铬区。在腐蚀介质的强烈作用下,贫铬区优先腐蚀,产生晶间腐蚀。受到晶间腐蚀的不锈钢在表面上没有明显的变化,但在受力时会沿晶界断裂。根据奥氏体不锈钢母材类型和所采用的焊接材料与工艺,可能产生焊缝晶间腐蚀、热影响区过热“刀蚀”以及热影响区中温敏化区腐蚀。

①热影响区过热区的“刀蚀”在奥氏体不锈钢焊接接头加热温度超过 1 200 ℃的部位。在随后多层焊时加热到 600 ~1 000 ℃的敏化温度区间内,上述相晶界偏聚的碳原子浓度增大,同时在相晶界发生碳化物沉淀,在一定腐蚀介质作用下,将从表面开始产生晶间腐蚀,直至形成刀状腐蚀的破坏。

②热影响区敏化腐蚀:对于普通 18-8 型奥氏体不锈钢,当焊接热影响区加热到 600~1 000 ℃,就会出现敏化区腐蚀。含 Ti 或 Nb 的奥氏体不锈钢及超低碳 18-8 型钢,不宜有敏化区出现。防止晶间腐蚀的措施有:优先选用超低碳或添加 Ti、Nb 等稳定元素的不锈钢焊接材料。

③采用小的线能量,减小危险温度范围停留时间;采用小电流、快速焊、短弧焊、焊条不做横向摆动,焊缝可以强制冷却,减小焊接热影响区,多层焊,控制层间温度。

④焊后进行固溶处理,接触腐蚀介质面的焊缝最后进行焊接。

2.应力腐蚀

应力腐蚀多发生焊缝表面,深入焊接金属内部,尖部多分枝,主要穿过奥氏体晶粒,少量穿过晶界处的铁素体晶粒。

①影响奥氏体不锈钢焊接接头应力腐蚀的主要因素包括焊接区的残余拉应力、焊缝铸态组织及焊接区的碳化物析出等。此外,在焊接接头区存在局部浓缩和沉淀的介质也是引起奥氏体不锈钢焊接接头出现应力腐蚀的原因。

②防止应力腐蚀主要是消除焊接残余应力的焊后热处理,在焊接工艺上采取减小残余应力的措施。主要包括避免十字交叉焊缝;适当减小坡口角度;采用短道焊;通过喷丸等改变焊接表面的状态;选用热源集中的焊接方法、小线能量以及快速冷却处理等措施。

3.焊接热裂纹

奥氏体不锈钢在焊接时容易产生热裂纹,奥氏体不锈钢焊接时产生热裂纹的原因:一是单向奥氏体焊缝易形成方向性强的柱状晶组织,S、P、C、Ni 等元素形成低熔点共晶杂质偏析比较严重,形成晶间液态夹层;二是液相线与固相线距离较大,结晶时间较长,也使低熔点杂质偏析比较严重;三是不锈钢的导热系数小、线膨胀系数大,延长了焊缝金属在高温区停留时间,导致焊接应力比较大。

4.影响产生裂纹的因素

1)焊缝金属组织

单向奥氏体焊缝对热裂纹比较敏感,主要是因为单向奥氏体的合金化程度高,奥氏体非常稳定,焊接时容易产生方向性很强的粗大柱状晶组织,同时高合金化增大了液固相线的间距,加剧了偏析,此外 S、P 等杂质元素与镍形成低熔点共晶体,在晶界形成易熔夹层,增加单向奥氏体对热裂纹的敏感性。

2)焊缝的化学成分

焊缝的化学成分严格限制焊缝中的 S、P 等杂质元素的含量,增加 Cr、Mo、Si、Mn 等元素的含量,可以减少热裂纹。

3)控制焊缝金属的组织

焊缝组织为奥氏体+铁素体组织时,不容易产生低熔点杂质偏析,以减少热裂纹;但铁素体的含量应小于5%否则会产生相脆化。

4)正确选用焊接材料

选用碱性焊条和焊剂,可以使焊缝晶粒细化,减少杂质偏析,提高抗裂性,但易使焊缝含碳量增加,降低耐腐蚀性。采用酸性药皮焊条,氧化性强,合金元素烧损严重,抗裂性差,而且晶粒粗大,容易产生热裂纹。

3.4.4 奥氏体不锈钢的焊接工艺

1.采用小线能量,小电流快速焊

焊条不应做横向摆动,焊道宜窄不宜宽,最好不超过焊条直径的3倍。同样直径的焊条焊接电流值比低碳钢焊条降低20%左右,一般取焊条直径的25~30倍。小线能量、小电流短弧快速焊,冷却速度快,在敏化温度区停留时间短,有利于防止晶间腐蚀;小线能量即热输入小,焊接应力就小,有利于防止应力腐蚀和热裂纹;热输入小,焊接变形就小。此外,焊接电流小,可防止奥氏体不锈钢焊条药皮发红和开裂,保证焊条药皮的机械保护作用。

2.要快速冷却

焊后可采取强制冷却措施,以减小在敏化温度区停留时间,防止晶间腐蚀。

3.不进行预热和后热工艺

奥氏体不锈钢焊接时,不能采取预热和后热工艺措施,防止降低焊后冷却速度。多层多道焊时,各道间温度应低于 60 ℃(以手可以摸为判断标准)。

4.不锈钢焊后热处理

奥氏体不锈钢制压力容器焊接时,一般不进行消除焊接残余应力的焊后热处理。在有应力腐蚀破裂倾向时(如用 18-8 型不锈钢制造的化工容器中存放氯化物溶液、高温高压水等时,在焊接残余应力作用下,会产生应力腐蚀裂纹导致破坏),需要进行消除应力退火,可在低于 350 ℃或高于 850 ℃进行退火处理,也可用锤击法来松弛焊接应力。

5.采用适当的焊后处理

为增加奥氏体不锈钢的耐腐蚀性,焊后应进行表面处理。处理的方法有表面抛光和表面钝化。

1)表面抛光

不锈钢焊件表面如有刻痕、凹痕、粗糙点、污点,会加快腐蚀。表面越细越光滑,抗腐蚀性越好;因为细光的表面能产生一层致密而均匀的氧化膜,能保护内部金属不再受到氧化和腐蚀。

2)表面钝化

钝化处理是在不锈钢表面人工形成一层氧化膜,起保护作用。钝化处理的流程为:表面清理和修补→酸洗→水洗和中和→钝化→水洗和吹干。

(1)表面清理和修补

把表面损伤的地方修补好,用手提砂轮磨光,把飞溅清除干净,也必须磨光。

(2)酸洗

目的是去除经热加工和焊接热影响区产生的氧化皮,这层氧化皮不能抗氧化、耐腐蚀。酸洗常用的酸液酸洗和酸膏酸洗两种方法。酸液酸洗又有浸洗和刷洗两种。

酸洗配方:

①浸洗酸液配方:硝酸(密度 1.42)20%,氢氟酸 5%,其余为水。酸洗温度为室温。

②刷洗酸液配方:盐酸 50%,水 50%。

酸膏配方:盐酸(密度 1.19)20 mL,水 100 mL,硝酸(密度 1.42)30 mL,膨润土 150 g。

酸洗的方法:浸洗法用于较小的设备和部件。浸没在酸液中 25~45 min。取出后用清水冲净。刷洗用于大设备。刷到呈白亮色为止,再用清水冲净。酸膏酸洗也适用于大设备,将酸膏涂敷于焊件的焊缝及热影响区表面上,停留几分钟,再用清水冲净。

(3)钝化

钝化液配方:硝酸 5 mL,重铬酸钾 1 g,水 95 mL,处理温度为室温。处理方法是将钝化液在表面擦一遍,停留 1 h,然后用冷水冲,用布仔细擦洗,最后用热水冲洗干净,并将其吹干。经钝化处理后的不锈钢,外表呈银白色,具有较高的耐腐蚀性。

3.4.5 奥氏体不锈钢的焊接方法

总的来说,奥氏体不锈钢具有优良的焊接性。一般常用的熔化焊方法都能焊接奥氏体不锈钢。但从经济、实用和技术性能方面考虑，最好采用焊条电弧焊、钨极氩弧焊、埋弧自动焊、熔化极氩弧焊和等离子弧焊等。由于电渣焊热过程特点，在高温停留时间长，焊接速度慢，冷却速度慢，线能量大，使接头抗晶间腐蚀能力降低，并且在熔合线附近易产生严重的刀状腐蚀，因此极少应用。CO_2 气体保护焊具有氧化性，合金元素烧损严重，目前还没有用来焊接奥氏体不锈钢。

1.焊条电弧焊

焊条电弧焊是奥氏体不锈钢最常用的焊接方法。

①奥氏体不锈钢焊条的选用(表3.18)：为了保证奥氏体不锈钢的焊缝金属具有与母材相同的耐腐蚀性能和其他性能，奥氏体不锈钢焊条的选用，应根据母材的化学成分，选用化学成分类型相同的奥氏体不锈钢焊条，焊条含碳量不高于母材，铬镍含量不低于母材。例如，要焊1Cr18Ni9Ti不锈钢，母材化学成分类型为Cr18%-Ni9%(18-8型)，且含Ti，含C的质量分数约0.1%，不属于超低碳；因此，应选用化学成分类型相同的A132或A137。奥氏体不锈钢焊条的药皮通常有钛钙型(A××2)和低氢型(A××7)两种。对热裂纹倾向较大的不锈钢，如25-20型，多选用碱性药皮焊条。一般18-8型不锈钢，钛钙型焊条使用的较多，钛钙型焊条焊缝成型美观，抗腐蚀性较好，电弧稳定，飞溅少，脱渣容易。钛钙型可交、直流两用，但交流焊时熔深较浅，同时交流焊时比直流焊时药皮容易发红，交流电弧也没有直流电弧稳，所以尽可能用直流电源。

表3.18 常用奥氏体不锈钢焊条选用示例

钢号 \ 焊接材料	焊条		氩弧焊	埋弧自动焊	
	牌号	型号	焊丝	焊丝	焊剂
00Cr19Ni10	A002	E308L-16	H00Cr21Ni10	H00Cr21Ni10	HJ151 SJ601
0Cr18Ni9	A102	E308-16	H0Cr21Ni10	H0Cr21Ni10	HJ260
1Cr18Ni9	A107	E308-15			SJ601
1Cr18Ni9Ti		E347-16	H0Cr20Ni10Ti	H0Cr20Ni10Ti	HJ260
0Cr18Ni10Ti	A132			H0Cr21Ni10Ti	HJ151 SJ608 SJ701
0Cr18Ni11Nb	A137	E347-15	H0Cr20Ni10Nb	H0Cr20Ni10Nb	HJ260 HJ172
1Cr18Ni12	A202	E316-16	H1Cr24Ni13	H1Cr24Ni13	HJ260
0Cr18Ni12Mo2	A207	E316-15	H0Cr19Ni12Mo2	H00Cr19Ni12Mo2 H0Cr19Ni12Mo2	SJ601 HJ260
0Cr23Ni13	A302 A307	E309-16 E309-15	H1Cr24Ni13	H1Cr24Ni13	HJ260
0Cr25Ni20	A402 A407	E310-16 E310-15	H0Cr26Ni21	H0Cr26Ni21	HJ260

②焊接工艺参数的选择：奥氏体不锈钢焊接，为了防止晶间腐蚀和应力腐蚀，防止热裂纹，减小焊接变形，采用小线能量，小电流短弧快速焊，采用多层多道焊，焊条不摆动的窄道焊。焊接电流（表 3.19）一般比焊低碳钢减小，多层多道焊时，要控制道间温度，要冷却到 60 ℃左右再焊下一道。这些措施能减少接头在敏化温度停留时间，是防止晶间腐蚀的重要工艺措施，是奥氏体不锈钢焊接的主要工艺特点，是焊接工艺操作中必须遵循的原则。

表 3.19　奥氏体不锈钢焊接电流的选择

焊条直径/mm	2.0	2.5	3.2	4.0	5.0
焊接电流/A	25~50	50~80	80~110	110~160	160~200

2.氩弧焊

氩弧焊是奥氏体不锈钢常用的焊接方法。氩弧焊用的焊丝化学成分类型与母材相同。

1）钨极氩弧焊

钨极氩弧焊适用于厚度不超过 8 mm 的板结构，特别适宜于厚度 3 mm 以下的薄板，直径 60 mm 以下的管子以及厚件单面焊的打底焊。

表 3.20 是手工钨极氩弧焊焊接薄板工艺参数示例；表 3.21 是钨极氩弧焊打底焊的工艺参数示例；表 3.22 是管道和管板自动 TIG 焊工艺参数示例。

表 3.20　手工 TIG 焊焊接薄板工艺参数示例

板厚 /mm	接头形式	钨极直径 /mm	焊丝直径 /mm	焊接电流 /A	焊接速度 /（mm·min^{-1}）	氩气流量 /（L·min^{-1}）	电流类型
1.0+1.0	对接	2	1.6	3 5~7 5	150~550	3~4	交流
1.0+1.0	对接	2	1.6	30~60	110~450	3~4	直流正极
1.2+1.2	对接	2	1.6	50	250	3~4	直流正极
1.5+1.5	对接	2	1.6	45~85	120~500	3~4	交流
1.5+1.5	对接	2	1.6	40~75	80~300	3~4	直流正极
1.0+1.0	角接	2	—	45	230	3~4	交流
1.5+1.5	T 形接	2	1.6	40~60	60~80	3~4	交流

表 3.21　TIG 打底焊的工艺参数示例

管道规格	钨极直径 /mm	钨极伸出长度 /mm	焊接电流 /A	喷嘴直径 /mm	填充焊丝直径 /mm	氩气流量 （L·min^{-1}）
小直径薄壁管	2.5	5~6	90~110	8	2.4	8~12
大直径厚壁管	2.5	6~8	110~130	8	2.4	10~15

表3.22　管道和管板自动TIG焊的焊接工艺参数示例

接头种类	坡口形式	管道尺寸/mm	钨极直径/mm	层次	焊接电流/A	电弧电压/V	焊接速度/(r·min^{-1})	填充丝直径/mm	送丝速度/(mm·min^{-1})	氩气流量/(L·min^{-1})
										喷嘴
管子对接（全位置）	管道扩口	18×1.25	2	1	60~62	9~10	0.07~0.08			8~10
		32×1.5	2	1	54~59	8~9	0.045~0.05			10~13
	V形	32×3	2~3	1	110~120	10~12	24~28			8~10
			2~3	2~3	110~120	12~14	24~28	0.8	760~800	8-10
管板	管道开槽	13×1.25	2	1	65	9.6	14			7
		18×1.25	2	1	90	9.6	19			7

2)熔化极氩弧焊

熔化极氩弧焊可以用于焊接厚板。但熔化极氩弧焊焊接奥氏体不锈钢时,焊缝成型差,焊缝窄而高,因此应用少。为了解决这一问题,可采用富氩混合气体保护,例如,Ar和O_2 0.5%~1%或Ar和CO_2 1%~5%,再采用脉冲电流,即采用混合气体的熔化极脉冲氩弧焊。

3.埋弧自动焊

埋弧自动焊焊接奥氏体不锈钢适用于中厚板,有规则的长直缝和直径较大的环缝,且相同焊缝数量多,还只限于平焊位置。埋弧自动焊焊接奥氏体不锈钢的焊接工艺参数,见表3.23。要求焊丝中碳的质量分数不得高于母材,铬镍比母材高。焊接奥氏体不锈钢的埋弧焊焊剂有HJ260、HJ172、HJ151、SJ601、SJ608和SJ701等。

表3.23　18-8型奥氏体不锈钢埋弧自动焊焊接工艺参数示例

焊件厚度/mm	装配时允许最大间隙/mm	焊接电流/A	电弧电压/V	焊接速度/(m·h^{-1})
6	1.5~2.0	600~700	34~38	46
8	2.0~3.0	750~800	36~38	46
10	2.5~3.5	850~900	38~40	31
12	3.0~4.0	960~950	38~40	25
8	1.5	500~600	32~34	46
10	1.5	600~650	34~36	42
12	1.5	650~700	36~38	36
16	2.0	750~800	38~40	31
20	3.0	800~850	38~40	25
30	6.0~7.0	850~900	38~40	16
40	8.0~9.0	1 050~1 100	40~42	12

注:1.厚度为6~12 mm的钢板,是焊剂垫上进行单面埋弧自动焊的参数。

2.厚度为8~40 mm的钢板进行双面焊,但焊接第一道焊缝时可以在焊剂垫上进行。

3.焊丝均采用5 mm直径。

4.等离子弧焊

等离子弧焊已用于奥氏体不锈钢的焊接。对于厚度在10~12 mm以下的奥氏体不锈钢，采用小孔效应时，热量集中，可不开坡口单面焊一次成型，尤其适合于不锈钢管的焊接。微束等离子弧焊对厚度小于0.5 mm的薄件尤为适宜。

5.焊接注意事项

①为防止晶间腐蚀，与腐蚀介质接触的焊缝最后焊。

②定位焊用细焊条，定位焊道高度不超过2 mm，定位焊道的长度和间距见表3.24。

表3.24 奥氏体不锈钢定位焊道的长度和间距

板厚/mm	≤2	3~5	>5
焊道长度/mm	5~8	10~15	15~25
间距/mm	40~50	80~100	200~300

③对装配好的坡口及两侧各20~30 mm，用汽油或丙酮、乙醇擦洗，去除油污。

④为避免焊条电弧焊的飞溅损伤不锈钢表面，在坡口刷涂石灰水或专用防飞溅剂。

⑤不要在坡口之外的焊件上打弧，连接焊件的地线要接好，避免起弧损伤不锈钢表面，降低抗腐蚀性。

⑥焊条电弧焊时，要注意填满弧坑，防止弧坑热裂纹。

⑦矫正焊接变形只能用机械矫正，不能用火焰矫正，以免降低抗晶间腐蚀能力。

6.焊后热处理

为了进一步改善耐腐蚀性能或消除应力，奥氏体不锈钢焊后热处理主要有焊后消除应力处理、固溶处理和稳定化处理。

1）消除应力处理

对于18-8钢焊后消除应力处理规范为850~950 ℃保温后快速冷却；对于稳定化不锈钢为850~900 ℃保温后空冷。

2）固溶处理

将工件加热到1 000~1 180 ℃的某一温度时，然后快速冷却，必要时用水淬，使品界上的Cr23C6，溶入晶粒内部，形成均匀的奥氏体组织。

3）稳定化处理

在850~930 ℃保温后空冷，即稳定化处理，是对于含Ti或Nb这类奥氏体钢特有的一种热处理。经过稳定化处理，品界上的Cr23C6，溶入晶粒内部，此时碳被稳定住，不再析出Cr23C6。

职业功能 4

焊接质量控制

本部分为焊工(中级)国家职业技能标准中的职业功能 4,主要涉及焊接接头组织和性能、焊接接头力学性能试验、改善焊接接头的方法、焊接接头质量检验和金属焊接缺陷及特征,共 4 个工作任务。

工作内容

任务 4.1　焊接接头组织和性能
任务 4.2　焊接接头力学性能试验
任务 4.3　改善焊接接头的方法
任务 4.4　焊接接头质量检验和金属焊接缺陷及特征

任务 4.1　焊接接头组织和性能

相关知识

4.1.1　焊接接头的概述

焊接接头的形式:最近几年,新的焊接方法随时间不断地变化,焊接接头类型也越来越多,但应用最广泛的还是熔焊。熔焊焊接接头的形式主要有对接接头、搭接接头、角接接头、T形接头、端接接头等。

1.对接接头

对接接头是指两件表面构成不小于 135°,不大于 180°夹角的接头。从力学角度看,受力状况良好,应力集中较小,能承受较大的静载荷和动载荷,是应用最多、比较理想的接头形式。

2.搭接接头

搭接接头是指两件部分重叠构成的接头。这种接头强度较低,尤其是疲劳极限很低,只用于不重要的结构。

3.角接接头

角接接头是指两件端部构成大于 30°、小于 135°夹角的接头。承受载荷能力较对接接头差。

4.T 形接头

T 形接头是指一件之端面与另一件表面构成直角或近似直角的接头,这种接头承受载荷的能力、特别是承受震动载荷能力较低。

5.端接接头

端接接头是指两件重叠放置或两件表面之间的夹角不大于 30°构成的端部接头,这种接头不是主要的受力焊缝,只起到焊接结构的连接作用。

4.1.2 焊接接头的组成

焊接接头包括焊缝区、熔合区和热影响区。检验焊接接头性能应考虑焊缝区、熔合区、热影响区甚至母材等不同部位的相互影响。

1.焊缝区

它是焊件经焊接后所形成的结合部分。熔化焊(如气焊、电弧焊)时,熔池液态金属冷却凝固后所形成的结合部分就是焊缝区。焊接接头横截面宏观腐蚀所显示的焊缝与母材交接的轮廓线(即焊缝金属与母材的分界线)称为熔合线。

2.热影响区

它是焊接或热切割过程中,母材因受热的影响(但未熔化),而发生组织和力学性能变化的区域。

3.熔合区

它是焊缝与母材(焊接热影响区)交接的过渡区,即熔合线处微观显示的母材半熔化区。所谓半熔化区是焊缝边界的固液两相交错共存而又凝固的区域。

焊接接头是整个焊接结构的关键部位,其性能直接影响整个焊接结构的制造质量和使用的安全性。焊接接头中焊缝的性能决定于焊缝的化学成分和组织。焊缝附近的母材性能变化决定于组织变化。而母材的组织变化又决定于焊接过程中母材的加热与冷却过程,即焊接热循环过程。

4.1.3 焊接热循环

焊接热循环是指在焊接热源作用下,焊件上某点的温度随时间变化的过程。焊接接头上某点,先是被加热,温度从室温开始上升,到达最高加热温度后,再冷却降温,温度回到室温,形成一个热循环。焊件上与热源距离不同的各点,所经历的热循环是不一样的,离焊缝越近的部位,达到的最高加热温度越高。

1）焊接热循环的主要参数

①最高加热温度：焊件上某点被加热达到的最高温度，用 T_m 表示。

②高温停留时间：在高温（通常用加热温度 1 100 ℃ 以上）停留的时间，用 $t_{过}$ 表示。图 4.1 为焊接热循环曲线示意图。

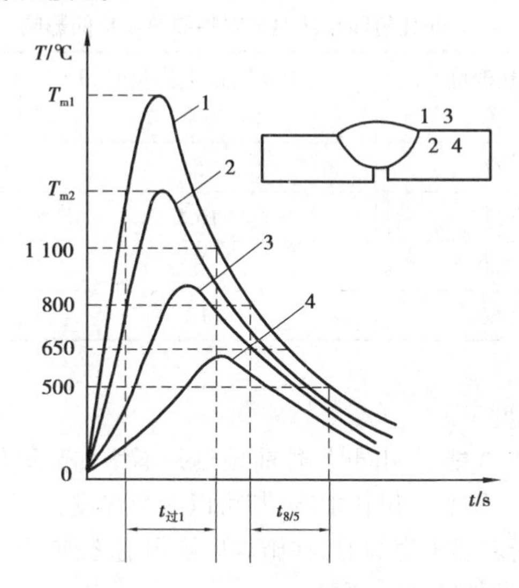

图 4.1　焊接热循环曲线

③冷却速度：冷却速度对接头的组织和性能的影响，通常用起关键作用的是从 800 ℃冷却到500 ℃的时间表示。因此，通常用从 800 ℃冷却到 500 ℃的时间 $t_{8/5}$ 表示冷却速度；也有用 650 ℃时的冷却速度来表示的。此外，焊接热循环的参数还有加热速度等。

2）焊接热循环的主要特点

①急剧加热且温度高，熔池（焊缝）附近区域最高加热温度比一般热处理加热温度都高，故发生过热，致使该区晶粒长大粗化严重。

②急速冷却且速度快，从而致使焊接接头容易发生淬硬，形成淬硬组织，加剧了焊接冷裂纹的产生。

3）影响焊接热循环的因素

影响焊接热循环的因素主要有焊接工艺参数、预热和层间温度、焊接方法、焊件厚度、接头形式和母材导热性能等。

（1）焊接工艺参数

焊接时为保证焊接质量而选定的各项参数（如焊接电流、电弧电压、焊接速度和线能量等）的总称，叫焊接工艺参数。线能量是熔焊时由焊接热源输入给单位长度焊缝上的热量，又称热输入。通常线能量的计算公式为：

$$q = \frac{IU}{v}$$

式中　I——焊接电流，A；

U——电弧电压，V；

v——焊接速度，cm/s；

q——线能量，J/cm。

可见,线能量是一个综合焊接电流、电弧电压和焊接速度的工艺参数。焊接电流或电弧电压越大,则线能量越大;焊接速度越大,则线能量越小。

线能量对焊接热循环有很大影响。从表 4.1 中可以看出,线能量变大,高温停留时间变长,焊后冷却速度变慢;线能量变小,高温停留时间变短,焊后冷却速度变快。

表 4.1 线能量和预热温度对焊接热循环的影响

线能量 /(J·cm^{-1})	预热温度 /℃	1 100 ℃以上停留时间 /s	650 ℃时的冷却速度 /(℃·s^{-1})
20 000	27	5	14
38 400	27	16.5	4.4
20 000	260	5	4.4
38 400	260	17	1.4

(2)预热温度和层间温度

从表 4.1 中可以看出,在线能量相同时,焊前预热并不增加高温停留时间,却可以降低焊后冷却速度。因此,预热不会使晶粒粗化加剧,却可以避免淬硬,是防止裂纹的比较理想的有效工艺措施。层间温度是指多层多道焊时,在施焊后续焊道之前,其相邻焊道应保持的温度。控制层间温度的作用与控制预热温度一样。

(3)焊接方法

焊接方法不同,加热速度、高温停留时间和焊后冷却速度都会有所不同。例如,气焊加热速度慢,冷却速度也慢,高温停留时间长;而钨极氩弧焊,则加热速度快,冷却速度也快,高温停留时间较短。不同焊接方法的工艺参数不一样,因此,不同焊接方法的线能量大小也是不相同的。不同焊接方法的工艺参数见表 4.2。

表 4.2 不同焊接方法的工艺参数

焊接方法	焊接电流 /A	电弧电压 /V	焊接速度 /(cm·s^{-1})	线能量 /(J·cm^{-1})
焊条电弧焊	180	24	0.25	17 280
手工钨极氩弧焊	160	11	0.25	7 040
埋弧自动焊	700	38	0.66	40 300

4)其他因素

焊件厚度增大时,冷却速度增快,高温停留时间减小。T 形接头焊接时不同焊接方法时的线能量的冷却速度比对接接头快得多。导热快的焊件材料焊接时,接头冷却速度快,高温停留时间短。

4.1.4 焊缝的组织和性能

熔化焊的焊缝是由熔池液态金属冷却凝固而形成的。从液体凝固成晶体的过程,称为一次结晶。凝固后的晶体从高温冷却到室温,有时还会发生组织变化,这种组织变化称为二次结晶。

1.熔池的一次结晶

1)一次结晶的特点

①熔池体积小,冷却速度快。电弧焊时,熔池体积最大约为 30 cm^3,液态金属不超过 100 g(单丝埋弧自动焊)。由于熔池体积小,周围又被冷金属包围,因此冷却速度很快,平均冷却速度为 4~100 ℃/s。

②熔池液态金属温度高。处于过热状态低碳钢和低合金钢电弧焊时,熔池平均温度为(1 770±100)℃。因此,熔池中自发晶核的质点大为减少。

③熔池在运动状态下结晶。焊接过程中熔池随热源而移动,有电弧吹力对熔池的强烈搅拌,有利于熔池中的气体、夹杂物的排出。

④熔池一次结晶过程的特点:熔池一次结晶是从熔合线的未完全熔化的晶粒上开始,沿垂直熔合线的方向,向熔池中心发展长大,如图 4.2 所示。

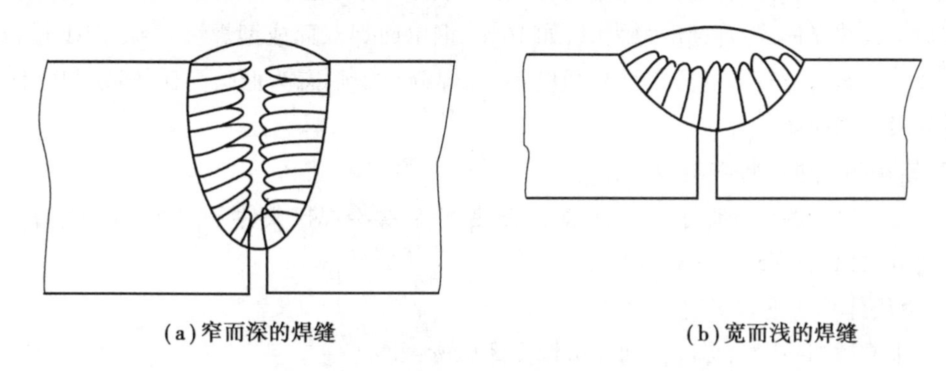

(a)窄而深的焊缝　　(b)宽而浅的焊缝

图 4.2　熔池一次结晶过程的特点

2)焊缝一次结晶的组织特征

焊接熔池一次结晶时,虽然有时也会出现自发或非自发的晶核,再向四周长大,形成等轴晶粒。但通常都是从熔合线上还未熔化的晶粒开始结晶,沿着与散热相反的方向长大,形成柱状晶。柱状晶是焊缝一次结晶的组织特征。

3)焊缝中的偏析与夹杂

由于熔池金属冷却速度很快,因此焊缝金属的化学成分是不均匀的,这种现象称为偏析。由于化学成分的偏析,造成凝固温度高的金属先结晶,凝固温度低的组分后结晶。因此,在后结晶处存在低熔点共晶等杂质。常见的偏析有宏观偏析(如焊缝中心线处,也称区域偏析)和晶间偏析(也称显微偏析)等。偏析对焊缝质量影响很大,使焊缝金属化学成分不均匀,性能发生改变。这是产生热裂纹、夹杂、气孔的主要原因之一。

同时,由于熔池冷却速度很快,冷却凝固时产生的气体来不及逸出而形成气孔,某些杂质来不及浮出形成夹杂。焊缝中夹杂物主要有硫化物和氧化物两种。钢中硫化物夹杂主要是硫化亚铁(FeS)和硫化锰(MnS)。以 FeS 形式存在的夹杂,对钢的性能影响极大,它会形成低熔点夹杂物偏析,是产生热裂纹的主要原因之一。氧化物夹杂的主要成分有二氧化硅(SiO_2),氧化锰(MnO)和氧化亚铁(FeO)等,会降低焊缝的性能。

2.焊缝金属的二次结晶

1)焊缝金属的二次结晶组织

在钢熔化焊时,熔池一次结晶后的显微组织一般为奥氏体,在冷却至室温的过程中,焊缝金属还会发生组织转变,这就是焊缝金属的二次结晶。熔池一次结晶形成的奥氏体冷却到室温转变成的组织,与焊缝金属的化学成分、冷却速度和热处理等因素有关。

(1)低碳钢的焊缝组织

低碳钢的焊缝组织一般为粗大的柱状铁素体加少量珠光体。高温停留时间过长时,出现魏氏组织。多层多道焊缝由于后一焊道对前一焊道的热处理作用,部分柱状晶消失,形成细小的等轴晶粒,其组织为细小的铁素体加少量珠光体。

(2)低合金高强度钢的焊缝组织

合金元素含量较少的低合金钢,其焊缝组织与低碳钢焊缝组织相近。一般冷却条件下为铁素体加少量珠光体,冷却速度增大时,如 16Mn 钢单面焊双面成型焊缝,会出现少量粒状贝氏体。合金元素含量较多的低合金高强度钢,其焊缝组织焊态为低碳马氏体或贝氏体;高温回火后为回火索氏体。

(3)铬钼耐热钢的焊缝组织

合金元素较少的珠光体耐热钢,在焊前预热、焊后缓冷焊接条件下,焊缝组织为珠光体和部分淬硬组织,高温回火后为珠光体组织。

(4)奥氏体不锈钢焊缝组织

奥氏体不锈钢一般为奥氏体加少量铁素体(2%~6%)。

2) 焊缝金属的组织与性能的关系

①一次结晶组织与性能的关系:粗大的柱状晶不仅降低焊缝金属的强度,而且还降低其塑性和韧性,因此细的柱状晶性能比粗大的柱状晶好。

②二次结晶组织与性能的关系:二次结晶组织的类型、特征和形态直接影响焊缝金属的性能。铁素体、奥氏体的强度较低,而塑性和韧性好,抗裂性能好。珠光体的强度比铁素体高,塑性和韧性比铁素体差。马氏体强度高,碳的质量分数高的马氏体硬而脆,但低碳马氏体则具有相当高的强度和较良好的塑性、韧性相结合的特点。粒状贝氏体的强度与塑性、韧性介于马氏体和铁素体加珠光体之间。低碳钢焊缝过热会形成的粗大的魏氏组织,使塑性、韧性降低。

3.焊缝的性能

焊缝金属的性能取决于化学成分和组织,钢焊缝化学成分的特点是碳的质量分数低。其含有一定数量的合金元素,一般来说焊缝的化学成分比较理想。但焊缝的组织较差(晶粒粗大,组织疏松,成分偏析),没有轧制的母材好,因此,焊缝的强度可以达到母材,但塑性、韧性比母材差。

4.焊缝金属中的气体及其影响

焊缝金属中的有害气体有氧、氢、氮等气体,其中氧、氢、氮对焊接质量的影响最大。

1)焊缝金属中的氧

氧在焊缝金属中的存在形式主要是 FeO 夹杂物。焊缝中含氧多,会降低焊缝金属的力学性能。在焊接过程中,FeO 与碳生成 CO,会产生气孔,引起飞溅,影响焊接过程的稳定性。

①氧的来源:空气中的氧进入熔池;焊条药皮和焊剂中的氧化物;水分,药皮和焊剂中的水分,锈中也有结晶水,这些水分在电弧作用下分解为氢和氧;CO_2 气体保护焊的 CO_2 有氧化性,也会生成 FeO。

②控制氧的措施:加强保护,如选用合适的气体流量、短弧焊等,防止空气进入;焊前清理坡口及两侧的锈和水;烘干焊条、焊剂;冶金处理,从焊条药皮或焊丝中加入铁合金(锰、硅等)脱氧。这些都是行之有效的措施。

2)焊缝金属中的氢

①氢的危害:氢脆和白点,降低焊缝金属的塑性;产生气孔,熔池凝固时,氢的溶解度突然急剧降低,析出很多氢气,来不及浮出熔池表面,形成气孔;引起冷裂纹,焊缝中的扩散氢聚集在焊接缺陷处,促使裂纹产生。

②氢的来源:各种形态的水分,如药皮和焊剂中的水分、锈中结晶水、空气中的水蒸气;油污和药皮中的有机物。

③控制氢的措施:烘干焊条、焊剂,清除锈、水、油污。选用低氢型焊条,采用后热处理,即消氢处理。

3)焊缝金属中的氮

氮虽然可以提高焊缝的强度,但严重地降低焊缝的塑性和韧性。氮同氢一样,在熔池凝固时,氮的溶解度突然急剧降低,析出很多氮气,来不及逸出熔池表面便形成气孔。氮的来源是空气中的氮气进入熔池,这几乎是焊缝中氮的唯一来源。控制焊缝中含氮量的措施只有加强机械保护。

4)焊缝中的其他有害元素

焊缝金属中的有害元素除了上述的氢、氧、氮之外,还有硫和磷。硫以 FeS 和 MnS 夹杂物形成存在于焊缝金属中,会导致高温脆性(称热脆),产生热裂纹。磷会导致低温脆性(称冷脆)产生裂纹,磷在奥氏体不锈钢中也会产生低熔点杂质,引起热裂纹。焊缝中硫、磷的来源是焊条药皮、焊剂带入,此外还有母材中的硫和磷。控制硫、磷含量的措施:限制药皮、焊剂和母材中硫、磷的质量分数,这是降低焊缝硫、磷质量分数的关键措施。进行冶金处理,即脱硫、脱磷。

5.熔合区的组织和性能

熔合区的温度处于液相线和固相线之间。熔合区很狭窄,此区金属处于部分熔化状态(半熔化区),晶粒非常粗大,冷却后组织为粗大的过热组织。当焊缝化学成分与母材化学成分差别很大或异种钢焊接时,在熔合区附近还会发生碳和合金元素的相互扩散,成分和组织极不均匀,还可能产生新的不利的组织带。因此,熔合区的塑性和韧性很差,是焊接接头中性能最差的区域。

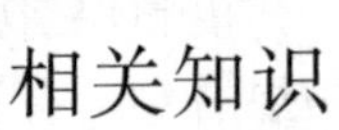

任务 4.2　焊接接头力学性能试验

相关知识

4.2.1　焊接接头力学性能试验概述

力学性能试验是用来测定焊接材料、焊缝金属和焊接接头在各种条件下的强度、塑性和韧性。首先应当焊制产品试板,从中取出拉伸、弯曲、冲击等试样进行试验,以确定焊接工艺参数是否合适,焊接接头的性能是否符合设计的要求。

4.2.2　焊接接头的拉伸试验

1.焊接接头拉伸试验

焊接接头拉伸试验是以国家标准(GB/T 2651—2008)为依据进行的,该标准适用于熔焊和压焊的对接接头。

1)试验目的及原理

该标准规定了金属材料焊接接头横向拉伸试验方法,用以测定焊接接头的抗拉强度,拉伸试验按 GB/T 228 进行,环境温度为 23 ℃±5 ℃。

2)试件制备

①试样应从焊接接头垂直于焊缝轴线方向截取,试样加工完成后,焊缝的轴线应位于试样平行长度部分的中间。接头拉伸试样的形状分为板形、整管和圆形 3 种,可根据要求选用。焊接接头拉伸试验用的样坯从焊接试件上垂直于焊缝轴线方向截取,并通过机械加工制成如图 4.3 所示形状及图 4.4 所示尺寸的板接头板状试样,或制成如图 4.5 所示形状及表 4.3 所示尺寸的管接头板状试样。加工后焊缝轴线应位于试样平行长度的中心。

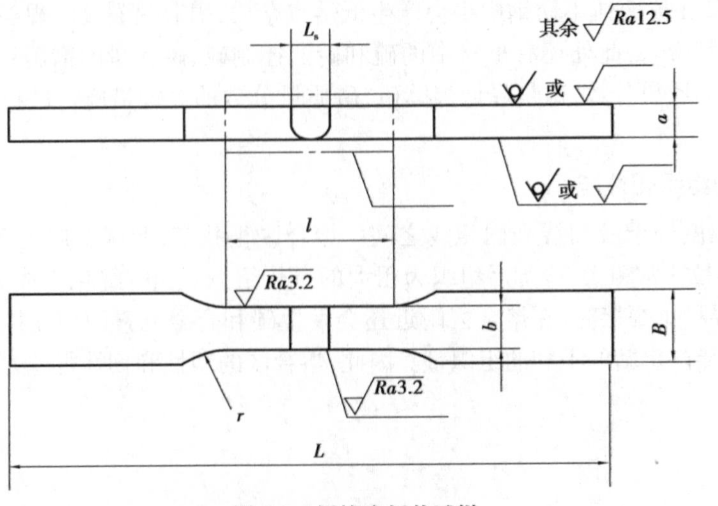

图 4.3　板接头板状试样

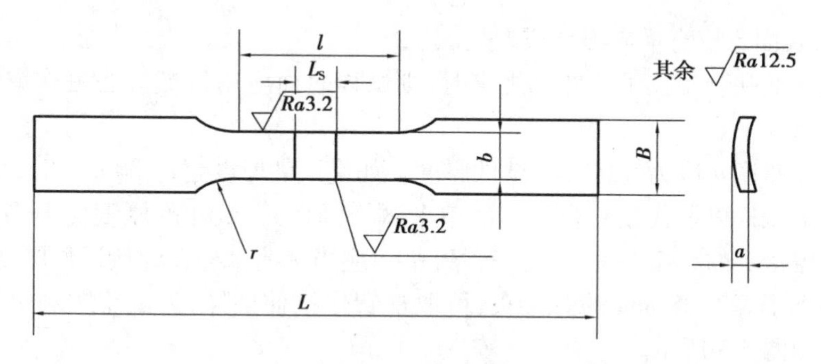

图 4.4　管接头板状试样

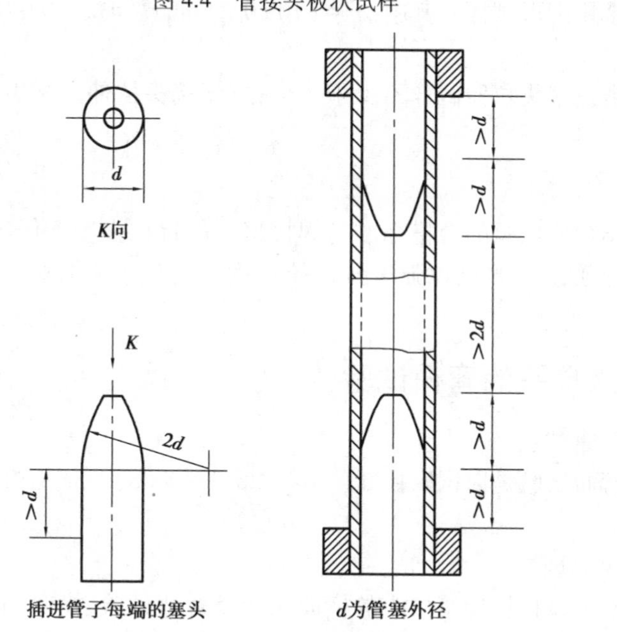

图 4.5　整管拉伸试样

表 4.3　板状试样的尺寸　　单位:mm

<table>
<tr><td colspan="2">总长</td><td>L</td><td>根据实验机定</td></tr>
<tr><td colspan="2">夹持部分宽度</td><td>B</td><td>b + 12</td></tr>
<tr><td rowspan="3">平行部分宽度</td><td>板</td><td>b</td><td>≥ 25</td></tr>
<tr><td rowspan="2">管</td><td rowspan="2">b</td><td>D ≤ 76　　12
D > 76　　20</td></tr>
<tr><td>当 D ≤ 38 时,取整管拉伸</td></tr>
<tr><td colspan="2">平行部分长度</td><td>l</td><td>> L_S + 60 或 L_S + 12</td></tr>
<tr><td colspan="2">过渡圆弧</td><td>r</td><td>25</td></tr>
</table>

注:L_S 为加工后,焊缝的最大宽度;D 为管子外径。

②每个试样均应打有标记,以识别它在被截试件中的准确位置。

③试样应采用机械加工或磨削方法制备,要注意防止表面应变硬化或材料过热。在受试

长度 l 范围内,表面不应有横向刀痕或划痕。

④若相关标准和产品技术条件无规定时,则试样表面应用机械方法去除焊缝余高,使其与母材原始表面齐平。

⑤通常试样厚度 a 应为焊接接头试件厚度。如果试件厚度超过 30 mm 时,则可从接头不同厚度区取若干试样以取代接头全厚度的单个试样,但每个试样的厚度应不小于 30 mm,且所取试样应覆盖接头的整个厚度。在这种情况下,应当标明试样在焊接试件厚度中的位置。

⑥对外径小于等于 38 mm 的管接头,可取整管作拉伸试样,为试验顺利进行,可制作塞头,以利夹持,如图 4.5 所示。

⑦棒材接头选用圆形试样。其中:$d_0=(10\pm0.2)$ mm;$l=L_S+2D$;D 和 h 由试验机结构来定;$r_{min}=4$ mm。

⑧拉伸试样数量接头拉伸试样不少于 1 个;整管接头拉伸试样 1 个;管接头剖条拉伸试样不少于 2 个。

2.评定标准

焊接接头常温拉伸试验的合格标准是焊接接头的抗拉强度不低于母材抗拉强度规定值的下限。异种钢焊接接头的抗拉强度按抗拉强度规定值下限较低一侧的母材规定值进行评定。

4.2.3 焊接接头的弯曲试验

焊接接头的弯曲试验

焊接接头的弯曲试验是以国家标准(GB/T 2653—2008)为依据进行的,该标准适用于熔焊和压焊对接接头。

1)试验目的及原理

该标准规定了金属材料焊接接头的横向正弯及背弯试验、横向侧弯试验、纵向正弯和背弯试验以及管材的压扁试验,用以检验接头拉伸面上的塑性及显示缺陷。对从焊接接头截取的横向或纵向试样进行弯曲,不改变弯曲方向,通过弯曲产生塑性变形,使焊接接头的表面或横截面发生拉伸变形。

2)试件制备

(1)试件的类型

焊接接头的弯曲试样按试样的长度与焊缝的相对位置可分为横向弯曲试样和纵向弯曲试样。按弯曲试样受拉面在焊缝中的位置可分为正弯、背弯和侧弯。

①横弯试样:焊缝轴线与试样纵轴垂直时的弯曲。

②纵弯试样:焊缝轴线与试样纵轴平行时的弯曲。

③正弯试样:试样受拉面为焊缝正面的弯曲。双面不对称焊缝,正弯试样的受拉面为焊缝最大宽度面;双面对称焊缝,先焊面为正面。

④背弯试样:试样受拉面为焊缝背面的弯曲。

⑤侧弯试样:试样受拉面为焊缝纵剖面的弯曲。

(2)弯曲试样的制备应遵守的规定

①试样的样坯从试件上截取。横弯试样应垂直焊缝轴线截取,机械加工后,焊缝中心线应位于试样长度的中心。纵弯试样应平行于焊缝轴线截取。机械加工后,焊缝中心线应位于

试样宽度的中心。

②每个试样均应打印标记,以识别它在被截试件中的准确位置。

③试样应采用机械加工或磨削方法制备,要注意防止表面应变硬化或材料过热。在受试长度范围内,表面不应有横向刀痕或划痕。

④在试样整个长度上都应具有恒定形状的横截面。其形状应分别符合图4.6、图4.7、图4.8的要求。焊缝的正、背表面均应用机械方法修整,使之与母材的原始表面平齐。任何咬边均不得用机械方法去除,除非产品标准中另有规定外。

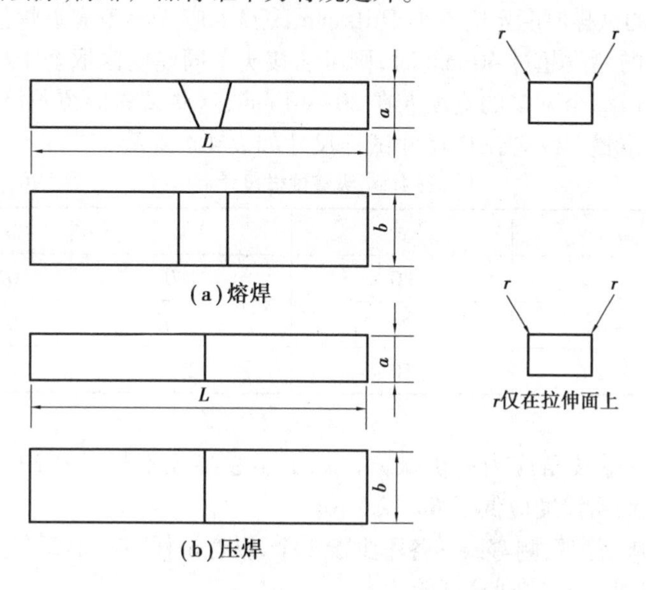

图4.6　试样形状

a—试样厚度;b—试样宽度;L—试样长度;r—圆角半径

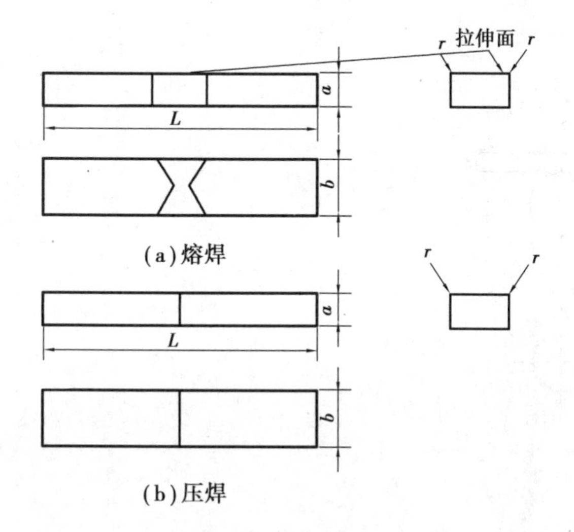

图4.7　试样横截面形状

a—试样厚度;b—试样宽度;L—试样长度;

r—圆角半径

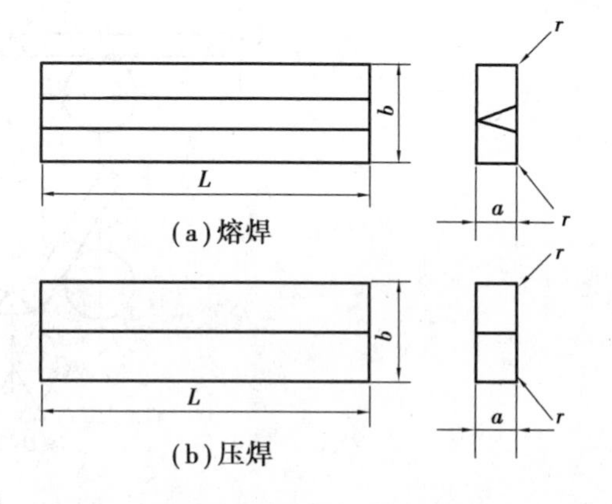

图4.8　试样V形横截面

a—试样厚度;b—试样宽度;L—试样长度;

r—圆角半径

⑤试样的尺寸应符合规定。

横弯试样的尺寸对板材试样，试样的宽度 b 应不小于厚度 a 的 1.5 倍，至少为 20 mm。对管材试样，试样的宽度 b 应为：管直径≤50 mm 时，b 为 $s+0.1D$（最小为 10 mm）；管直径>50 mm 时，b 为 $s+0.05D$（最小为 10 mm，最大为 40 mm），s 为管壁厚度，D 为管子外径。

通常试样厚度 a 应为焊接接头试件厚度。如果试件厚度超过 20 mm，则可从接头不同厚度区取若干试样以取接头全厚度的单个试样，但是，每个试样的厚度应不小于 20 mm，且所取试样应覆盖接头的整个厚度。在这种情况下，应当标明试样在焊接接头厚度中的位置。

侧弯试样尺寸的试样厚度 a 应不小于 10 mm，宽度 b 应当等于靠近焊接接头的母材的厚度。当原接头试件的厚度超过 40 mm 时，则可从接头不同厚度区取若干试样以取代接头全厚度的单个试样。但每个试样的宽度 b 在 20~40 mm，这些试样应覆盖接头的全厚度，并标明在接头厚度中的位置。纵弯试样尺寸试样尺寸如表 4.4 所示。

表 4.4　纵弯试样尺寸　　单位：mm

a	b	L	r
≤6	20	180	$0.2a$
>6~10	30	200	$0.2a$
>10~20	50	250	$0.2a$

⑥试样拉伸面上的棱角应当用机械方法加工制成半径不超过 $0.2a$ 的圆角（最大值为 3 mm），其侧面的表面粗糙度应低于 Ra 12.5 μm。

⑦试样数量正弯、背弯、侧弯试样各不少于 1 个，纵弯试样不少于 2 个。

（3）圆形压头弯曲（三点弯曲）试验法

①圆形压头弯曲试验示意如图 4.9 所示。

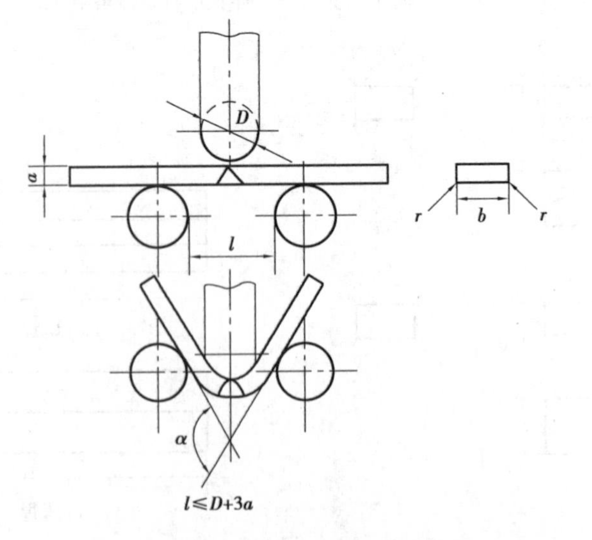

图 4.9　圆形压头弯曲试验

②在进行此试验时，将试样放在两个平行的辊子支撑上。在跨距中间且垂直于试样表面施加集中载荷（三点弯曲），使试样缓慢、连续地弯曲。

③压头直径 D 应符合有关标准及要求。一般取压头直径为试件厚度的 3 倍。

④支撑辊之间的距离 l 不应大于 $D+3a$。

⑤当弯曲角 α 达到使用标准中规定的数值时，试验便告完成。试验后检查试样拉伸面上出现的裂纹或焊接缺陷的尺寸和位置。

3）评定标准

试验结果的合格标准按钢种而定，见表 4.5。

表 4.5　焊接接头弯曲角的合格标准

	钢种	弯曲角度
双面焊	碳素钢、奥氏体钢	180°
	其他低合金钢、合金钢	100°
单面焊	碳素钢、奥氏体钢	90°
	其他低合金钢、合金钢	50°

试样弯曲到表 4.5 中规定的角度后，其拉伸面上如有长度大于 1.5 mm 的横向裂纹或缺陷，或出现长度大于 3 mm 的纵向裂纹或缺陷，则评为不合格。试样的棱角开裂不计，但确因焊接缺陷引起的棱角开裂的长度应进行评定。

4.2.4　焊接接头的冲击试验

焊接接头的冲击试验是以国家标准（GB/T 2650—2008）为依据进行的。该标准适用于熔焊和压焊对接接头。

1）试验目的及原理

该标准规定了金属材料焊接接头夏比冲击试验方法，用以测定焊接接头各区域的冲击吸收功。冲击试验按 GB/T 229 进行。除按 GB/T 229 要求外，缺口位置可以通过宏观腐蚀确定。

2）试样制备

①试样是以 10 mm×10 mm×55 mm 带有 V 形缺口的试样为标准试样。试样的尺寸及偏差应符合图 4.10 所示的规定。试样缺口底部应光滑，不得有与缺口轴线平行的明显划痕，进行冲裁试验时，试样缺口底部的表面粗糙度应低于 Ra 0.8 μm。

②试样应采用机械加工或磨削方法制备，并防止加工表面的应变硬化或材料过热。

③试样标记不应影响支座对试样的支撑，也不得使缺口附近产生加工硬化。一般应标记在试样的端面、侧面或缺口背面距端面 15 mm 以内，但不得标在支撑面上。

④缺口处若发现有肉眼可见的气孔、夹渣、裂纹等缺陷时，则不能用该试样进行试验。

⑤试样的缺口轴线应当垂直焊缝表面，如图 4.11 所示。

⑥试样的缺口按试验要求可分别开在焊缝、熔合线或热影响区。其缺口的各区域位置如图 4.12 所示。开在热影响区的缺口轴线与熔合线的距离 t 由产品技术条件规定。

⑦试样数量规定：焊接接头冲击试验的试样按缺口所在位置各自不少于 3 个。

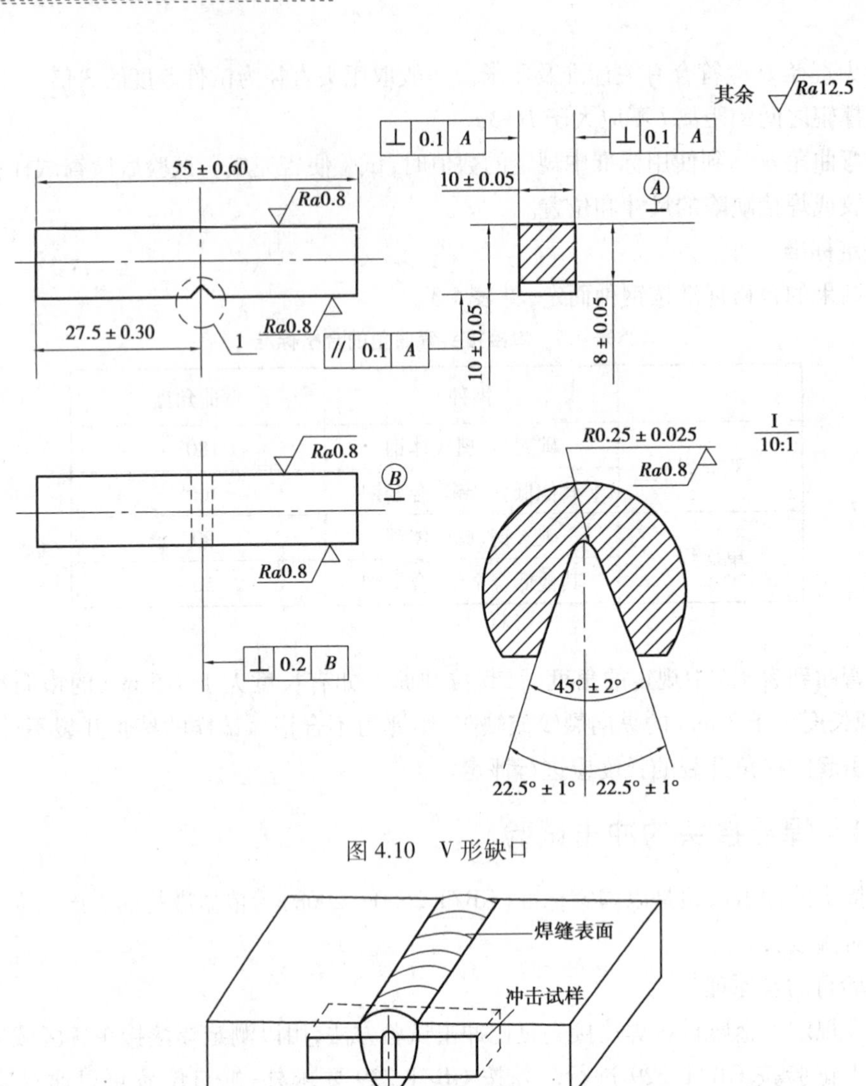

图 4.10　V 形缺口

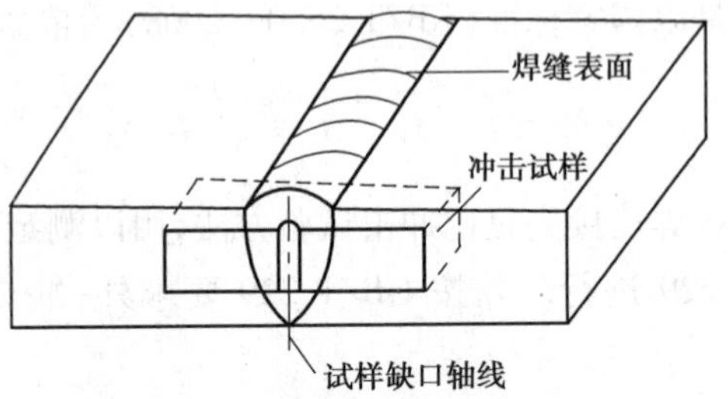

图 4.11　试样缺口方向示意图

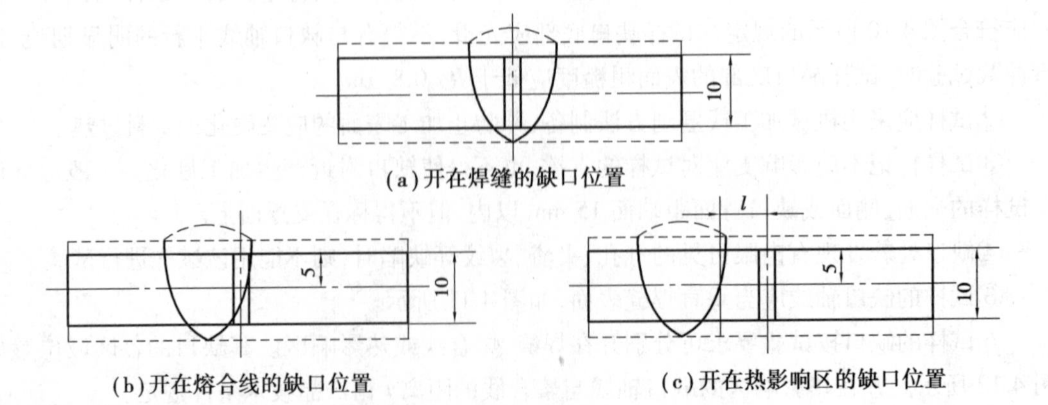

图 4.12　各区域的缺口位置

4.2.5　焊接接头的硬度试验

焊接接头的硬度试验是以国家标准(GB/T 2654—2008)为依据进行的。该标准适用于熔焊和压焊焊接接头和堆焊金属。

1)试验目的

该标准规定了金属材料焊接接头的硬度试验方法,用以测定焊接接头的洛氏、布氏、维氏硬度。

2)试件制备

①焊接接头的硬度试样的样坯,应在垂直于焊缝轴线方向的相应区段截取,截取的样坯应包括焊接接头的所有区域。

②试样的测试面与支撑面应经加工磨平并保持平行,表面粗糙度至少达到 *Ra* 1.6 μm。维氏硬度测定时,试样表面粗糙度至少要为 *Ra* 0.8 μm。对厚度小于 3 mm 的焊接接头,允许在其表面测定硬度。

③根据所用标准和技术条件要求,可分别选用布氏、洛氏或维氏硬度计进行测定。

④试验时,可用腐蚀剂使焊接接头各区域金属显示清晰,并按图 4.13 所示标线位置测定硬度。

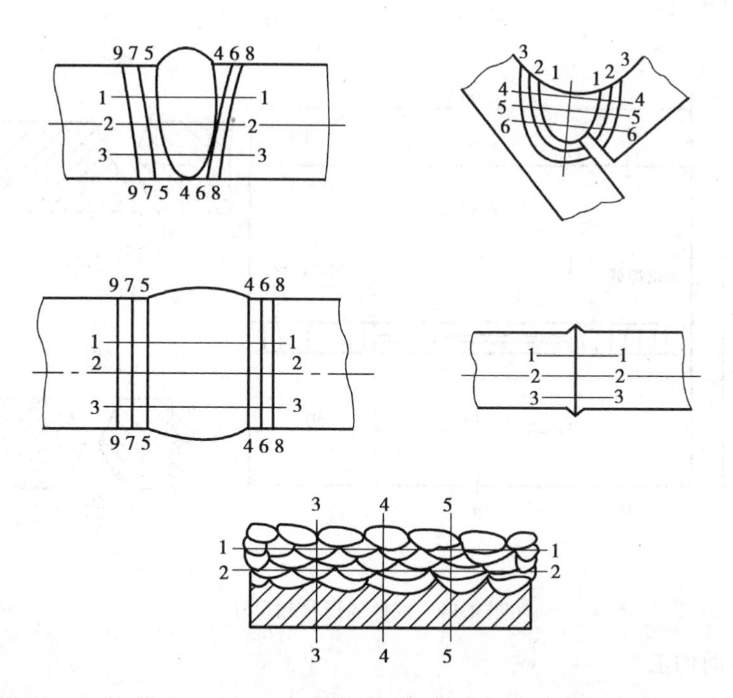

图 4.13　硬度测定位置示意图

⑤进行硬度试验时,为获得正确的试验结果,必须注意测量点之间的距离。布氏硬度试验时,相邻压痕中心的间距,不应小于压痕直径的 4 倍;洛氏硬度试验时,此间距不应小于 3 mm;维氏硬度试验时,则不应小于压痕对角线的 2.5 倍。遇有测点处出现焊接缺陷时,则该点试验结果无效。

⑥试样数量规定:焊接接头硬度试验试样不少于 1 个。

3)评定标准

根据给定的技术文件和材料允许的硬度范围进行评定。

4.2.6　焊接接头的焊接性试验、试验方法及评定方法

1.焊接性试验

焊接性试验的目的是用来评定母材焊接性能的好坏。通过焊接性试验,可以选定适合母材的焊接材料,确定合适的焊接工艺参数及焊后热处理工艺参数,还可以用来研制新的焊接材料。焊接性试验方法很多,这里只介绍斜 Y 形坡口焊接裂纹试验这一种方法。

1)试验目的

斜 Y 形坡口对接裂纹试验又称小铁研法,适用于碳素钢和低合金钢焊接接头的冷裂纹抗裂性能试验,是目前应用最广泛也最方便的一种方法。

2)试件制备

(1)试件的形状和尺寸

试件的形状和尺寸如图 4.14 所示。试件的厚度不作限制,常用厚度为 9~ 38 mm,一般最好用被试材料原厚度。

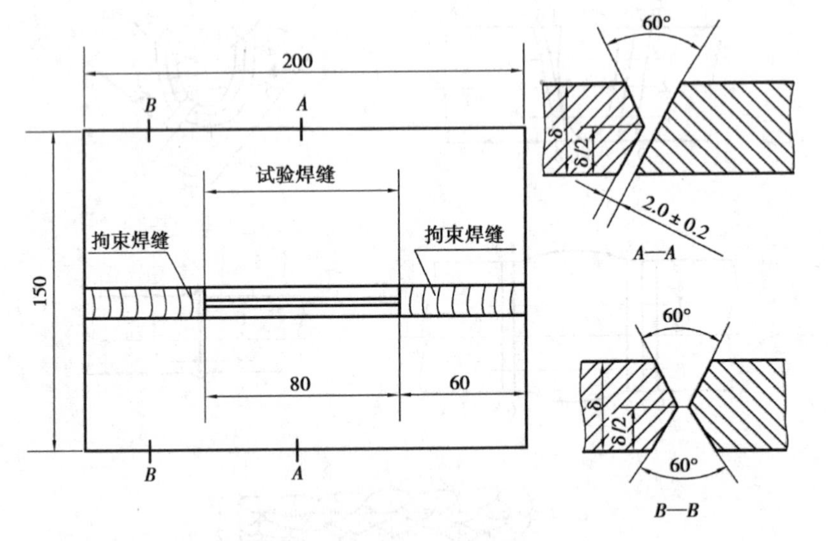

图 4.14　试件的形状和尺寸

(2)坡口表面加工

为避免试件间隙波动以及气割表面硬化层问题,坡口加工应采用机械切削加工。

(3)试件数量

规定试件数量:每次试验应取 2 件。

(4)试件的焊接

按图 4.14 所示组装试件,焊好两端的拘束焊缝。拘束焊缝采用双面焊接,注意不要产生

角变形和未焊透。拘束焊缝采用低氢型焊条,其直径为 4 mm 或 5 mm。焊接前,对焊接试验部位用比 2 mm 略大的塞片插入,以保证试件间隙,焊完拘束焊缝后拆除塞片。

2.试验方法

1)清理试验焊缝

在焊接试验焊缝之前要把在焊接拘束焊缝时所附着的飞溅物清除干净,并去除水滴、油、锈等。为此,首先可用适当的加热方法清除表面水滴、油脂。待充分冷却后,用钢丝刷或砂纸打磨坡口除锈,最后用丙酮洗净。

2)选取焊条和焊接工艺参数

焊接试验焊缝,试验所用焊条原则上采用与试验钢材相匹配的焊条。焊前对焊条要严格进行烘干。焊接用 4 mm 直径的焊条,焊接电流为 160~180 A,电弧电压为 22~26 V,焊接速度为 150 mm/min。

3)焊道的选择

不论板厚多少,一律只焊一道焊缝,相当于实际生产中的单道焊或多层焊中的打底焊缝。

4)焊接操作

①手工焊接:当采用手工焊时,试验焊缝按图 4.15(a)所示方法焊接。即在坡口外引弧,收弧也须离开坡口。

②自动焊接:当采用焊条自动送进装置焊接时,按图 4.15(b)所示进行。引弧和收弧均在试验坡口内进行。

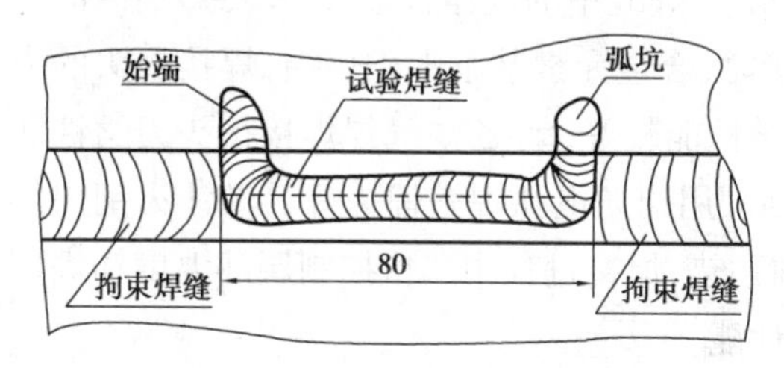

(a)采用手工焊时试验焊缝位置

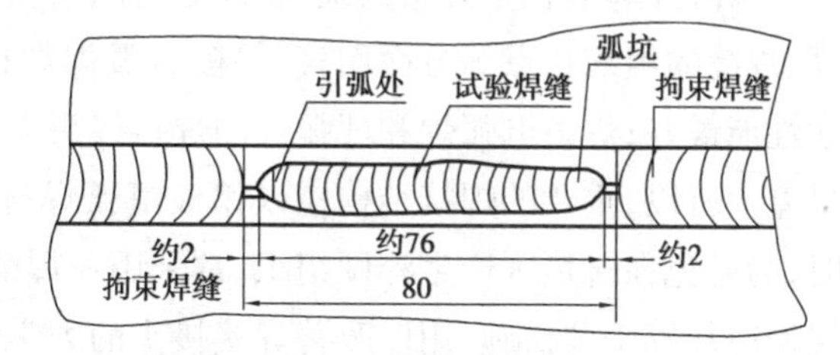

(b)采用焊条自动送进装置焊接试验焊缝位置

图 4.15　焊接操作焊缝位置

5)焊缝的解剖

焊完的试件经 48 h 以后,才能开始进行裂纹的检测和解剖。解剖时不得采用气割方法切取试样,要用机械切割,要避免因切割振动而引起裂纹的扩展。

3.评定方法

焊缝表面裂纹的检查和计算。

采用肉眼或其他适当的方法来检查焊接接头的表面或断面是否有裂纹,并分别计算出表面裂纹率、根部裂纹率和断面裂纹率。裂纹的长度和高度按图 4.16 所示进行检测,裂纹为曲线形状如图 4.16(a)按直线长度检测。裂纹重叠时不必分别计算。

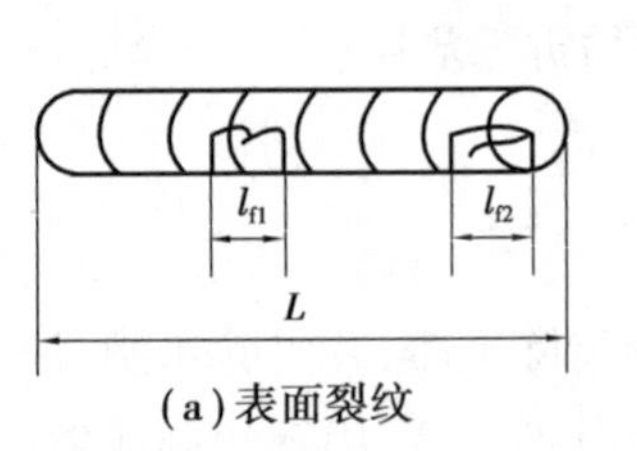

(a)表面裂纹

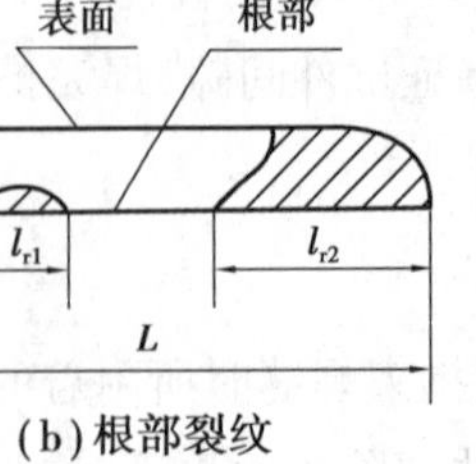

(b)根部裂纹

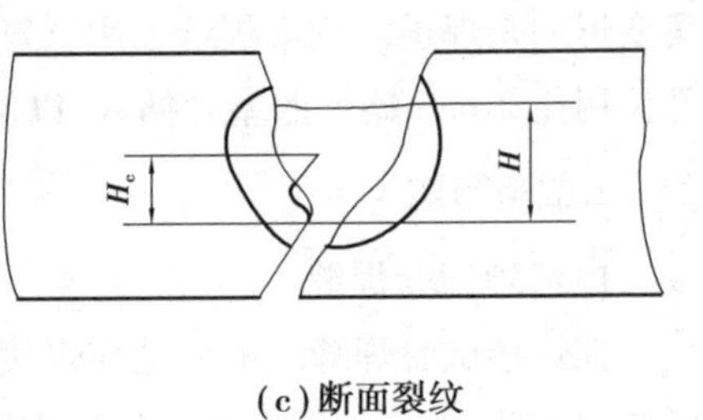

(c)断面裂纹

图 4.16　裂纹为曲线形状

任务 4.3　改善焊接接头的方法

相关知识

1)选择合适的焊接工艺方法

同一接头同一材料采用不同的焊接方法、焊接工艺时,焊接接头的性能会有很大的差异。所以,应该根据对焊接接头性能的影响及其他要求,综合考虑对焊接工艺、焊接方法的合理选择。

从减少焊缝合金元素的烧损、焊缝中的杂质元素、焊缝中的气体含量,以及热影响区的宽度、焊缝的组织特点等方面而言,钨极氩弧焊焊接时,合金元素基本上不烧损,焊接接头的力学性能最好;焊条电弧焊和埋弧焊的焊接接头力学性能较好;氧-乙炔气焊焊接接头力学性能最差。所以,重要的焊接结构应以钨极氩弧焊打底,用焊条电弧焊盖面为好。易淬火钢焊接时,为避免在过热区产生淬硬组织,常采用在焊前预热、焊接过程中严格控制层间温度和焊后缓慢冷却等工艺措施,用以改善焊接接头的力学性能。

2)选择合适的焊接参数

①焊接过程中,焊缝熔池中晶粒成长方向,会随着焊接速度的变化而改变,随着焊接速度的增大,熔池中的温度梯度下降很多,使熔池中心的成分过冷加大;焊缝熔池结晶时,晶粒主轴的成长方向垂直于焊缝中心线,此时容易形成脆弱的结合面;所以,高速焊接时常在焊缝中心处出现纵向裂纹。

②此外,焊接参数对焊缝成型系数也有较大的影响,采用大焊接电流、中等焊接速度焊接时,可以得到较宽的焊缝;当采用小焊接电流、快速焊接时,焊缝的宽度将变窄,此时的柱状结晶从两侧向熔池中心生长,导致在熔池中心集聚杂质偏析,容易在此处形成裂纹。

3)选择合适的焊接热输入

焊接热输入的大小,不仅影响焊接接头的热循环特性,而且还对焊接接头的组织和脆化倾向及冷裂倾向有影响;然而,各类钢的脆化倾向和冷裂倾向是不相同的,因此,对焊接热输入的敏感性也不相同。

(1)焊接含碳量低的热轧钢

当含碳量偏低的 Q295(09MnV、09Mn2)钢和 09Mn2Si,钢等焊接时,由于它们的淬硬倾向较小,小的焊接热输入也不会加大冷裂倾向,所以从提高过热区的塑性、韧性出发,选择偏小的焊接热输入是合适的。

(2)焊接含碳量偏高的 Q345(16Mn)钢及其他低合金钢

由于 Q345 钢及其他低合金钢的淬硬倾向增大,马氏体组织含量增高,采用小的焊接热输入会增大冷裂倾向及过热区的脆化倾向,所以,焊接热输入应选择大一些。然而,焊接 Q420(15MnVN) 钢和 Q390(15MnV)等钢时,由于增大焊接热输入会因晶粒长大而引起脆化,因此,焊接热输入的选择应偏小些。

(3)焊接含碳量和合金元素均偏高的正火钢(490 MPa)

如焊接 Q490(18MnMoNb)钢时,为避免淬硬倾向增大,虽然采用较小的焊接热输入,但是,焊接接头过热区的冲击韧度反而下降,而且还容易出现延迟裂纹。所以,焊接热输入应该选择偏大一些,而且还要采取焊前预热、焊后进行热处理的工艺。

4)选择合理的焊接操作方法

焊接过程中,采用多层焊或多层多道焊,既可以减小每层焊道层的厚度,改善焊接接头的热输入,又可以利用每层焊缝的附加热处理作用,改善焊缝金属的二次结晶组织,改善焊接接头的力学性能。

5)正确选择焊接材料

通常,焊缝金属的化学成分和力学性能应与被焊金属材料相近,但是,在大多数的情况下,是利用调节焊缝化学成分来改善焊缝和熔合区的力学性能的,这就使焊缝与被焊金属化学成分有所不同。同钢种的结构钢焊接时,按与钢材抗拉强度等强的原则选用焊接材料;异种结构钢焊接时,按强度较低的钢种选用焊接材料。为提高焊缝的抗裂性能,应降低焊缝中的 C 及 S、P 等元素的含量,此外,还要通过焊接材料向焊缝加入细化晶粒的金属元素,如 T、Nb、V、Al 等,以保证焊接接头的强度和塑性要求。对于承受动载荷的焊接接头,要选用熔敷金属具有较高冲击韧度的焊接材料。

6)正确选择焊后热处理方法

正确选择焊后热处理方法,可以消除或减少焊接残余应力;消除焊缝中的氢,防止产生延迟裂纹;提高焊缝金属抗应力腐蚀的能力;提高焊接金属抗拉强度、冲击韧度和蠕变强度;提高焊接结构尺寸的稳定性,所以焊后热处理是改善焊接接头力学性能的工艺措施之一。

7)控制熔合比

熔化焊时,被熔化的母材在焊缝金属中所占的百分比称为熔合比,如果母材含合金元素较少、焊接材料含合金元素较多时,焊接材料中的合金元素对改善焊缝性能可起到关键的作用。熔合比应该适当控制小一些;如果母材 C、S、P 元素含量较多时,要减少 C、S、P 等进入焊缝中,提高焊缝的塑性和韧性,防止产生裂纹,所以要减小熔合比。

任务 4.4　焊接接头质量检验和金属焊接缺陷及特征

相关知识

4.4.1　焊接缺陷常用检验方法

1.焊缝的目视检验

一般情况下，目视检验的距离约为 600 mm，眼睛与被检工件表面所成的视角不小于 30°。目视检验应在焊接工作结束后，将工件表面的焊渣和飞溅清理干净，按表 4.6 所列的项目进行检验。

表 4.6　焊缝的目视检验

检验项目	检验部位	质量要求	备注
清理质量	所有焊缝及其边缘	无焊渣、飞溅及阻碍检验的附着物	
几何形状	焊缝与母材连接处	焊缝完整不得有漏焊，连接处应圆滑过渡	可用焊接检验尺测量
	焊缝形状和尺寸急剧变化的部位	焊缝高低、宽窄及结晶焊波应均匀	
焊接缺陷	1.整条焊缝和热影响区附近 2.重点检查焊缝的接头部位、收弧部位几何形状和尺寸突变部位	1.无裂纹、夹渣、焊瘤烧穿等缺陷 2.气孔、咬边应符合有关标准规定	1.接头部位易产生焊瘤、咬边等缺陷 2.收弧部位易产生弧坑裂纹等缺陷
伤痕补焊	装配拉肋板拆除部位	无缺肉及遗留焊疤	
	母材引弧部位	无表面气孔、裂纹、夹渣、疏松等缺陷	
	母材机械划伤部位	划伤部位不应有明显棱角和沟槽，伤痕深度不超过有关标准规定	

2.致密性试验

储存液体或气体的焊接容器都有致密性要求。

生产中常用致密性试验来检查焊缝的贯穿性裂纹、气孔、夹渣、未焊透等缺陷，按表 4.7 进行试验。

表 4.7　致密性试验

名称	试验方法	适用范围
气密性试验	将焊接容器密封,按图纸规定的压力通入压缩空气,在焊缝外面涂以肥皂水检查,不产生肥皂泡为合格	密封容器
吹气试验	用压缩空气对着焊缝的一面猛吹,焊缝的另一面涂以肥皂水,不产生肥皂泡为合格 试验时,要求压缩空气的压力>405.3 kPa,喷嘴到焊缝表面的距离不超过 30 mm	敞口容器
载水试验	将容器充满水,观察焊缝外表面,无渗水为合格	敞口容器
水冲试验	对着焊缝的一面用高压水流喷射,在焊缝的另一面观察无渗水为合格。水流的喷射方向与试验焊缝表面夹角>70°,水管喷嘴直径为 15 mm 以上,水压应使垂直面上的反射水环直径大于 400 mm;检查竖直焊缝应从下往上移动喷嘴	大型敞口容器,如船甲板等密封焊缝的检查
沉水试验	先将容器浸到水中,再向容器内充入压缩空气,使检验焊缝处在水面下左右的深处,观察无气泡浮出为合格	小型容器密封性检查
煤油试验	煤油的黏度小,表面张力小,渗透性强,具有透过极小的贯穿性缺陷的能力。试验时,将焊缝表面清理干净,涂以白粉水溶液,待干燥后,在焊缝的另一面涂上煤油浸润,经半小时后白粉无油浸为合格	敞口容器,如储存石油、汽油的固定式储器和同类型的其他产品
氨渗漏试验	氨渗漏属于比色检漏,以氨为示踪剂,试纸或涂料为显色剂进行渗漏检查和贯穿性缺陷的定位。试验时,在检验焊缝上贴上比焊缝宽的石蕊试纸或涂料显色剂,然后向容器内通以规定压力的含氨的压缩空气,保压 5~30 min,检查试纸或涂料,未发现色变为合格	密封容器,如尿素设备的焊缝检验
氦检漏试验	氦气质量轻,能穿过微小的空隙。利用氦气检漏仪可发现千万分之一的氦气存在,是灵敏度很高的致密性试验方法	用于致密性要求很高的压力容器

4.4.2　无损探伤常用实验方法

1.射线探伤(RT)

射线探伤的原理是利用 X 射线和 γ 射线通过被检查的焊缝时,在缺陷处和无缺陷处被吸收的程度不同,通过接头后强度的衰减有明显差异,作用在胶片上使胶片的感光程度也不一样,这样,通过观察底片上的影像,就能够发现焊缝内有无缺陷及缺陷的种类、大小和分布。

2.超声波探伤(UT)

超声波探伤是利用超声波(频率高于 20 kHz 的机械波)探测材料表层和内部缺陷的无损检验方法。《焊缝无损检测　超声检测　技术、检测等级和评定》(GB/T 11345—2013)对厚度不小于8 mm的铁素体钢全熔透熔化焊对接焊缝脉冲反射法手工超声波探伤检验等级规定为三级,即 A 级、B 级和 C 级,依据检验工作的完善程度,A 级最低,B 级一般,C 级最高。一般来讲,A 级检验适用于普通碳素钢结构;B 级检验适用于压力容器;C 级检验适用于核容器与管道。

3.磁粉探伤(MT)

磁粉探伤是利用在强磁场中,铁磁性材料表层缺陷产生漏磁场吸附磁粉的原理进行无损检验的方法。将铁磁性材料制成的工件放在磁极之间,工件中就会有磁力线通过。如果工件内部没有缺陷且各处的磁导率一致,磁力线在工件中分布是均匀的。当工件中有气孔、夹渣、裂纹等缺陷存在时,在缺陷处的磁力线发生弯曲。如果弯曲的磁力线进入空气当中,会在工件表面形成漏磁场,在漏磁场处撒上导磁效果好的磁粉,漏磁场吸引磁粉,使磁粉堆集在一起,形成一个反映缺陷的磁粉聚集图像(磁痕)。根据磁痕特征来判断缺陷的性质、大小和位置,由于磁痕把缺陷放大了几倍或几十倍,因此可直接用肉眼来观察。

4.渗透探伤(PT)

渗透探伤是利用某些液体渗透性等物理特性来发现和显示缺陷的无损探伤方法。在被检工件表面涂上某种具有高渗透能力的渗透液,利用液体对固体表面细小孔隙的渗透作用,使渗透液渗透到工件表面的开口缺陷中,然后用水或其他清洗液将工件表面多余的渗透液清洗干净,待工件干燥后再把显像剂涂在工件表面,利用毛细管作用将缺陷中的渗透液重新吸附出来,在工件表面形成缺陷的痕迹,根据显示的缺陷痕迹对缺陷进行分析、判断。

4.4.3 金属焊接缺陷及特征

1.裂纹

底片上裂纹的典型影像是轮廓分明的黑线。通常情况下黑线有微小的锯齿、分叉,粗细和黑度有变化;线的端部尖细,端头前方有丝状阴影延伸。裂纹可能发生在焊缝和热影响区,如图 4.17 所示。

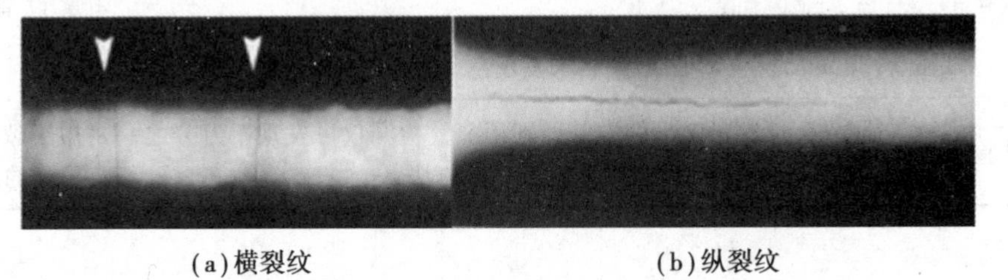

(a)横裂纹　　(b)纵裂纹

图 4.17　裂纹

2.未熔合

①焊缝根部未熔合的典型影像是一条细直黑线,线的一侧轮廓整齐且黑度较大,为坡口钝边痕迹,另一侧轮廓可能较规则也可能不规则。根部未熔合一般在焊缝中间,因坡口形状或投影角度等原因也可能偏向一边,如图 4.18 所示。

图 4.18　焊缝根部未熔合

②坡口未熔合的典型影像是连续或断续的黑线，宽度不一，黑度不均匀，一侧轮廓较齐，黑度较大；另一侧轮廓不规则，黑度较小。在底片上的位置一般在焊缝中心至1/2处，沿焊缝纵向延伸，如图4.19所示。

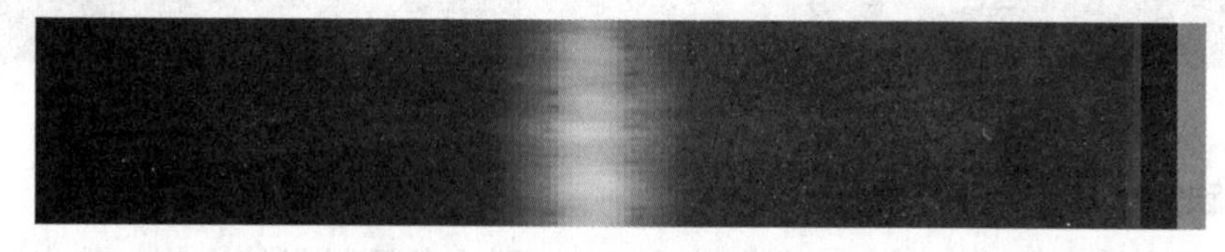

图4.19　坡口未熔合

3.未焊透

未焊透的典型影像是细直黑线，两侧轮廓都很整齐，为坡口钝边痕迹，宽度恰好为钝边间隙宽度。呈断续或连续分布。有时能贯穿整张底片。未焊透在底片上一般在焊缝中部，因透照偏、焊偏等原因也可能偏向一侧，如图4.20所示。

图4.20　未焊透

4.夹渣

①非金属夹渣在底片上的影像是黑点、黑条或黑块，形状不规则，黑度变化无规律，轮廓不圆滑，有的带棱角。可能发生在焊缝的任何部位，条状夹渣的延伸方向多与焊缝平行，如图4.21所示。

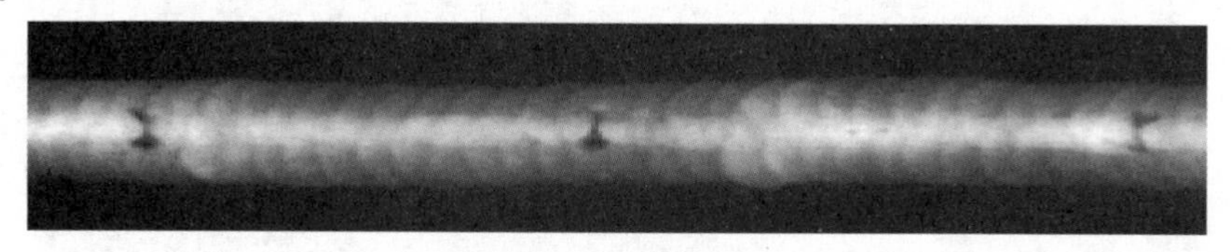

图4.21　非金属夹渣

②钨夹渣在底片上的影像是一个白点。钨夹渣只产生在非熔化极钨极氩弧焊焊缝中，如图4.22所示。

图4.22　钨夹渣

5.气孔

气孔在底片上的影像是黑色圆点，也有的是黑线（线状气孔）或其他不规则形状；气孔的轮廓比较圆滑，其黑度中心较大，至边缘稍减小。气孔可发生在焊缝的任何部位，如图4.23所示。

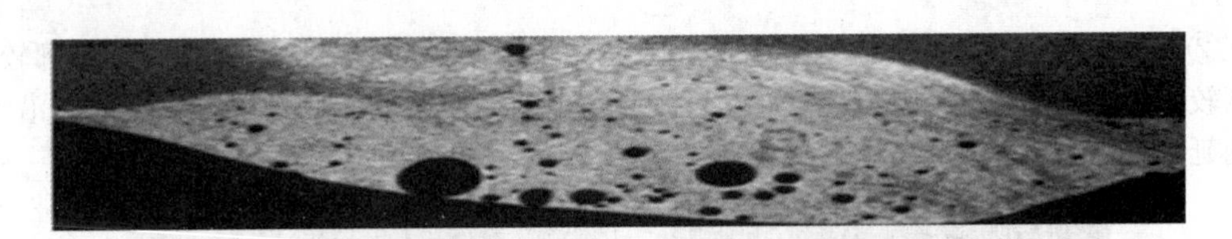

图 4.23　气孔

6.其他缺欠

还有一些缺欠不能归入上述 5 种类型，如飞溅、回火色及材料挤出物。其中飞溅是指粘在焊件表面或被焊工件间的挤出金属。当焊点或焊缝区存在氧化表面时称为回火色，其他缺欠如图 4.24 所示。

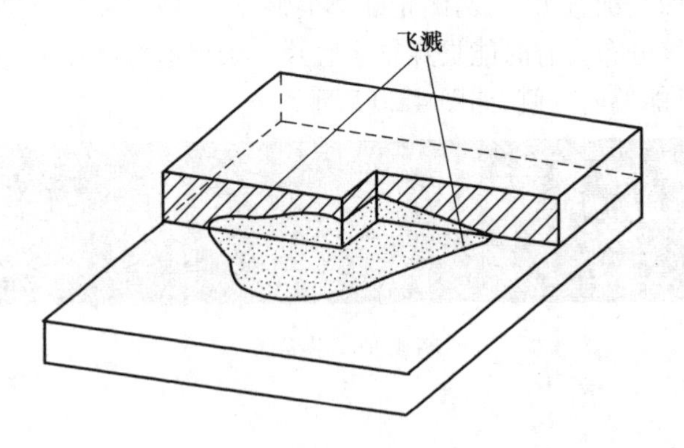

图 4.24　其他缺欠

职业功能 5

焊接新技术

本部分为汽车维修工(中级)国家职业技能标准中的职业功能 5,主要涉及焊接新技术的介绍,共包括 5 个工作内容。

工作内容

任务 5.1　激光焊接技术
任务 5.2　搅拌摩擦焊技术
任务 5.3　电子束焊接技术
任务 5.4　超声波金属焊接技术
任务 5.5　焊接机器人技术

随着世界制造业快速发展,焊接技术的需求越来越高,应用也越来越宽广。促使新的焊接技术日新月异的发展,焊接新技术不断涌现,其中比较代表性的主要有激光焊接、激光复合焊接、搅拌摩擦焊、电子束焊接、超声波金属焊接以及焊接机器人技术等。有了这些焊接新技术,我国焊接产业逐步走向"高效、自动化、智能化"。本任务主要对激光焊接、激光复合焊接、搅拌摩擦焊、电子束焊接、超声波金属焊接以及焊接机器人技术等进行介绍。

任务 5.1　激光焊接技术

相关知识

5.1.1　激光焊接技术

1.概述

激光焊接是使用高能量密度的激光束作为热源的一种高效精密焊接方法。20 世纪末主要用于焊接薄壁材料和低速焊接,焊接过程是属于热传导型。由于其独特的优点,已成功应用于微、小型零件的精密焊接中。

激光焊接可以采用连续或脉冲激光束加以实现,激光焊接的原理可分为热传导型焊接和激光深熔焊接。功率密度小于 $10^4 \sim 10^5$ W/cm^2 为热传导焊,此时熔深浅、焊接速度慢;功率密度大于 $10^5 \sim 10^7$ W/cm^2 时,金属表面受热作用下凹成“孔穴”,形成深熔焊,具有焊接速度快、深宽比大的特点。

其中热传导型激光焊接原理为:激光辐射加热待加工表面,表面热量通过热传导向内部扩散,通过控制激光脉冲的宽度、能量、峰功率和重复频率等激光参数,使工件熔化,形成特定的熔池。

另外,用于齿轮焊接和冶金薄板焊接用的激光焊接机主要涉及激光深熔焊接。下面重点介绍激光深熔焊接的原理。

激光深熔焊接一般采用连续激光光束完成材料的连接,其冶金物理过程与电子束焊接极为相似,即能量转换机制是通过“小孔”(Key-hole)结构来完成的。在足够高的功率密度激光照射下,材料产生蒸发并形成小孔。这个充满蒸气的小孔犹如一个黑体,几乎吸收全部的入射光束能量,孔腔内平衡温度达 2 500 ℃左右,热量从这个高温孔腔外壁传递出来,使包围着这个孔腔四周的金属熔化。小孔内充满在光束照射下壁体材料连续蒸发产生的高温蒸气,小孔四壁包围着熔融金属,液态金属四周包围着固体材料(而在大多数常规焊接过程和激光传导焊接中,能量首先沉积于工件表面,然后靠传递输送到内部)。孔壁外液体流动和壁层表面张力与孔腔内连续产生的蒸气压力相持并保持着动态平衡。光束不断进入小孔,小孔外的材料在连续流动,随着光束移动,小孔始终处于流动的稳定状态。就是说,小孔和围着孔壁的熔融金属随着前导光束前进速度向前移动,熔融金属充填着小孔移开后留下的空隙并随之冷凝,焊缝于是形成。上述过程的这一切发生得如此快,使焊接速度很容易达到每分钟数米。

2.激光焊接的优势

激光焊接技术相比其他有以下优势:

①可将入热量降到最低的需要量,热影响区金相变化范围小,且因热传导所导致的变形亦最低。

②32 mm 板厚单道焊接的焊接工艺参数业经检定合格,可降低厚板焊接所需的时间甚至可省掉填料金属的使用。

③不需使用电极,没有电极污染或受损的顾虑。且因不属于接触式焊接制程,机具的耗损及变形皆可降至最低。

④激光束易于聚焦、对准及受光学仪器所导引,可放置在离工件适当之距离,且可在工件周围的机具或障碍间再导引,其他焊接法则因受到上述的空间限制而无法发挥。

⑤工件可放置在封闭的空间(经抽真空或内部气体环境在控制下)。

⑥激光束可聚焦在很小的区域,可焊接小型且间隔相近的部件。

⑦可焊材质种类范围大,也可相互接合各种异质材料。

⑧易于以自动化进行高速焊接,也可以数位或计算机控制。

⑨焊接薄材或细径线材时,不会像电弧焊接般易有回熔的困扰。

⑩不受磁场所影响(电弧焊接及电子束焊接则容易),能精确对准焊件。

⑪可焊接不同物性(如不同电阻)的两种金属。

⑫不需真空，也不需做 X 射线防护。

⑬若以穿孔式焊接，焊道深一宽比可达 10∶1。

⑭可以切换装置将激光束传送至多个工作站。

5.1.2　激光复合焊接技术

激光复合焊接技术中应用较多的是激光-电弧复合焊接技术，激光-电弧复合焊接，是用于激光束和电弧等离子体热源的方法。主要目的是有效的利用电弧能量，在较小的激光功率条件下获得较大的熔深，同时提高激光焊接对接头间隙的适应性，降低激光焊接的装配精度，实现高效率、高质量的焊接过程。

结合了激光和电弧两个独立热源各自的优点（如激光热源具有高的能量密度、极优的指向性及透明介质传导的特性；电弧等离子体具有高的热-电转化效率、低廉的设备成本的运行成本、技术发展成熟等优势），极大程度地避免了二者的缺点（如金属材料对激光的高反射率造成的激光能量损失、激光设备高的设备成本、低的电-光转化效率等；电弧热源较低的能量密度、高速移动时放电稳定性差等），同时二者的有机结合衍生出了很多新的特点（高能量密度、高能量利用率、高的电弧稳定性、较低的工装准备精度以及待焊接工件表面质量等），使之成为具有极大应用前景的新型焊接热源。

5.1.3　激光焊接技术的发展

激光微焊接技术是从激光焊接技术中发展起来的。激光发展的前期，能获得的光束能量非常有限，必须采用高质量的聚焦镜和脉冲波形，才能保证激光有足够的能量密度来熔化材料。显然，较小的激光功率只能在微焊接领域中得到有效应用。

激光微焊接技术能够在热敏材料附近进行熔焊连接，可以对微型的部件和材质进行焊接，可将两颗毫米以下大小的部件进行焊接，焊接结构先进，这种技术广泛应用在电子、医学、工业中，同时汽车行业使用得也非常普遍，激光微焊接技术发展，以后必将成为激光焊接机产业的又一大领域。

自激光微焊接技术早期发展以来，激光器就一直是一种高效的技术选择，这一技术发展趋势对焊接方法提出了严峻的挑战。光纤激光器和盘形激光器近期则作为潜在的激光微焊接技术涌现出来。

①通过适当的脉冲时间电能变化，激光微焊接技术可以对铜、铝、合金等高反射材料实现高质量焊接。

②激光微焊接技术和光纤激光器与盘形激光器相比有以下竞争优势。由于光纤激光器的光束质量较高，可针对微焊接实现较小的束斑尺控制。但是光纤激光器不能对铝合金、铜与黄铜等材料焊接，但是激光微焊接有这个功能，弥补了焊机技术上的缺点，激光微焊接技术发展，更待进一步发展，以后必将成为激光焊接机产业的又一大领域。

③激光微焊接通过激光参数与脉冲成形技术相结合，能够实现广泛的异种材料焊接。激光微焊接利用脉冲成形技术，并非所有材料的焊接问题都能解决，但随着脉冲激光技术的不断提高，异种材料的焊接技术还将不断进步。

激光焊接技术的不断应用和发展，在一定的条件下促使了激光焊接业的发展，激光微焊接为企业和制造商提高了有力的工具，解决了制造中的困境，一定程度上促使了生产效率。

任务 5.2　搅拌摩擦焊技术

相关知识

5.2.1　搅拌摩擦焊介绍

搅拌摩擦焊技术是英国焊接研究所(The Welding Institute,简称 TWI)于 1991 年发明的,并于次年在英国申请了发明专利,然后又陆续在世界各国申请了专利保护。获得专利授权之后,技术得到公开,搅拌摩擦焊技术首先并主要在铝合金、镁合金等轻金属结构领域得到非常广泛的应用,同时在高熔点材料领域也获得了巨大发展。

搅拌摩擦焊作为一种多学科交汇的新焊接技术,可以发展出无匙孔焊接、纵缝焊接、自支撑双面焊接、环缝焊接、变截面焊接、搅拌摩擦点焊、回填式点焊、搅拌摩擦焊表面改性处理、空间 3D 曲线焊接、搅拌摩擦焊超塑性材料加工等多种连接加工方法和技术。

搅拌摩擦焊工艺是自激光焊接技术问世以来最引人注目的焊接方法。它的出现将使铝、镁合金等有色金属的连接技术发生重大突破。用搅拌摩擦焊方法焊接铝、镁合金获得了很好的效果。搅拌摩擦焊接在英、美等国正进行锌、铜、钛、低碳钢、复合材料等得到应用,在航空航天工业领域也有着良好的应用前景。

搅拌摩擦焊除了具有普通摩擦焊技术的优点外,还可以进行多种接头形式和不同焊接位置的连接。例如:1998 年美国波音公司的空间和防御实验室引进了搅拌摩擦焊技术,用于焊接某些火箭部件;麦道公司也把这种技术用于制造 Delta 运载火箭的推进剂贮箱。

5.2.2　搅拌摩擦焊技术

1.常规摩擦焊

摩擦焊是利用工件端面相互运动、相互摩擦所产生的热,使端部达到热塑性状态,然后迅速顶锻,完成焊接的一种方法。摩擦焊可以方便同时连接多种材料,包括金属、陶瓷、部分金属基复合材料及塑料。摩擦焊方法在制造业中已有几十年应用,由于其生产率高、质量好获得了广泛的工程应用,但焊接的对象主要是回转形零件,同时也有其他形式的摩擦焊技术出现,以克服被焊工件几何形状的限制或提高生产率,例如径向摩擦焊、相位摩擦焊、线性摩擦焊等,但实际应用相对不多。近几年还出现了摩擦堆焊,在工件上形成特殊性能的表面层。普通摩擦焊在停车顶锻后,两焊件焊接相位是不能控制的。相位摩擦焊可实现有相位要求工件的摩擦焊接,扩大了摩擦焊的应用领域。在生产中对诸如六方形断面的零件、八方钢、汽车操作杆、花键轴、拨叉、两端带法兰的轴等均要求采用相位摩擦焊。在电控和机械技术高度发展的前提下,为大吨位相位摩擦焊机的研制提供了保障。

2.搅拌摩擦焊

搅拌摩擦焊方法与常规摩擦焊一样。搅拌摩擦焊也是利用摩擦热与塑性变形热作为焊接热源。不同之处在于搅拌摩擦焊焊接过程是由一个圆柱体或其他形状(如带螺纹圆柱体)

的搅拌针(welding pin)伸入工件的接缝处,通过焊头的高速旋转,使其与焊接工件材料摩擦,从而使连接部位的材料温度升高软化,同时对材料进行搅拌摩擦来完成焊接的,焊接过程如图5.1所示。在焊接过程中工件要刚性固定在背垫上,焊头边高速旋转,边沿工件的接缝与工件相对移动。焊头的突出段伸进材料内部进行摩擦和搅拌,焊头的肩部与工件表面摩擦生热,并用于防止塑性状态材料的溢出,同时可以起到清除表面氧化膜的作用。

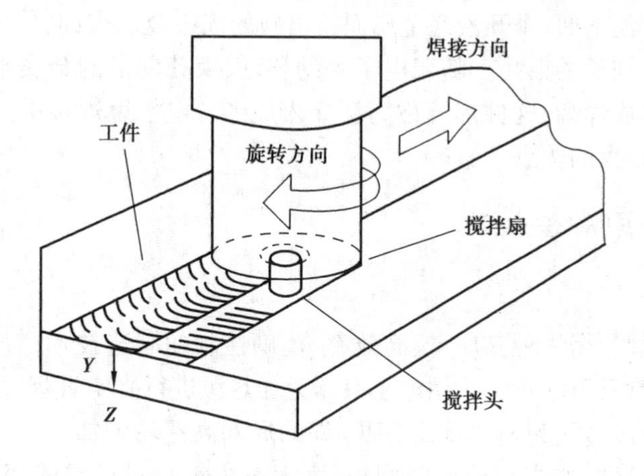

图5.1 搅拌摩擦示意图

在焊接过程中,搅拌针在旋转的同时伸入工件的接缝中,旋转搅拌头(主要是轴肩)与工件之间的摩擦热,使焊头前面的材料发生强烈塑性变形,然后随着焊头的移动,高度塑性变形的材料逐渐沉积在搅拌头的背后,从而形成搅拌摩擦焊焊缝。搅拌摩擦焊对设备的要求并不高,最基本的要求是焊头的旋转运动和工件的相对运动,即使一台铣床也可简单地达到小型平板对接焊的要求,但焊接设备及夹具的刚性是极端重要的。搅拌头一般采用工具钢制成,焊头的长度一般比要求焊接的深度稍短。应该指出,搅拌摩擦焊缝结束时在终端留下个匙孔。通常这个匙孔可以切除掉,也可以用其他焊接方法封焊住。针对匙孔问题,已有伸缩式搅拌头研发成功,焊后不会留下焊接匙孔。

任务5.3 电子束焊接技术

相关知识

5.3.1 电子束焊接介绍

电子束焊是利用加速和聚焦的电子束轰击置于真空或非真空中的焊件所产生的热能进行焊接的方法。电子束焊接具有不用焊条、不易氧化、工艺重复性好及热变形量小的优点,目前广泛应用于航空航天、原子能、国防及军工、汽车和电气电工仪表等众多行业。

电子束在30~150 kV的加速电压作用下,被加速到光速的1/2~2/3倍,高速电子流轰击工件表面,使其表层温度达到104 ℃以上、功率密度达到107 W/cm^2。因此,能量密度高度集中和局部高温是电子束焊接的最大特点。但在常规加速电压的作用下,电子束穿透工件的深度仅为几十分之一毫米，这与电子束焊缝的熔深(最大可达 300 mm)相比是微不足道的。

当束功率密度低于 105 W/cm^{2}时，电子束的能量在工件表面将转换为热能，由于工件表面的散热条件较好，通过热传导的方式，熔池有向工件深层发展的趋势，此时焊缝熔深较浅，称为熔化成形。

当束功率密度增大到超过 105 W/cm^{2}时，焊缝表面金属迅速熔化且剧烈蒸发，在蒸发反作用力的排斥下，熔池下凹，排开液态金属而露出新的固态金属表面，使电子束可以穿透到相当的深度，形成一个细长的束孔。随着电子束的移动，束孔前沿的金属不断熔化并被排斥到熔池后方，冷凝后形成焊缝，这种焊缝称为深穿入成形。电子束焊接中主要采用这种成形方法以发挥其深宽比较大的优点。

5.3.2 电子束焊接技术

1.电子束钎焊

真空电子束钎焊作为一种高质量、高效率、精确控制的制造技术，对各种精密、复杂部件的连接制造具有非常重要的意义。用电子束作为加热源进行真空钎焊，就是用电子束高速扫描，使电子束由点热源转化为面热源，实现零件的局部高速均匀加热。该工艺具有普通真空钎焊无法比拟的优越性，如高温停留时间短、大大减少钎料对母材的溶蚀、输入能量精密可控、能量输入路径可任意编辑等。

近年来国内外已通过电子束钎焊技术实现了陶瓷零件、立方氮化硼与碳化钨基体、碳-碳复合材料以及换热器管板结构的连接。在国内，电子束复合加工技术应用尚未普及，仅某航空研究所对飞机换热器管板结构进行过初步研究。

有专家学者分别采用电子束钎焊对不锈钢管板进行连接。结果表明，接头部位的钎缝均匀圆滑，钎焊透率 100%，满足技术规范要求，如图 5.2 所示。

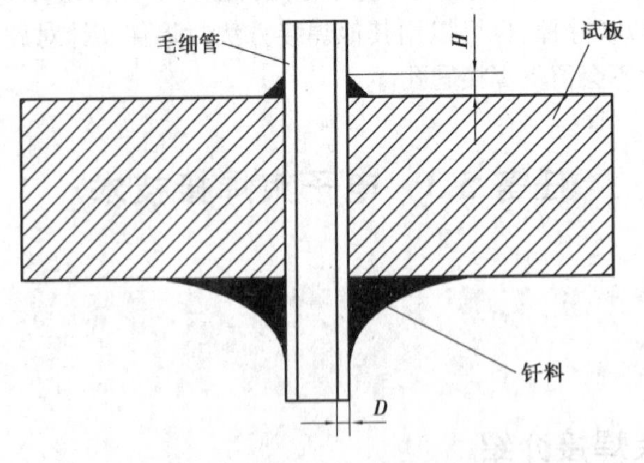

图 5.2 电子束钎焊焊接不锈钢管板

近年来更多的研究者认识到电子束钎焊在焊接领域的优越性。围绕电子束钎焊所开展的研究主要为钎接机理和针对具体材料与结构的实用工艺两方面，焊接机理方面的研究为实用工艺技术的形成奠定了基础。随着计算机技术的不断进步，对电子束钎焊的热作用控制研究逐渐引起了人们的重视，成为电子束钎焊技术研究中的热点之一。

2.活性剂电子束焊接

将活性剂应用于电子束焊也是活性焊接研究的重要领域之一。在一定条件下,活性剂对电子束焊的熔深影响很大,逐步形成了活性电子束焊的新技术。

与传统电子束焊相比,活性电子束焊的特点为:

①使用活性剂可明显减小熔池上部宽度,改变熔池形状。

②由 SiO_2、TiO_2、Cr_2O_3 等组成的多组元不锈钢电子束焊活性剂,可使聚焦电子束焊接熔深增加 2 倍多。

③SiO_2、TiO_2、Cr_2O_3 单组元活性剂对电子束焊接熔深增加有影响。

④使用活性剂后,聚焦电流和束流对电子束焊熔深增加有影响。

有研究者对用电子束活性剂焊接 TA15 板材进行堆焊实验。结果表明,活性剂对熔池形状有很大影响,通过添加活性剂改变表面张力梯度,改善了焊缝咬边。

还有研究者分别对 6 mm 厚 LF21 铝合金和 10 mm 厚不锈钢进行实验,结果表明,用电子束焊接铝合金,表面张力梯度改变理论对铝合金熔深增加的作用不明显。电子束焊接不锈钢使用活性剂可增加电子束焊的熔深,使用活性剂后,聚焦电流和束流对电子束焊熔深增加有较大影响。

随着对活性焊接机理的进一步研究,新的高效活性焊接法将得到应用。

3.电子束复合焊接

几年来,焊接研究所提出了新型非真空电子束焊接方法,即电子束-等离子弧焊接,如图 5.3 所示。

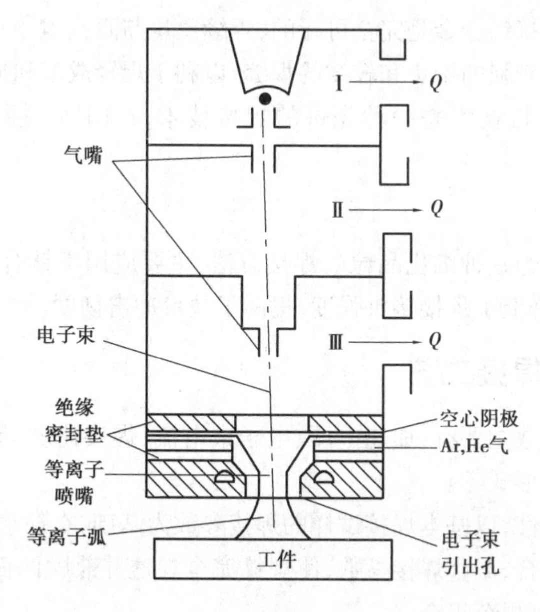

图 5.3 电子束-等离子弧焊接

它采用电子束与等离子弧相串联,叠加起来进行焊接,电子束通过真空和等离子枪的阴极进入大气,穿过等离子弧后熔化金属进行焊接。这样可以减小电子束的能量损失,也有助于稳定等离子弧,等离子弧可以很好保护焊接熔池,并作为附加热源预热工件,有助于改善焊缝成型,增加熔深。

4.电子束填丝焊

与自熔性电子束焊接相比，电子束填丝焊接具有许多特殊的优点。填充焊丝的电子束焊接技术放宽了对间隙和对接面加工精度的要求，从而降低了工艺难度，节省成本，提高生产效率。

有研究者通过对角焊缝低真空填丝电子束焊接的研究，详细讨论了束流形态、填充金属送进、聚焦点位置等主要填丝电子束焊接工艺参数对焊缝成型的影响。结果表明：优先选用前送进方向的送丝方式，避免了终焊时的粘丝现象，焊丝送入点必须位于与电子束流移动方向一致的轴线上。

还有研究者通过对 1Cr18Ni9Ti 不锈钢板材和 Q235 钢的填丝焊接实验得出：当参数选择合适、装配间隙不大于 0.4 mm 时，均可获得外观成型良好、内部无缺陷的焊缝。电子束填丝焊接时，焊缝截面几何特征在聚焦电流变化时，以表面焦点处的聚集电流为中心，均存在一定程度的对称性。利用这一结果可较为方便地估计工艺裕度区间，优化参数。

5.局部真空电子束焊接

局部真空电子束焊接技术是在大尺寸结构件的焊缝及其附近局部区域建立真空环境，并进行电子束焊接的技术。这种方法既保留了真空电子束焊接的特点，又避开了庞大的真空室，解决了厚大工件的焊接问题，可大大提高焊接质量并降低设备成本。为了发展这项技术，法国、德国等国家做了大量深入的研究工作。

有研究者对 5 mm 厚 LF6 铝合金进行局部真空电子束焊接工艺试验，结果表明：采用局部真空电子束焊接工艺焊接铝合金是完全可行的，焊缝质量与真空电子束焊相同。铝合金局部真空电子束焊时须采用较强的聚焦和较窄的焊缝，以利于焊缝成型和抑制气孔生成。

局部真空电子束焊接技术是一种先进的焊接技术，在国防工业和民用工业应用前景广阔。

6.电子束扫描焊接

电子束扫描焊接作为一种细化晶粒的焊接方法，主要应用于钛合金焊接，可一定程度细化焊缝组织，元素偏析降低了焊接接头强度，提高了缺口冲击韧度。

5.3.3 电子束焊接工艺

电子束焊接工艺参数主要有：加速电压、电子束电流、焊接速度、聚焦电流、焦点位置、工作距离以及电子束扫描形式等。

根据产品材料的特性，以基本焊接试样的焊接参数为基础，在筒形试件上通过熔敷焊接，试验不同的焊接规范组合，调整焊接参数，使焊缝完全焊透并兼顾两面（焊冠和焊漏）成型良好为标准，找出最佳焊接规范组合。

1.加速电压

通常情况下，根据电子枪的类型选取某一数值，在相同的功率、不同的加速电压下，所得焊缝深度和形状是不同的。提高加速电压可增加焊缝的熔深，在保持其他参数不变的条件下，焊缝横断面深宽比与加速电压成正比。

当焊接大厚件并要求得到窄而平的焊缝,或电子枪与焊件间的距离较大时可提高加速电压。在试验中,由于焊接距离较大,因此要使8 mm厚的铝合金件达到焊透的效果,加速电压基本控制在30~60 kV。

2.电子束电流

电子束电流与加速电压一起决定着电子束的功率。增加电子束电流,熔深和熔宽都会增加。在电子束焊过程中,由于加速电压基本不变。为满足不同的焊接工艺需要,常常要调整电子束的电流值。在这次试验中,在起始、收尾搭接处用了渐变电流,在试验中,电子束电流在55~210 mA进行了较大调节。

3.焊接速度

焊接速度和电子束功率共同决定着焊缝的熔深、焊缝的宽度以及被焊熔池形状(冷却、凝固及焊缝熔合线形状)。增加焊接速度会使焊缝变窄,熔深减小,因此焊接速度的大小对焊缝的内外成型及焊缝的质量影响较大。

4.聚焦电流

电子束焊时,相对于焊件表面而言,电子束的聚焦位置有上焦点、下焦点和表面焦点3种,焦点的位置对焊缝形状影响很大。

当焊件被焊厚度大于10 mm时,通常采用下焦点焊,焦点在焊缝熔深的30%处。当焊件厚度大于50 mm时,焦点在焊缝熔深的50%~70%更合适。经过多次试验,证明采用表面聚焦的方式比采用其他聚焦方式的焊接结果合适,当聚焦电流分别为1.33 A和1.71 A时,焊接结果良好。

5.工作距离

焊件表面与电子枪的工作距离影响电子束的聚焦程度,工作距离变小时,电子束的压缩比增大,使电子束斑点直径变小,增加了电子束功率密度,而工作距离太小,会使过多的金属蒸气进入枪体造成放电。

在不影响电子枪稳定工作的前提下,应尽可能采用短的工作距离。在试验中,采用水平的焊枪,在夹具设计完成后,已经确定了焊接的工作距离为455 mm。这是所有焊接参数中,唯一确定且不变的一个参数。

5.3.4 电子束焊的基本工艺流程

1.零件焊接接头的清洗

电子束焊对零件焊接部位的清洁度要求较高。在焊接前要将焊接表面的油、锈、氧化物以及其他杂质清理干净。

少数零件焊接时,可用汽油清洗去油污,再用丙酮擦洗脱水和脱脂;大批量零件进行焊接时,可采用机械化清洗方式。清洗完毕后,必须在短时间内进行焊接。

2.焊前压配

焊前压配指焊接零件的定位和装夹。焊接前零件装配精度对电子束焊质量的影响很大,因为端面接触部位存在间隙或零件配合过松都会造成焊接变形，所以，不论是冷压还是热装，都要控制机加工的公差配合，保证零件焊接前压配的精度，确保装配到位。

3.焊接试验

焊接试验是为了调试焊接工艺参数。电子束焊接参数的选用是否合适直接影响着焊接质量的好坏。焊接参数主要包括加速电压、束流、焊接速度、聚焦电流、焊接距离、焦点位置以及电子束扫描形式。

根据线能量公式 $q=IU/v$，（其中 I 为焊接电流，U 为加速电压，v 为焊接速度），并通过焊接试件调整焊接参数，在线能量口较小的情况下获得焊缝质量较好的焊接参数。

4.探伤

即焊后检验。对于电子束焊的检验，一般先目视检查其外观，待车光焊缝凸起及锁底后，可进行 X 光检查，不允许有缺陷。对于不合格或表面成型不好的零件，一般允许进行电子束补焊。

5.焊后热处理

由于焊缝及其热影响区发生了复杂的物理化学变化，其组织成分和性能已不同于母材，所以焊接后一般要通过热处理来改善焊缝和热影响区的组织，消除残余应力，促使残余的氢逸出，从而提高焊接接头的韧性，增强零件抵抗应力腐蚀的能力，保证零件形状和尺寸的长期稳定。

任务 5.4　超声波金属焊接技术

相关知识

5.4.1　超声波金属焊接介绍

超声波金属焊接是利用超声频率的机械振动能量，连接同种金属或异种金属的一种特殊方法。金属在进行超声波焊接时，既不向工件输送电流，也不向工件施以高温热源，只是在静压力之下，将机械能转变为内能、形变能及有限的温升。两母材达到再结晶温度下发生的固相焊接，因此它有效地克服了电阻焊接时所产生的飞溅和氧化等现象。超声金属焊机能对铜、银、铝、镍等有色金属的细丝或薄片材料进行单点焊接、多点焊接和短条状焊接。可广泛应用于可控硅引线、熔断器片、电器引线、锂电池极片、极耳的焊接。

5.4.2　超声波金属焊接技术

如图 5.4 所示，超声波发生器是一个变频装置，超声波焊接原理是通过超声波发生器将 50/60 Hz 电流转换成 15、20、30 或 40 kHz 电能。被转换的高频电能通过换能器再次被转换为同等频率的机械运动，随后机械运动通过一套可以改变振幅的变幅杆装置传递到焊头。焊头将接收到的振动能量传递到待焊接工件的接合部,在该区域,振动能量通过摩擦方式转换成热能,将塑料熔化。超声波不仅可以被用来焊接硬热塑性塑料,还可以加工织物和薄膜。一套超声波焊接系统的主要组件包括超声波发生器,换能器/变幅杆/焊头三联组,模具和机架。

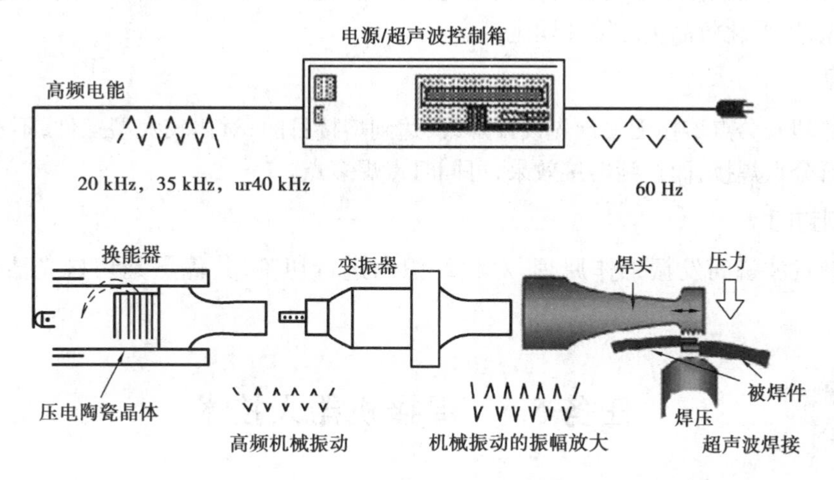

图5.4 超声波金属焊接原理

线性振动摩擦焊接利用在两个待焊工件接触面所产生的摩擦热能来使塑料熔化。热能来自一定压力下,一个工件在另一个表面以一定的位移或振幅往复的移动。一旦达到预期的焊接程度,振动就会停止,同时仍旧会有一定的压力施加于两个工件上,使刚刚焊接好的部分冷却、固化,从而形成紧密的接合。

轨道式振动摩擦焊接是一种利用摩擦热能焊接的方法。在进行轨道式振动摩擦焊接时,上部的工件以固定的速度进行轨道运动——向各个方向的圆周运动。运动可以产生热能,使两个塑料件的焊接部分达到熔点。一旦塑料开始熔化,运动就停止,两个工件的焊接部分将凝固并牢牢地连接在一起。小的夹持力会导致工件产生最小程度的变形,直径在10 in以内的工件可以应用轨道式振动摩擦进行焊接。

5.4.3 超声波焊接方法

1.熔接法

以超音波超高频率振动的焊头在适度压力下,使两块塑胶的接合面产生摩擦热而瞬间熔融接合,焊接强度可与本体媲美,采用合适的工件和合理的接口设计,可达到水密及气密,并免除采用辅助品所带来的不便,实现高效清洁的熔接。

2.铆焊法

将超音波超高频率振动的焊头,压着塑胶品突出的梢头,使其瞬间发热熔成为铆钉形状,使不同材质的材料机械铆合在一起。

3.埋植

借着焊头之传道及适当之压力,瞬间将金属零件(如螺母、螺杆等)挤入预留入塑胶孔内,固定在一定深度,完成后无论拉力、扭力均可媲美传统模具内成型之强度,可免除射出模受损及射出缓慢之缺点。

4.成型

本方法与铆焊法类似，将凹状的焊头压着于塑胶品外圈，焊头发出超音波超高频振动后将塑胶熔融成型而包覆于金属物件使其固定，且外观光滑美观，此方法多使用在电子类、喇叭之固定成型，以及化妆品类之镜片固定等。

5.点焊

将两片塑胶分点熔接无须预先设计焊线，达到熔接目的；对比较大型工件，不易设计焊线的工件进行分点焊接，而达到熔接效果，可同时点焊多点。

6.切割封口

运用超音波瞬间发振工作原理，对化纤织物进行切割，其优点是切口光洁不开裂、不拉丝。

任务 5.5　焊接机器人技术

相关知识

5.5.1　焊接机器人技术介绍

焊接机器人是从事焊接（包括切割与喷涂）的工业机器人。根据国际标准化组织（ISO）工业机器人属于标准焊接机器人的定义，工业机器人是一种多用途的、可重复编程的自动控制操作机（Manipulator），具有三个或更多可编程的轴，用于工业自动化领域。为了适应不同的用途，机器人最后一个轴的机械接口，通常是一个连接法兰，可接装不同工具或称末端执行器。焊接机器人就是在工业机器人的末轴法兰装接焊钳或焊（割）枪的，使之能进行焊接，切割或热喷涂。

5.5.2　焊接机器人的组成

焊接机器人系统由机器人手臂、控制器、驱动器、示教盒、焊机、变位机以及回转工作台等周边装置、焊接夹具、安全装置等组成，如图 5.5 所示。对于电动机驱动机器人，控制器和驱动器一般装在一个控制箱内；对于智能机器人还应有传感系统，如激光或摄像传感器及其控制装置等。

1.机器人手臂

机器人手臂又称机械手，是机器人的操作部分，由它直接带动末端操作器实现各种运动和操作，它的结构形式多种多样，完全根据任务需要而定，其追求的目标是高精度、高速度、高灵活性、大工作空间和模块化。其主要结构形式有 3 种：机床式，常用于简易和专用焊接机器人；全关节式，其位置和姿态全部由旋转运动实现，是目前主要采用的机械手；平面关节式，除上下运动由直线运动构成外，其他均有旋转运动构成，广泛应用于装配机器人。

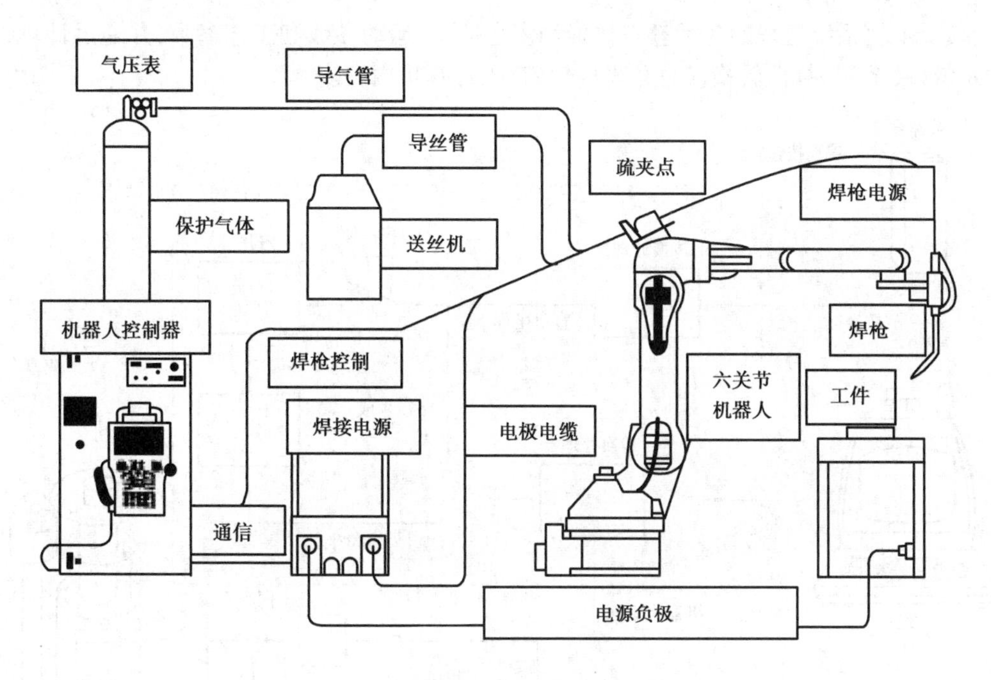

图5.5　焊接机器人系统的组成

2.驱动器

由于焊接机器人大多采用伺服电动机驱动,下面介绍4类常用的电动机驱动器。

步进电动机驱动器,采用步进电动机,特别是细分步进电动机为驱动源,一般都是开环控制,大多用于经济型工业机。

直流伺服电动机驱动器,能实现位置、速度、加速度3个闭环控制,精度高、变速范围大、动态性能好。

交流伺服电动机驱动器,采用交流伺服电动机系统,具有直流伺服系统的全部优点,由于交流电机没有碳刷,动特性好,使新型机器人不仅事故率低,而且免维修时间大为增长,加(减)速度也快,正在机器人中推广采用。

直接驱动电动机驱动器,是最新发展的机器人驱动器,直接驱动电动机,在低速时仍能输出稳定的功率和较高的动态品质,取消了减速机构,可直接驱动关节,既简化了机构又提高了效率,是机器人驱动的发展方向。机器人的驱动器布置都采用一个关节一个驱动器。一个驱动器的基本组成为:电源、功率放大板、伺服控制板、电机、测角器、测速器和制动器。机器人驱动器是一个要求很高的驱动系统,它不仅要确保提供足够的功率驱动机机器人手臂各关节,而且要实现快速而频繁起停,精确地到位和运动。这就要求必须采用位置闭环、速度闭环和加速度闭环3个运动闭环,所以在驱动器中都装有高精度测角、测速传感器。同时,为了保护电动机和电路,还要有电流闭环。

3.控制器

机器人控制器是机器人的核心部件,它可以完成机器人的全部信息处理和对机器人手臂的运动控制。图5.6是典型的焊接机器人控制器系统的工作原理图。焊接机器人控制器大多采用二级计算机结构,虚线框内为第一级计算机,它的任务是规划和管理。机器人在示教状态时，接受示教系统送来的各示教点位置和姿态信息、运动参数和工艺参数，并通过计算把各点的示教（关节）坐标值转换成直角坐标值，存入计算机内存。

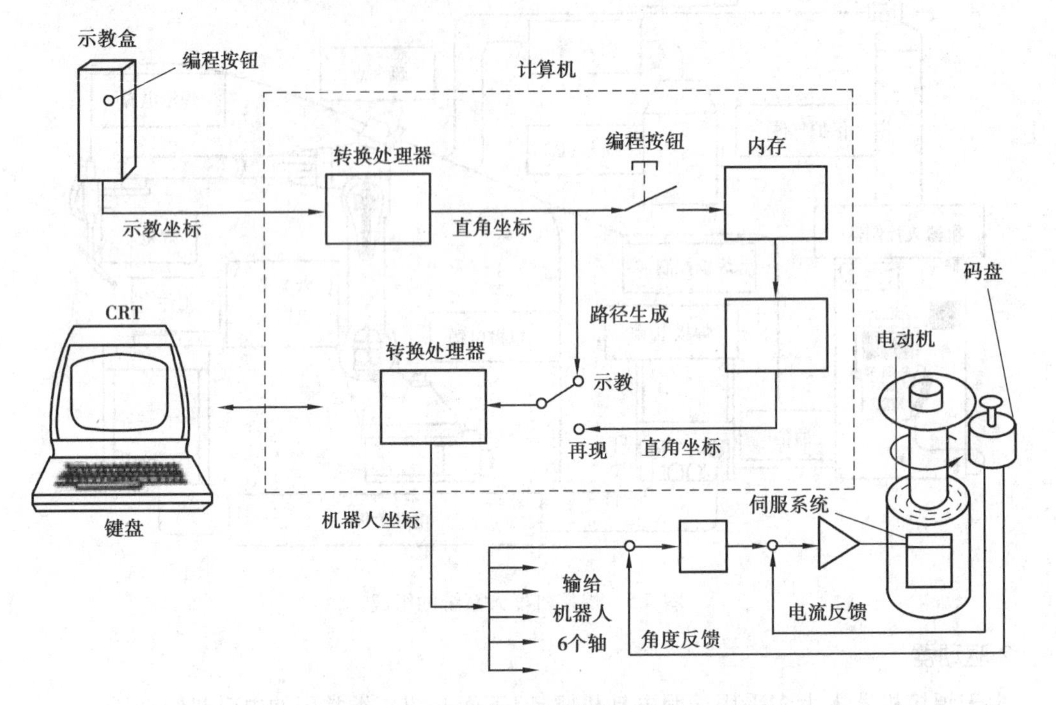

图 5.6　焊接机器人控制器工作原理

机器人在再现状态时，从内存中逐点取出其位置和姿态坐标值，按一定的时间节拍（又称采样周期）对它进行圆弧或直线插补运算，算出各插补点的位置和姿态坐标值，这就是路径规划生成。然后逐点地把各插补点的位置和姿态坐标值转换成关节坐标值，分送至各个关节。这就是第一级计算机的规划过程。

第二级计算机是执行计算机，它的任务是进行伺服电动机闭环控制。它接收了第一级计算机送来的各关节下一步预期达到的位置和姿态后，又做一次均匀细分，以求运动轨迹更为平滑。然后将各关节的下一细步期望值逐点送给驱动电动机，同时检测光电码盘信号，直到其准确到位。以上均为实时过程，上述大量运算都必须在控制过程中完成。

4.示教盒

示教盒是人对机器人示教的人机交互接口，目前人对机器人示教有 3 种方式：手把手示教，又称全程示教，即由人握住机器人机械臂末端，带动机器人按实际任务操作一遍。示教盒示教，即由人通过示教盒操纵机器人进行示教，这是最常用的机器人示教方式，目前焊接机器人都采用这种方式。离线编程示教，即不需要人操作机器人进行现场示教，而可根据图样，在计算机上进行编程，然后输给机器人控制器，它具有不占机器人工时，便于优化和更为安全的优点，所以是今后发展的方向。

5.焊机

焊接机器人配套的焊机一般以数字焊机为主，比如日本松下焊接机器人配套焊机为松下公司自己的数字焊机并对接口保密；安川焊接机器人公司使用的配套焊机由日立公司代为开发，并且买断该型号焊机，同时对接口保密。由于价格和技术问题，在焊机选择上国内部分厂商采用了变通的方案,比如首钢莫托曼机器人公司可以为厂家提供普通半数字焊机加装控制接口的改装方案,与其生产的机械手臂配合,这在一定程度上降低了总体成本,在焊接质量上也能够满足用户的需求。

现在成熟的焊接机器人的执行机构普遍采用交流伺服电机驱动的六自由度串联机器人,该方式工作空间大,转动灵活,速度快,存在问题是某一关节的误差有被后级机构放大的情况,但是从现有产品来看,通过伺服控制器等控制策略,可以很好地解决这个问题。

5.5.3 焊接机器人应用

如果工件在整个焊接过程中无需变位,就可以用夹具把工件定位在工作台面上,这种系统是最简单不过的了。但在实际生产中,更多的工件在焊接时需要变位,使焊缝处在较好的位置(姿态)下焊接。对于这种情况,变位机与机器人可以是分别运动,即变位机变位后机器人再焊接;也可以是同时运动,即变位机一边变位,机器人一边焊接,也就是常说的变位机与机器人协调运动。这时变位机的运动及机器人的运动复合,使焊枪相对于工件的运动既能满足焊缝轨迹又能满足焊接速度及焊枪姿态的要求。实际上这时变位机的轴已成为机器人的组成部分,这种焊接机器人系统可以多达7~20个轴,甚至更多。机器人控制柜也可以是两台机器人的组合作12个轴协调运动。其中一台是焊接机器人、另一台是搬运机器人作变位机用。

对焊接机器人工作站进一步细分,可得以下4种:

1.箱体焊接机器人工作站

该工作站专门针对箱柜行业中,生产量大,焊接质量及尺寸要求高的箱体焊接开发的机器人工作站专用装备。

箱体焊接机器人工作站由弧焊机器人、焊接电源、焊枪送丝机构、回转双工位变位机、工装夹具和控制系统组成。该工作站适用于各式箱体类工件的焊接,在同一工作站内通过使用不同的夹具可实现多品种的箱体自动焊接,焊接的相对位置高。由于采用双工位变位机,焊接的同时,其他工位可拆装工件,极大提高了焊接效率。由于采用了MIG脉冲过渡或CMT冷金属过渡焊接工艺方式进行焊接,使焊接过程中热输入量大大减少,保证产品焊接后不变形,通过调整焊接规范和机器人焊接姿态,保证产品焊缝质量好,焊缝美观,特别对于密封性要求高的不锈钢气室,焊接后保证气室气体不泄漏。通过设置控制系统中的品种选择参数并更换工作夹具,可实现多个品种箱体的自动焊接。

用不同工作范围的弧焊机器人和相应尺寸的变位机,工作站可以满足焊缝长度在2 000 mm左右的各类箱体的焊接要求。焊接速度为3~10 mm/s,根据箱体基本材料,焊接工艺采用不同类型的气体保护焊。该工作站还广泛用于电力、电气、机械、汽车等行业。

2.不锈钢气室机器人

该机器人柔性激光焊接加工设备是针对不锈钢焊接变形量比较大,密封性要求高的箱体类工件焊接开发的柔性机器人激光焊接加工设备。该加工设备是由机器人、激光发生器机组、水冷却机组、激光扫描跟踪系统、柔性变位机、工装夹具、安全护栏、吸尘装置和控制系统等组成,通过设置控制系统中的品种选择参数并更换工装夹具,可实现多个品种的不锈钢气室类工件的自动焊接。

3.轴类焊接机器人工作站

该工作站专门针对低压电器行业中万能式断路器中的转轴焊接开发的专用设备,推出了一套专用的转轴焊接机器人工作站。

轴类焊接机器人工作站由弧焊机器人、焊接电源、焊枪送丝机构、回转双工位变位机、工装夹具和控制系统组成。该工作站用于以转轴为基体(上置若干悬臂)的各类工件的焊接,在同一工作站内通过使用不同的夹具可实现多品种的转轴自动焊接。焊接的相对位置精度很高。由于采用双工位变位机,焊接的同时,其他工位可拆装工件,极大地提高了效率。

技术指标:转轴直径为 10~50 mm,长度为 300~900 mm,焊接速度为 3~5 mm/s,焊接工艺采用 MAG 混合气体保护焊,变位机回转,变位精度达 0.05 mm。

其广泛应用于高质量、高精度的以转轴的各类工件焊接,适用于电力、电气、机械、汽车等行业。如果采用手工电弧焊进行转轴焊接,工人劳动强度极大,产品的一致性差,生产效率低,仅为 2~3 件/h。采用自动焊接工作站后,产量可达到 15~20 件/h,焊接质量和产品的一致性也大幅度提高。

4.机器人焊接螺柱工作站

机器人焊接螺柱工作站针对复杂零件上具有不同规格螺柱采用机器人将螺柱焊接到工件上。该工作站主要由机器人、螺柱焊接电源、自动送钉机、机器人自动螺柱焊枪、变位机、工装夹具、自动换枪装置、自动检测软件、控制系统和安全护栏等组成,通过自动送钉机将螺柱送到机器人自动焊枪里面,通过编程将机器人在工件上示教的路径,将不同规格的螺柱焊接到工件上。可以采用储能焊接或拉弧焊接将螺柱牢牢焊接到工件上,保证焊接精度和焊接强度。焊接效率为 3~10 个/min,螺柱规格:直径为 3~8 mm,长度为 5~40 mm。

参考文献

[1] 机械工业部.电焊机产品样本[M].北京:机械工业出版社,1984.
[2] 机械工业职业技能鉴定指导中心.中级电焊工技术[M].北京:机械工业出版社,2002.
[3] 刘云龙. 焊工　中级[M].北京:机械工业出版社,2007.
[4] 中国就业培训技术指导中心.国家职业资格培训教程　焊工[M].2 版.北京:中国劳动社会保障出版社,2013.
[5] 机械工业职业教育研究中心.电焊工技能实战训练——入门版[M].2 版.北京:机械工业出版社,2004.
[6] 周峥,张安刚,李士凯.焊工技能培训与鉴定考试用书　中级[M].济南:山东科学技术出版社,2006.